HURST · FLUGUNFÄLLE

Ronald und Leslie Hurst

FLUGUNFÄLLE
und ihre Ursachen
Menschliches Versagen?

Motorbuch Verlag Stuttgart

Einband und Schutzumschlag: Siegfried Horn

Zeichnungen/Skizzen: John Cutler

Das Originalwerk ist 1982 unter dem Titel „Pilot Error, The Human Factors“ erschienen bei Granada Publishing, London

Die Übersetzung ins Deutsche besorgte:
VOLKART ROTHWEILER

Lektorat: WOLFGANG DIERICH

ISBN 3-87943-630-4

2. Auflage 1991

Satz und Druck: Rems-Druck, 7070 Schwäbisch Gmünd.
Bindung: Verlagsbuchbinderei Karl Dieringer, 7016 Gerlingen.

Printed in Germany

Inhalt

Vorwort 7

Vorbemerkung des Übersetzers 8

Einleitung 10

1. Grundsätzliches über den Ursachenfaktor Mensch *(M. Allnut)* 13

2. Flugunfallverhütung: Die Rolle der Ausbildung, Erziehung und Übung *(M. K. Strickler jr.)*. 46

3. Einsichts- und Urteilsvermögen des Piloten: Schulung und Erfolgskontrolle *(R. S. Jensen)* 84

4. Automation im Cockpit: Aussichten und Probleme *(E. L. Wiener und R. E. Curry)* 108

5. Unfälle durch kontrollierten Flug in den Boden: Vom Gesamtsystem induzierte Fehler *(E. L. Wiener)* . . . 136

6. Zusammenstöße von Flugzeugen in der Luft: Die Unfälle, das Flugsicherungssystem und die Realpolitik *(E. L. Wiener)* 156

7. Menschliche Faktoren in der Flugsicherung *(R. C. W. Weston)* 180

8. Vernachlässigte menschliche Faktoren *(S. N. Roscoe)* . . . 207

9. Forschungsaussichten für die Zukunft *(S. N. Roscoe)* . . 224

10. Den Vorzeichen wehren! *(R. Hurst)* 242

Stichwortverzeichnis 261

Abkürzungsverzeichnis 269

Captain James Thain in Verehrung und Dankbarkeit gewidmet.

Wenn über euch kommt wie ein Sturm, was ihr fürchtet,
und euer Unglück als ein Wetter, wenn über euch Angst und Not kommt.

Die Sprüche Salomos, 1.27

Vorwort

Unfallursachen, die Fehlern der Piloten zugeschrieben werden, sind allzuoft nur eine grobe Vereinfachung. Viele Flugunfälle werden nicht von einem einzigen Vorkommnis, sondern von einer Kette von Ereignissen verursacht. Diese führen zu einer Situation, in der ein Mensch in seiner Funktion als Pilot einfach nicht mehr imstande ist, mit der Vielfalt der Aufgaben fertig zu werden, die jede vernünftigerweise zu erwartende Fähigkeit übersteigt. In anderen Fällen, in denen ein Pilot offensichtlich einen Fehler machte, müssen wir uns nach den Gründen fragen; geschah es aufgrund ungenauer oder unzureichend dargestellter Information? Geben wir genug Geld aus dafür, daß die Aufgabe des Piloten auch unter höchst widrigen Umständen erleichtert wird?

Ganz eindeutig sind in den vergangenen Jahren viele Fortschritte gemacht worden, und die Flugzeuge, welche jetzt in Dienst gestellt werden, sind außerordentlich verbessert im Vergleich zu einigen ihrer »Vorfahren«. Dennoch ist wahrscheinlich noch nicht genug getan worden.

Ich empfehle dieses Buch allen, die es zu lesen beabsichtigen, und ich befürworte es, daß das Gebiet »Ursachefaktor Mensch« zum Thema nachhaltiger Forschung und Entwicklung gemacht wird mit dem Ziel, Pilotenfehler in Zukunft auszumerzen.

Brian Trubshaw, CBE, MVO, FRAeS
Director, Flight Test and Concorde,
British Aerospace Aircraft Group, U. K.

Vorbemerkung des Übersetzers

Flugunfälle erregen meist erhebliches Aufsehen in der Öffentlichkeit. Wenn die Untersuchung dann ergibt, daß »menschliches Versagen« für den Absturz verantwortlich war, werden vielerorts Fragen gestellt, wie denn beim heutigen Stand der Technik solche Katastrophen möglich sind. Unfälle wie beispielsweise durch vorzeitige Bodenberührung beim Landeanflug, Kollision mit einem Berg, Zusammenstöße am Boden und in der Luft sind nach der Volksmeinung Ereignisse aus den frühen Jahren der Fliegerei und eigentlich unvorstellbar für moderne Flugzeuge, deren wichtigste Systeme und Geräte mindestens dreifach vorhanden sind.

In diesem Buch wird auch für den Laien verständlich, warum die früher typischen Unfälle auch heutzutage – wenngleich viel seltener – noch vorkommen können. Gleichzeitig wird hier der weitverbreiteten Meinung entgegengetreten, daß es immer der Pilot ist, der »versagt« hat. Oft war der Mann im Cockpit lediglich das letzte Glied in einer Kette von Ereignissen, von Fehlleistungen anderer und von Versäumnissen in früherer Zeit, die erst in ihrer Häufung den Piloten vor eine Situation gestellt haben, die er einfach nicht mehr bewältigen konnte. Es leuchtet ein, daß hier eher von Überforderung als vom Versagen des Piloten gesprochen werden sollte.

Die einem Schuldspruch gleichkommende Bezeichnung »Versagen des Piloten« wird einem am Unfall beteiligten Menschen nicht gerecht und begünstigt auch nicht die Suche nach weiteren Ursachefaktoren. In seltener Offenheit werden in diesem Buch Beweise für die Aussage angeführt, daß in der Vergangenheit durch die voreilige Verurteilung des Piloten die Hintergründe und damit die wirklichen Ursachen für so manchen Unfall verschleiert wurden. In wenigen Fällen waren die Betroffenen selbst in der Lage, mit langwierigen Wiederaufnahmeverfahren ihre Rehabilitation zu erreichen.

Die in diesem Buch zu Wort gekommenen Fachleute ihres Gebietes zeigen uns nicht nur Versäumnisse und Fehler aus der Vergangenheit und Gegenwart auf, sondern bieten auch für die Zukunft Lösungsmöglichkeiten und Verbesserungsvorschläge an, die sich zur Erhöhung der Flugsicherheit eignen. Viele dieser Maßnahmen sind nicht billig, erhöhter technischer Aufwand und verbesserte Schulung haben ihren Preis. Daß verstärkte Anstrengungen jedoch notwendig sind, zeigen uns gewisse Lande- und Startunfälle im Zusammenhang mit dem Wetterphänomen »Scherwinde« (wind shear); auch diese Unfälle sind vermeidbar und nicht etwa »Schicksal«.

Bei aller Besorgnis um die Sicherheit des Luftverkehrs, die in diesem Buch immer wieder anklingt, sollte jedoch nicht vergessen werden, daß weltweit jährlich 800 Millionen Passagiere in der Luft befördert werden; das sind mehr als zwei Millionen pro Tag! Die Zahl derjeniger, die 1985 bei Flugunfällen in aller Welt ihr Leben verloren, beträgt weniger als ein Viertel der Straßenverkehrsopfer, die allein in der Bundesrepublik im vergangenen Jahr zu verzeichnen waren.

Einleitung

Flugsicherheit ist das Produkt aus Pilotenverhalten aufgrund der jeweiligen Flugzeugcharakteristik, aus Flugumgebungsfaktoren sowie aus Einwirkungen durch das Bodenpersonal.

Die Herausgeber haben eine Gruppe von Autoren zusammengebracht, von denen sich jeder auf ein größeres Gebiet konzentriert, das sich auf Fehler von Piloten bei Flugunfällen bezieht. Diese Autoren haben vor uns die Hauptgebiete ausgebreitet, die Beachtung verlangen, wenn wir die anhaltende Belastung der gegenwärtigen Flugsicherheitsstatistik bedeutend reduzieren wollen. Drei von mehreren Unfällen mit Todesopfern, die sich seit der ersten Ausgabe dieses Buches ereignet haben, veranschaulichen die immer gegenwärtige Problematik der menschlichen Ursachenfaktoren.

Folgende Unfälle sind gemeint:

a) Am 27. März 1977 begann eine Boeing 747 der KLM auf Teneriffa ihren Start, während eine weitere Boeing 747 der PanAm sich noch auf der Startbahn befand. Die 747 der KLM konnte noch abheben, kollidierte jedoch mit dem PanAm-Flugzeug, und die Folge war der furchtbarste Unfall in der Geschichte der Luftfahrt. Der offizielle Bericht vermerkt 583 Todesopfer. Die Unfalluntersucher fanden heraus, daß der Flugkapitän der KLM-Maschine ohne Erlaubnis gestartet war. Sie stellten ferner fest, daß die strenge Handhabung gewisser Vorschriften über die Grenze der maximal zulässigen Dienstzeit von Flugzeugbesatzungen den diesbezüglichen Entscheidungsspielraum des Kapitäns beeinflußt und zu dem Zwang beigetragen hat, innerhalb eines eng begrenzten Zeitrahmens zu starten. Gewisse sprachliche Mißverständnisse hinsichtlich der Luftverkehrskontrolle wurden ebenfalls erwähnt.

b) Einer McDonnell-Douglas DC 8 der United Airlines ging eines Nachts, am 28. Dezember 1978, über Portland, Oregon, der Kraftstoff vollständig aus. Zehn Personen starben bei der anschließenden Notlandung mit stehenden Triebwerken. Die Unfalluntersucher stellten fest, daß der Pilot den Kraftstoffvorrat nicht richtig überwachte, als seine Aufmerksamkeit durch einen Fahrwerksfehler abgelenkt war. Auch war man der Meinung, daß der Erste Offizier (Kopilot) und der Flugingenieur nicht vollständig begriffen hatten, daß sich die Kraftstoffreserve zu einem kritischen Niedrigstand entwickelte. Die Untersucher schlossen daraus, daß diese beiden Besatzungsmitglieder bezüglich des Kraftstoffvorrats hätten wachsamer sein und das sich anbahnende Problem dem Kapitän in geeigneter Weise hätten mitteilen müssen.

c) Eine Lockheed L 188 der Transamerica hatte am 18. November 1978 nachts über Salt Lake City den Ausfall der Fluglage-Anzeigegeräte zu verzeichnen. Der Wendezeiger und das Kursanzeigegerät funktionierten zwar, aber der Kapitän wurde dennoch räumlich desorientiert, als er versuchte, die unzuverlässige Fluglageanzeige mit der Anzeige jener Instrumente in Einklang zu bringen. Das große Turboprop-Flugzeug beschrieb eine typische »graveyard spiral« (so genannt in der Fliegersprache, weil das Flugmanöver meist mit Absturz endet; graveyard = Friedhof; d. Ü.) und brach in der Luft auseinander, wobei die drei Besatzungsmitglieder ums Leben kamen. Dieser Unfall zeigt, daß heimtückische Ausfälle sicherheitskritischer Flugüberwachungsinstrumente noch immer eine sehr große Gefahr im Flugbetrieb bedeuten.

Die Schlüsselentscheidungen zum Thema »Ursachefaktor Mensch« für die achtziger und neunziger Jahre gründen auf den Erfahrungen des Flugbetriebs und aus schon überfälligen Plänen früherer Epochen. Die Untersuchungsberichte von Zwischenfällen und Unfällen geben die Hauptrichtung für die Luftfahrtforschung, die Ausbildung und die Einsatzprogramme an.

Zu den Schlüsselthemen für das nächste Jahrzehnt zählen folgende:

a) Höhe der Arbeitsbelastung der Besatzungen bemessen nach besonderen Flugphasen (einschließlich sensorischer, kognitiver und motorischer Elemente);

b) Ermüdung der Besatzung, auch unter den Gesichtspunkten von mehrfachen Nachtflügen, von transmeridianer Desynchronisation (beim Durchfliegen mehrerer Zeitzonen gerät die »innere Uhr« des Menschen vorübergehend durcheinander, was auch als »jet-lag« bezeichnet wird; d. Ü.), von 24stündigen Ruhepausen nach Nachtflügen und mehrfachen Starts und Landungen;

c) Besonderheiten der Flugdatendarstellung, vor allem im Hinblick auf zunehmenden Ersatz der mechanischen durch elektronische Instrumente;

d) Dienstfähigkeit, Fitneß und Verhalten der Besatzungen, medizinische Richtlinien, Ausnahmeregelungen, auch für Piloten mit höherem Alter;

e) Wirkungen von Alkohol und Medikamenten – unmittelbare und Langzeitwirkungen – auf die Leistungsfähigkeit der Besatzung;

f) Umweltfaktoren beim Flug, einschließlich G-Kräfte, Sauerstoffmangel und räumliche Desorientierung;

g) Zunehmend automatisierte Luftverkehrskontrollsysteme, welche den Menschen als Kontrollierenden immer mehr aus dem Regel- und Aktionskreis drängen.

Die neue Flugzeuggeneration enthält vermehrt automatisierte Geräte. Viele neue Zivilflugzeuge stoßen auch mehr als bisher an die Grenzen ihrer aerodynamischen Flugbereiche. Auf dem Gebiet des Ursachenfaktors Mensch gilt es mehr denn je sicherzustellen, der »Fehlschaltung« in der menschlichen Gleichung die ihr gebührende Aufmerksamkeit zukommen zu lassen. Dieses Buch wird einige Leute in der Luftfahrt zu den verschiedensten Aktionen bewegen, wie tatsächliche Begebenheiten zeigten. Das Erkennen der Sachverhalte und Probleme ist die erste Stufe auf dem Weg zur Unfallverhütung.

Dr. med. Stanley R. Mohler,
Professor und stellvertretender Vorsitzender Direktor des Aerospace Medicine Department of Community Medicine, Wright State University School of Medicine, Dayton, Ohio

KAPITEL 1

Grundsätzliches über den Ursachenfaktor Mensch

M. Allnutt

Martin Allnutt vermittelt einen Überblick über einige der grundlegenden Voraussetzungen menschlicher Verhaltensforschung und verschafft uns das unentbehrliche Hintergrundwissen für die wissenschaftlichen Untersuchungen, die auf den nachfolgenden Seiten dargestellt werden.

Dieses Kapitel wurde für so bedeutungsvoll gehalten, daß es in dem Bericht der American Airline Pilots' Association (ALPA) anläßlich ihrer eigenen Untersuchung des Zusammenstoßes auf der Startbahn des Flughafens Teneriffa im Jahre 1977, der 583 Menschen das Leben kostete, Verwendung fand.

Die Suche nach tieferem Verständnis für dieses Thema ist normalerweise Psychologen und Fachleuten vorbehalten. Die Tragweite ihrer Bemühungen wird von anderen Mitarbeitern dieses Buches noch hervorgehoben werden. Weniger sichtbar jedoch sind jene Wissensgebiete, die entwickelt wurden, um diese Untersuchungen zu stützen. Einige dieser Betrachtungen befassen sich mit der Bestimmung »besonderer Merkmale«, also mit einer bestimmten Art von Unfällen oder mit einer bestimmten Art von menschlichem Fehlverhalten. Arbeitsgruppen wie jene, die von der British Airline Pilots' Association eingesetzt wurde, um das Problem der Übermüdung von Piloten zu untersuchen, oder solche von anderen Vereinigungen eingesetzten, mit ähnlich klar definierten Richtlinien, sind typische Beispiele in dieser Hinsicht – wie der Beitrag von Kraft über visuelle Bezugspunkte bei Nachtlandungen zeigt.

Für andere Forscher bietet die statistische Betrachtungsweise eine mögliche Erklärung für das Pilotenverhalten. Das Verhältnis zueinander und die Art der von Piloten verursachten Unfälle bei Tag und bei Nacht werden in Tabellenform registriert. Ausschlaggebende Entscheidungen und kritische Elemente eines Ereignisses werden ausgewertet und in einer Faktorenanalyse dazu verwendet, die gewissen Unfällen gemeinsamen Faktoren herauszuarbeiten.

Durch diese Vorgehensweise kann man sogar noch eingehender ergründen, mit welcher Häufigkeit irgendein Versagen in der Pilotentätigkeit zu einem Unfall beigetragen haben mag. Auf diese Weise brachte die statistische Auswertung von 83 Unfällen durch Pilotenfehler folgende Liste von Ursachenfaktoren an den Tag:

Falsches fliegerisches Verhalten	15
Selbstüberschätzung	16
Mangelnde Sorgfalt	18
Andere Ursachen	34

Diese Einstufungen, die es seit langem gibt, gelten als Grundlagen für die Forschung und Unfalluntersuchung. Der Begriff »Pilotenfehler« zum Beispiel wurde definiert als Versagen in der Koordination und im fliegerischen Verhalten, oder als Folge mangelnder Wachsamkeit und Beobachtungsvermögens, oder Mangel an Intelligenz und Urteilsvermögen, oder auch als ein Merkmal, das von Persönlichkeitsstruktur und Veranlagung beeinflußt wird.

Gleicherweise führen andere Untersuchungen unter den Unfallursachefaktoren solche auf, die durch die Flugzeugkonstruktion oder die Betriebsverfahren entstanden sein könnten, oder durch Unkenntnis, durch bewußtes Unterlassen oder Zulassen, durch Umfeldfaktoren oder durch psychologische oder physiologische Ursachen.

Untersuchungen wie diese sind außerordentlich wichtig, denn ihre Ergebnisse dienen dazu, die Gebiete aufzuzeigen, auf die sich die Forschung konzentrieren und für die sie abstellende Maßnahmen suchen sollte. Im wesentlichen befassen sich diese Methoden mit dem Rekonstruieren der Kette der Ereignisse. Der Schwerpunkt der Arbeit gilt eher dem Suchen nach dem, was passierte, und weniger dem Suchen nach dem, warum es passierte.

DER NORMALTYP EINES PILOTEN

Auf die letztere Frage nach dem »Warum« muß eine Antwort gefunden werden. Sie gab den Anstoß für den dritten Weg in der Forschung, der sich der Untersuchung des »Normalpiloten« widmet, wie ihn sich der Verfasser auf seinem Fachgebiet als Luftfahrtpsychologe zu eigen machte, was hier etwas ausführlicher betrachtet werden soll. Im wesentlichen kann die Grundlage dieser Methode mit der einleuchtenden Wahrheit zusammengefaßt werden, daß alle Piloten eben nur Menschen sind.

Diese Erkenntnis weist dem Psychologen die Aufgabe zu, die kognitiven und psychomotorischen Abläufe zu entwirren, die nicht nur das Niveau der fachlichen Leistung des Piloten bestimmen, sondern auch seine Reaktionen in kritischen oder ihn stark beanspruchenden Situationen. Besonders diese Aufgabe wird in hohem Maße durch die Früchte seiner unter erschwerten Umständen gewonnenen Erfahrung unterstützt.

So ist beispielsweise zweifellos anerkannt, daß die Individualität, die besonders in dieser Berufsgruppe zu finden ist, sich glücklicherweise nicht in den verschiedenen nachgewiesenen Pilotenfehlern niedergeschlagen hat. In der Tat läßt sich eine diesbezüglich deutlich auftretende Linie und Tendenz durch solche Ereignisse verfolgen. Dieses Merkmal erlaubt die Einordnung der hauptsächlichen Fehler unter Begriffe, die Verhaltensgebieten entsprechen, wie z. B. Informationsverarbeitung, Täuschung, falsche Annahmen, Gewohnheit, Motivation sowie Anspannung, Streß und Ermüdung. Die repräsentative Untersuchung dieser Bereiche auf den nachfolgenden Seiten ist deshalb von grundsätzlicher Bedeutung für das erklärte Ziel des Forschers: den Piloten etwas näher unter die Lupe zu nehmen!

1. Wie verarbeitet der Pilot Informationen?

Ein einfaches Ablaufschema menschlicher Informationsverarbeitung wird in Abb. 1.1 gezeigt. Das Modell ist natürlich stark vereinfacht und will nicht den Versuch unternehmen, die eigentliche Fülle zusätzlicher Filter und Rückkoppelungskreise wiederzugeben. Dennoch wird es dem Zweck genügen, den Informationsfluß durch den Organismus zu verfolgen und die verschiedenen Stadien, in denen sich Fehler ereignen können, etwas zu veranschaulichen. Der Kapitän eines Flugzeugs könnte zum Beispiel seinen Kopiloten anweisen: »Nummer 1 – aus«, womit gemeint ist, daß er Triebwerk Nummer eins abschalten soll. Aber bevor der Kopilot diese Anweisung einige Sekunden später ausführt, muß die Information mindestens fünf Hürden überwinden.

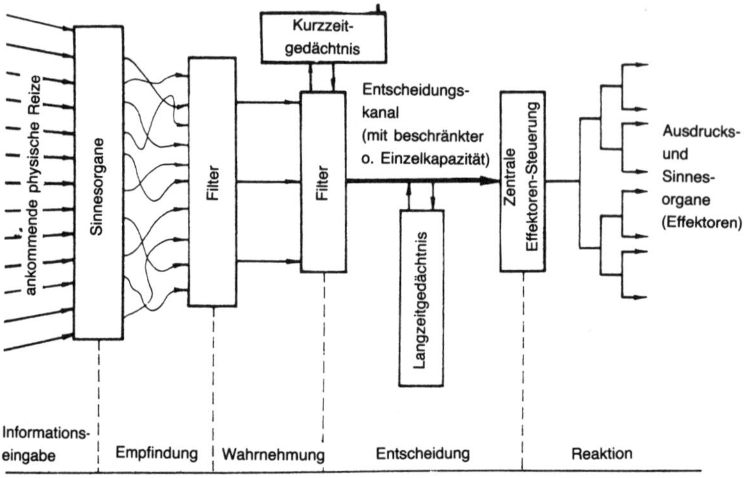

Abb. 1.1 Flußdiagramm der Informationsverarbeitung des Menschen

a) *Sinneswahrnehmung.* Um »gehört« oder »gesehen« zu werden, muß das in den menschlichen Körper eingehende Signal vom entsprechenden Sinnesorgan registriert werden. Diese Sinnesorgane sind jedoch manchmal überfordert oder auch schlicht nicht vorhanden. So kann der Mensch Geräusche nur in einem ziemlich engen Frequenzbereich hören, und auch nur dann, wenn sie ausreichend laut sind. Weiter hat der Mensch keine Sinneswahrnehmung für Geschwindigkeit, sondern nur für Beschleunigung. Im erwähnten Beispiel war die Nachricht »Nummer 1 – aus« mit der richtigen Lautstärke und Frequenz am Ohr angekommen, und somit wurde die erste Hürde überwunden.

b) *Erkennen.* Die Tatsache, daß die Gehörnerven eine bestimmte Nachricht zum Gehirn befördern, ist keine Garantie dafür, daß das Gehirn daraus immer dieselbe Bedeutung ableitet. Was erkannt wird, hängt von dem Reiz ab, also von der Handlung, von dem Wort oder Satz im Zusammenhang, in dem die Nachricht übermittelt wird, und von der früheren Erfahrung des Hörenden.

Das Wort »Hackbeil« (Chopper) dürfte zum Beispiel eine völlig andere Bedeutung für einen Holzfäller als für einen Hubschrauberpiloten haben und dementsprechend unterschiedliche Verhaltensmuster auslösen; der Holzfäller weiß, daß das Wort eine Handaxt beschreibt, und der Hubschrauberpilot nimmt es als Ausdruck der Umgangssprache für sein Fluggerät. Es ist bemerkenswert, daß der Gehörreiz in beiden Fällen genau der gleiche ist. In unserem Beispiel dürfte der Kopilot »Nummer 1 – aus« sehr unterschiedlich auffassen, wenn die Mitteilung in einer Bar erfolgte oder wenn sie die Pointe von einem Witz wäre, den er und der Kapitän sich am Vorabend erzählt hätten. In diesem Falle jedoch erkennt der Kopilot die Information als korrekt, und die zweite Hürde ist genommen.

c) *Aufmerksamkeit.* Es ist im Leben eine bedauerliche Tatsache, daß ankommende Nachrichten uns nicht in passenden Abständen, sondern eher unregelmäßig und oft genau zur unrechten Zeit erreichen. Diese Tatsache ist von besonderer Bedeutung, denn Untersuchungen haben gezeigt, daß der Mensch nur über einen einzigen Entscheidungskanal verfügt, durch den alle Informationen der Reihe nach hindurch müssen. Mit anderen Worten, wenn zwei Informationen im Gehirn gleichzeitig ankommen, muß eine von beiden so lange warten, bis die andere verarbeitet ist.

Die Anlage für einen einzigen Entscheidungskanal hat natürlich gute Gründe; dennoch reagieren viele Leute auf diese Vorstellung mit dem Widerspruch, sie könnten tatsächlich zwei Dinge zur gleichen Zeit tun. Bei genauerer Prüfung zeigt sich jedoch, daß die betreffende Person sich einfach sehr schnell von einer Informationsquelle zur anderen wendet. Ein augenfälliges Beispiel dafür bietet der Fall eines Mitfahrers in einem Auto, das von einem Freund gefahren wird. Zuerst scheint der Fahrer zwei Dinge gleichzeitig zu tun, nämlich das Auto zu fahren und zu sprechen. Aber wenn er zum Überholen ansetzt und ein entgegenkommendes Fahrzeug sieht, wird er plötzlich sehr schweigsam. Er hat aufgehört, sich anderen Dingen zuzuwenden und konzentriert sich nun auf eine einzige Informationsquelle.

Es gibt auch einen eher anekdotischen Beweis, der durch Laborversuche bestätigt ist, bei denen zwei verschiedene Mitteilungen dem rechten und linken Ohr eingegeben werden. Es wurde festgestellt, daß die Testpersonen, wenn sie der Eingabe des einen Ohres zuhörten, über den Inhalt der Mitteilung im anderen Ohr so gut wie nichts sagen konnten. Dabei spielt es keine Rolle, ob die andere Information zum Ohr, zum Auge oder zum »Hosenboden« kommt, der in der Fliegerei dafür bekannt ist, über ›geheimnisvolle‹ instinktive Gefühlsempfindungen zu verfügen. Der Mensch kann tatsächlich konzentriert nur einer

Sache zu einer bestimmten Zeit folgen; allein der zentrale Entscheidungskanal begrenzt das Tempo, mit dem man die Information verarbeiten kann.

So hat beispielsweise die laute Hupe (das Klaxon- oder Signalhorn) – der »Aufmerksamkeitserreger« im Flugzeugcockpit – sicherzustellen, daß ein Warnsignal vorrangig vor allen anderen Informationen sofort zum Entscheidungskanal gelangt. Trotzdem gibt es zahlreiche Beispiele für Fälle, wo Warnsignale entweder unbeachtet blieben, weil der Pilot mit wichtigerer Information beschäftigt war oder weil er seine Aufmerksamkeit nicht von einer »Eingabe« zur anderen verlagern konnte.

Einige Unfalluntersuchungsergebnisse geben ganz typisch diese Situation wieder, denn es geschieht mit geradezu niederschmetternder Häufigkeit, daß Ablenkung als Unfallfaktor angesehen wird, wie aus folgenden Beispielen zu ersehen ist:

». . . ausschließliche Beschäftigung mit einer Fehlfunktion des Bugfahrwerks . . . lenkte die Aufmerksamkeit der Besatzung ab . . .«; . . . ausschließlich beschäftigt mit der Aufgabe, das Flugzeug zu fliegen . . . verwechselte er gedanklich die ersten und letzten Zahlen . . .;

. . . ungenügende Aufmerksamkeit der Besatzung gegenüber Höhenmesseranzeigen . . . aufgrund ihrer Beschäftigung mit anderen Dingen;

. . . zu beschäftigt . . . mit der Zeitplanung für das Durchstoßverfahren . . . vergaß die gesamte Besatzung, die barometrische Grundeinstellung des Höhenmessers zu ändern . . .«. (Vor einer Landung muß der barometrische Luftdruck des Landeplatzes erfragt und am Höhenmesser eingestellt werden; bei Unterlassung kann ein Höhenanzeigefehler auftreten, der bis zu mehreren hundert Metern beträgt.)

Es lohnt sich, an diesem Punkt einen Moment zu verweilen. Während eine Information den Entscheidungskanal passiert, müssen andere Informationen, die gleichzeitig ankamen, in der Tat in einem Kurzzeit-Gedächtnisspeicher warten, bis sie an der Reihe sind. Es ist jedoch erwiesen, daß Informationen, die in solch einem Speicher warten müssen, gerne sehr schnell vergessen werden. Dies betrifft besonders ältere Piloten, denn Versuche haben gezeigt, daß solch ein Pilot, wenn er gleichzeitig z. B. eine neue Flugfreigabe und eine verhältnismäßig wichtigere Information – vielleicht die Annäherung eines anderen Flugzeugs – erhält, er die erste Information bereits vergessen haben kann zum Zeitpunkt, wo er die Vorrangnachricht verarbeitet, also berücksichtigt und danach gehandelt hat.

Die begrenzte Aufnahmefähigkeit des einzigen Entscheidungskanals des Menschen bedeutet, daß Situationen entstehen, in denen trotz einwandfreien Funktionierens aller Gehirnfunktionen noch so viele Informationen zu bewältigen sind, daß dieser Kanal überlastet wird. Hektik und Beanspruchung des heutigen Lebens haben die Menschen allzu vertraut mit Situationen gemacht, in denen sie auf zu viele Umweltreize (»Eingaben«) achtgeben müssen. Wohlbekannt sind auch die verschiedenen Reaktionen, die sich der Mensch angewöhnt hat, um mit diesen Überbelastungssituationen fertig zu werden. Abhängig von Temperament und Aufnahmefähigkeit, kann sich der einzelne mit jeder Information entweder schnell und unzureichend befassen, oder er konzentriert sich auf eine einzige Informationsquelle unter Ausschluß aller anderen Einflüsse von außen. Er kann Informationen aus zwei oder mehreren Quellen verwechseln oder gar die Flucht aus dieser Situation versuchen, indem er alle Einflüsse unbeachtet läßt und möglicherweise sich in einer völlig belanglosen Tätigkeit verliert.

In unserem genannten Beispiel erhält der Kopilot viele Reizeinflüsse und Eingaben, die seine Aufmerksamkeit erfordern; aber er entscheidet, sich auf die Nachricht »Nummer 1 – aus« zu konzentrieren, und überwindet damit die dritte Hürde.

d) *Entscheidung.* Wenn der Kopilot einmal gehört und verstanden hat, was der Kapitän von ihm verlangt, sollte die Entscheidung, diesem Verlangen nachzukommen, relativ einfach zu bewerkstelligen sein, was sie in der überwiegenden Mehrzahl der Fälle auch ist. Der Kopilot schließt den Gashebel des Triebwerks und geht zur nächsten Entscheidung über. Es kann jedoch Fälle geben, wo die Entscheidung nicht leicht fällt. Vielleicht schaut der Kopilot auf seine Instrumente und sieht, daß es tatsächlich nicht das Triebwerk Nummer eins, sondern ein anderes ist, das gerade versagt. Seine Entscheidung wird nun weit komplizierter. Im Unterbewußtsein kann solch eine Situation etwas auslösen, was in Wirklichkeit einer inneren »Zahlt-es-sich-aus?«-Schablone folgt, wobei der Verstand die Entscheidung hinsichtlich des voraussichtlichen Ergebnisses und seiner Folgen überprüft. Ein Pilot möchte zum Beispiel »einigermaßen« sicher sein können, daß ein nicht so wichtiges Instrument richtig arbeitet, bevor er sich darauf verläßt; er müßte jedoch ein weit größeres Vertrauen in das korrekte Funktionieren eines sehr wichtigen Gerätes haben, bei dem eine Fehlfunktion den Tod bedeuten könnte.

Glücklicherweise gibt es keine Schwierigkeiten, wenn die Nachricht, der Befehl »Nummer 1 – aus«, weiterbefördert wird; deshalb leitet das Gehirn des Kopiloten die Anweisung zu seiner Hand, den Leistungshebel des Triebwerks Nummer eins zu schließen.

e) *Ausführung/Reaktion.* Diese Phase ist der letzte Teil in der Folge und doch eine weitere Fehlerquelle. Der Kopilot kann durchaus die Absicht haben, den Leistungshebel des Triebwerks Nummer eins zu bewegen, aber tatsächlich bewegt er den für das Triebwerk Nummer zwei – eine Fehlerart, die allzuoft von einer schlechten ergonomischen Konstruktion und Cockpitauslegung herrührt. Denn wenn die Bedienungselemente mehr nach »kosmetischen« Gesichtspunkten als nach funktionellen ausgelegt und konstruiert sind, muß sich »Murphy's law« erfüllen, ein Gesetz, das besagt, wenn etwas falsch gemacht werden kann, wird es eines Tages auch falsch gemacht werden. (»Murphy« ist im englischen Sprachgebrauch der sprichwörtliche Mechaniker »mit den zwei linken Händen«; d. Ü.)

In diesem Fall jedoch betätigt der Kopilot den richtigen Leistungshebel und befolgt somit die Anweisung des Kapitäns. Diese Handlungsfolge ist abgeschlossen, wenn das Gehirn des Kopiloten die Rückinformation/Rückkoppelung von seiner Hand und vielleicht eine visuelle Bestätigung über die entsprechende Drehzahlanzeige erhält, daß der Leistungshebel geschlossen ist. Der vollständige Ablauf von der Anweisung bis zur Ausführung hat wahrscheinlich weniger als eine Sekunde gedauert, und doch enthielt er mindestens fünf Fehlermöglichkeiten. Die Vorstellung, daß Tausende von solchen Abläufen bei jedem Flug erfolgen, rückt eine wahrhaft erstaunliche Tatsache in den Brennpunkt – massive Fehler sind selten und katastrophale Fehler sind äußerst selten.

2. Visuelle Wahrnehmungstäuschungen

(Siehe auch die nähere Behandlung dieses Themas in Kapitel 8.)

Die meisten Informationen nimmt der Pilot mit seinen Augen wahr. Einige davon entnimmt er dem Instrumentenbrett im Cockpit, aber einen großen Teil erhält er von außerhalb des Cockpits, oftmals unter Bedingungen, die weit davon entfernt sind, als ideal zu gelten. Tatsächlich können gewisse Gegebenheiten sogar verhindern, daß die notwendigen Informationen das Auge erreichen – so könnte ein Pilot zum Beispiel gegen ein Hindernis fliegen, das von Wolken verdeckt wird.

Häufiger erreicht ein Sinnesreiz zwar das Auge, aber das Gehirn mißdeutet ihn, und der Pilot »sieht« etwas anderes; mit anderen Worten, er unterliegt einer visuellen Täuschung. Solche Täuschungen sind etwas sehr Alltägliches, und wir alle »sehen« wahrscheinlich jeden Tag irgendwelche – einfach, weil der visuelle Sinnesreiz zusammen mit früherer persönlicher Erfahrung eine Reaktion auslöst, die erst das Bild erzeugt, das tatsächlich »gesehen« wird. So lehrt uns die Erfahrung, daß Gegenstände gewöhnlich ihre Größe beibehalten; wir folgern daraus, wenn sie größer zu werden scheinen, wenn sie auf der Netzhaut also ein größeres Bild ergeben, müssen sie in der Tat näherkommen und unser Verhalten wird dementsprechend angepaßt. Ein Pilot nimmt auf jedem Flug Tausende von solchen einfachen Bewertungen vor, aber es gibt andere, raffiniertere Täuschungen, die seine ganze Erfahrung und Konzentration erfordern, wenn er sich nicht von ihnen irreführen lassen will.

Die Beziehung zwischen visuellen Täuschungen und Flugunfällen wurde ausführlich untersucht, unter anderem von Pitts, der die Ursachen für visuelle Täuschungen aufführt, die man gewöhnlich in der Fliegerei antrifft. Einige davon werden nachfolgend beschrieben.

a) *Lichtbrechung.* Die Krümmung der Windschutzscheibe oder vielleicht darauf befindliches Regenwasser können eine Brechung erzeugen, so daß der Pilot glaubt, er sei höher als in Wirklichkeit, um daraufhin seinen Anflug tiefer anzusetzen.

b) *Nebel.* Im Nebel können Gegenstände größer und weiter entfernt als gewöhnlich erscheinen, weshalb der Pilot versucht ist, im Landeanflug unterhalb des normalen Gleitpfades anzufliegen.

c) *Geländestruktur.* Die Beschaffenheit des Geländes liefert Bezugspunkte hinsichtlich der Entfernung vom Beobachter. Objekte von ungewöhnlicher Größe, wie zum Beispiel besonders große Gebäude oder auch verkrüppelte Bäume können hingegen ein Verschätzen in der Entfernung hervorrufen.

Gleichermaßen kann ein Gelände, das bar jeglicher Bezugspunkte ist – wie stehende Gewässer – das Schätzen der Entfernung äußerst schwierig machen. Dies trifft auch zu, wenn wenige Kontraste zwischen der Landebahn und dem umgebenden Gelände vorherrschen; »ungenügende visuelle Bezugspunkte« wegen Schnee wurde als einer der Faktoren angegeben, die beispielsweise den Flugunfall mit einer Viscount bei Castle Donington im Jahre 1969 verursachten.

d) *Scheinbewegungen (autokinetisches Phänomen).* Ein stationäres Licht in einer dunklen Umgebung scheint sich manchmal zu bewegen. Man kann dies demonstrieren, indem man in einem dunklen Raum andauernd auf eine schwache Lichtquelle starrt; nach einer Weile scheint sich das Licht wie von selbst im Kreise zu bewegen. In gleicher Weise kann beim Flug über unbewohntem Gebiet bei Dunkelheit ein schwaches ortsfestes Licht am Boden in Bewegung »gesehen« und irrtümlich für ein anderes Flugzeug gehalten werden.

Einer der Gründe, warum man einem Kapitän Einweisungs- und Gewöhnungsflüge zu einem bestimmten Flughafen zubilligt, bevor man den Anflug ihm selbstverantwortlich überläßt, ist, ihm das Kennenlernen der wichtigen Bezugspunkte zu ermöglichen, die er für den Sichtanflug benötigt. Er wird lernen, welcher Art die visuellen Eindrücke sind, die er in den verschiedenen Abschnitten des Landeanflugs zu erwarten hat und welche Fallstricke oder Sinnestäuschungen ihn erwarten: Zum Beispiel, daß der Wald auf der Kuppe eines Hügels aus Zwergkiefern besteht und deshalb weiter weg zu sein scheint, als er tatsächlich ist; oder daß die Bodensenke vor dem Landebahnbeginn weit tiefer ist, als es aus zwei Meilen Entfernung scheint.

Man sagt, daß sich ein Pilot an das Erscheinungsbild, das sich ihm bei einem »Drei-Grad-Gleitpfad« bietet, gewöhnt und »einstimmt«. Diese Gewöhnung und Einstimmung ist unter den Voraussetzungen durchaus erforderlich und der Flugsicherheit dienlich, sofern die visuellen Bezugspunkte auf dem Anflug zu einem bestimmten Flughafen ziemlich typisch oder zahlreich genug sind, um irgendwelchen Sinnestäuschungen zu widerstehen. Wenn keine dieser Bedingungen erfüllt wird, kann sich eine unfallträchtige Situation entwickeln. Als Beweis mögen die Tatsachen dienen, die Kraft besonders herausgestellt hat.

Kraft stellte fest, daß sich 16 Prozent aller größeren Flugunfälle mit amerikanischen Verkehrsflugzeugen zwischen 1959 und 1967 bei Nachtanflügen über unbeleuchtetem Gelände oder Wasser und vor dem Hintergrund hellerleuchteter Städte ereigneten. Er untersuchte diese Unfälle, indem er Laborversuche mit simulierten Nachtanflügen auf bestimmte Flughäfen durchführte, und fand heraus, daß der Hauptgrund für die falsche Höheneinschätzung unter diesen Bedingungen eine Sinkflugbahn war, welche die visuellen Informationen aufhob. Die Veränderung der visuellen Information während des Anflugs war seitens der Flughafenbeleuchtung unzureichend, um wahrgenommen zu werden, noch gab es dort andere visuelle Bezugspunkte. Somit erhielt der Pilot keine visuellen Hinweise von außerhalb des Cockpits, so daß er unter den Gleitpfad absank. Kraft hat aufgrund der Tatsache, daß eine Bewegung einen Sehwinkel von etwa einer Bogenminute pro Sekunde überschreiten muß, damit sie erkennbar wird, errechnet, daß bei einer Geschwindigkeit von 240 Meilen pro Stunde (445 km/h) und in einer Höhe von 3000 Fuß (900 m) – einer typischen Anflugkonfiguration – solch eine Wahrnehmung in einer Entfernung von etwa 9 Meilen (17 km) vom Aufsetzpunkt erfolgen würde; dies ist die Entfernung, bei welcher sich einige Unfälle tatsächlich ereignet haben.

Solche visuellen Täuschungen werden noch verschlimmert durch:

(1) Vollständige Dunkelheit, sowohl unter dem Anflugweg als auch seitlich davon.
(2) Einen langen Direktanflug auf einen Flughafen, der unmittelbar an einer Stadt liegt.
(3) Eine Landebahn von ungewöhnlicher Länge oder Breite.
(4) Eine Landebahn mit Steigung oder Gefälle, wobei der Pilot annimmt, daß die Landebahn horizontal verläuft und sie mit einem Bahnneigungswinkel von 3 Grad anfliegt. Steigt die Landebahn nun mit einem Winkel von 3 Grad an, kann sein Anflug verhängnisvoll tief ausfallen.
(5) Ein ausgedehntes Stadtgebiet samt Vororten mit unregelmäßigen Lichtquellen auf Hügeln hinter der Landebahn; dies liefert dem Piloten falsche Bezugspunkte bezüglich Höhe, Entfernung und einer deutlichen Horizontlinie.

3. Die falsche Hypothese

Falsche Hypothesen tragen so wesentlich zu Fehlern des Menschen bei, daß sie besondere Aufmerksamkeit verdienen.

Zur einfachen Demonstration der in Frage kommenden charakteristischen Denkprozesse sollte der Leser einmal einen Freund bitten, das Wort »Toast« fünfmal so rasch wie möglich zu sagen und dann den Vorrang zu wiederholen mit der Bezeichnung des Gegenstandes, den man in den Toaster steckt. Wenn er nun »Toast« anstelle von »Brot«

sagt, was wahrscheinlich der Fall sein wird, unterliegt er einer falschen Hypothese, weil sich sein Verstand auf ein phonetisches Muster »konditioniert«, d. h. gewohnheitsmäßig eingestimmt, hat.

Auf das Gehirn wirkt eine so breite Vielfalt von Informationen ein, daß es unmöglich alles im einzelnen verarbeiten kann. Die menschliche Reaktion darauf ist es deshalb, nur einen kleinen Teil der Information anzunehmen und über den Rest nur eine Vermutung anzustellen. Ein typisches Beispiel: Ein Pilot mag Lichter unter sich sehen und annehmen, sie gehörten zum Flughafens A, so daß er auf diese Hypothese hin beginnt, sein Landeanflugverfahren anzusetzen. Normalerweise sind es tatsächlich die Lichter des Flughafen A, und sein Handeln ist in Ordnung; aber gelegentlich sind es die Lichter vom Flughafen B, und der Pilot stellt eine falsche Hypothese an, die zu einem Unglück führen kann.

Am 14. Januar 1969 verunglückte eine BAC 1-11 in der Nähe von Mailand wegen Verlustes der Triebwerkleistung, obwohl beide Triebwerke sich bei der anschließenden Untersuchung als im wesentlichen intakt erwiesen. Kurz nach dem Start ereignete sich ein Strömungsabriß im Kompressor des Triebwerks Nummer zwei. Aus Gründen, die wohl auf Übermüdung zurückzuführen waren, unterlag ein Kapitän in Ausbildung auf dem »jump-seat« (»jump-seat« nennt man den Klappsitz, der sich in Verkehrsflugzeugen zwischen und hinter den Sitzen des Kapitäns und des Kopiloten befindet; d. Ü.) der falschen Hypothese, daß das Triebwerk Nummer eins versagt hatte, und er befahl, dieses Triebwerk abzustellen. Unglücklicherweise war der Schub des Triebwerks Nummer eins bereits teilweise vermindert infolge »eines unabsichtlichen Verstellens des entsprechenden Leistungshebels«, und das Flugzeug stürzte ab.

Schon früher schilderte Davis Situationen mit der »falschen Hypothese« anhand von Beispielen aus dem Eisenbahnwesen, wo der Lokomotivführer ein rotes Signal sah, es für grün hielt und einen Unfall verursachte. Viele Piloten werden zweifellos Parallelen zu ihrer eigenen Erfahrung erkennen; Davis beschreibt vier spezifische Situationen, in denen falsche Hypothesen besonders leicht vorkommen:

a) *Wenn die Erwartungshaltung sehr hoch ist.* Lange Erfahrung mit einem Geschehen, das sich immer in einer bestimmten Weise abspielt, erzeugt eine große Wahrscheinlichkeit, daß es auch künftig in diesem Ablauf »gesehen«, »gehört« oder »gefühlt« wird, unabhängig von der genauen Herkunft des Reizes. Ein Beispiel dafür ist in England das amtliche blau-weiße Verkehrszeichen, das besagt: »Police Notice, No Parking« (Polizeianweisung, kein Parken). Ein ähnliches Zeichen, das die Worte enthält: »Polite Notice, No Parking« (Höfliche Anweisung, kein Parken), wird oft von belästigten Anwohnern benutzt, um Autofahrer anzuregen, weiterzufahren und woanders zu parken. Der Reiz, der über das Auge eingeht, ist der Buchstabe »t«; aber weil die Leute gewohnt sind, in diesem Zusammenhang ein »c« zu sehen, wird es als solches gelesen und genommen.

Die Menschen haben ein großes Bedürfnis, Situationen schematisch zu sehen und zu gliedern, d. h., ihnen Reihenfolge und Bedeutung zuzumessen. Ein Pilot, der eine Nachricht durch einen gestörten Funk-/Radiokanal hört, wird eine Anzahl von Hypothesen anstellen, bevor er sich die Nachricht wiederholen läßt. Er weiß, daß der Kontrollturm des Flughafens ihm keine belanglose Nachricht übermitteln würde, also versucht er, die Lücken auszufüllen, und glaubt, gehört zu haben, was er in seiner Vorstellung gehört haben sollte. Wenn er eine bestimmte Information zu dieser Zeit erwartet oder wenn er unter großem Druck steht – zum Beispiel unter Zeitdruck oder unter dem einschüchternden Einfluß eines herrischen Kapitäns –, wird dieser Tendenz, einer zweifelhaften Hypothese zu folgen, noch mehr Vorschub geleistet.

b) *Wenn die Hypothese als Ausrede und Verteidigung dient.* Die Menschen neigen dazu, ankommende Informationen so zu interpretieren, daß Besorgnis und Angst auf ein Minimum reduziert werden. Es wird in der Tat häufig beobachtet, daß ein Mensch, der an einer unheilbaren Krankheit leidet, durchaus an eine unwahrscheinliche Hypothese glaubt, wenn sie nur Hoffnung bietet. Und es geschieht ebenfalls häufig, daß ein Student, der eine Karte mit der Mitteilung über ein nicht bestandenes Examen erhält, glaubt, diese sei irrtümlich an ihn geschickt worden. Beide Personen mögen durchaus objektiv bleiben, wenn die Ereignisse sich auf andere Menschen beziehen, die ihnen unbekannt sind; aber sie werden unlogisch, wenn sie selbst oder Menschen, die ihnen nahestehen, betroffen sind. Der objektive Beweis ist vorhanden, aber Menschen, die derartig beeinflußt sind, haben nicht das Verlangen, ihn wirklich zu sehen. Dieses Außerachtlassen der Wirklichkeit sieht man oft, wenn zwei Menschen in eine heftige Auseinandersetzung geraten. Beide beharren nachdrücklich auf ihren Hypothesen, die allmählich immer weniger haltbar werden, nur aus Furcht, die jeder mit der

Aussicht verbindet, klein beigeben zu müssen.

Wie hoch auch immer sein Rang, wie groß seine Erfahrung sein mag, ein Pilot ist immer der Besorgnis ausgesetzt und deswegen auch den Irrtümern einer falschen Hypothese. Glücklicherweise mag seine Erfahrung ihm entsprechende Lektionen erteilt haben, so daß er sich dagegen wappnen und die Umstände erkennen kann, die zu dieser Art von Fehlern führen können. Gelegentlich jedoch kann sein Dienstalter und sein Status eine eher größere Barriere sein, Fehler zuzugeben – und er wird seine falsche Hypothese erst dann nach außen hin verwerfen, wenn es zu spät ist, wenn das Unglück unmittelbar bevorsteht.

c) *Wenn die Aufmerksamkeit abgelenkt ist.* Wenn ein Pilot eine Reihe unaufschiebbarer Aufgaben vor sich sieht und eine davon seine besondere Aufmerksamkeit erfordert, neigt er dazu, Hypothesen anderer Aufgabenbereiche weniger kritisch zu beurteilen. So wird ein Pilot, wenn er bei schlechtem Wetter einen großen Teil seiner Konzentration darauf richtet, die Landebahnlampen zu sehen, eher andere Instrumente falsch ablesen, also eine falsche Hypothese anstellen. Wiederum, wenn der Pilot eine falsche Hypothese über irgendeine Information, auf die er sich gerade stark konzentriert, bereits angestellt hat, kann er leicht eine andere lebenswichtige Information ignorieren, die im Widerspruch zu dieser Hypothese steht.

Davis zitiert als Beispiel einen Unfall, wo das rechte Triebwerk eines Flugzeuges zu stottern begann und an Vortriebskraft verlor. Der Pilot meldete dem Kontrollturm, daß der Drehzahlregler für den Propeller versagt habe, und versuchte erfolglos, die Störung zu beheben, indem er den Leistungshebel und den Propellerblattverstellhebel über den gesamten Bereich bewegte. Kurz danach stürzte das Flugzeug ab.

Die nachfolgende Untersuchung zeigte, daß die einzige Unfallursache die simple Tatsache war, daß die Kraftstofftanks leer waren! Aber da der Pilot sich darauf versteift hatte, der Drehzahlregler für den Propeller sei ausgefallen, unterließ er es, andere Überprüfungen im Cockpit vorzunehmen.

d) *Nach Zeiten hoher Konzentration.* Jeder Pilot kennt das Gefühl am Ende eines Fluges – jenem Zeitpunkt, wo am Schluß eines glänzend durchgeführten Flugauftrages die Anspannung nachläßt. Der schwierigste Teil des Fluges wurde erfolgreich abgeschlossen, aber nur allzuoft geschieht genau zu diesem kritischen Zeitpunkt ein Unfall.

Unter den Beispielen, die Davis anführt, ist auch das eines Lokomotivführers, der im Nebel von Crewe nach London fuhr – eine Entfernung von 260 km. Einige Kilometer vor dem Zielbahnhof klärte der Nebel auf und die Sonne kam heraus. Der Lokomotivführer entspannte sich, durchfuhr ein rotes Signal und stieß auf einen anderen Zug. Deutlich erkennbar hatte die schlechte Sicht während des größten Teils der Fahrt hohe Anforderungen an seine Konzentration gestellt. Der Rest der Fahrt muß im Gegensatz dazu so leicht erschienen sein, daß der bedauernswerte Lokführer sich offensichtlich »so gut wie zu Hause« wähnte.

Eine falsche Hypothese muß nicht unbedingt spontan sein, sondern kann Gedankengängen und Vorstellungen entspringen, mit der ein Mensch seit vielen Jahren lebte. Bei einem Leichtflugzeug wie der »Chipmunk« beträgt die Geschwindigkeit, bei der die Strömung abreißt, 63 km/h mit eingefahrenen Landeklappen; das wird allzuoft zu den üblichen Überzieheigenschaften eines Flugzeuges gezählt. Befindet sich das Flugzeug jedoch in einer Kurve mit ausgefahrenen Landeklappen, wie es sehr wohl bei einer versuchten Notlandung auf freiem Feld der Fall sein kann, ist die Überziehungsgeschwindigkeit fast doppelt so hoch. In Großbritannien ist bei einem von zwei Unfällen mit Leichtflugzeugen das Abreißen der Luftströmung in einer Kurve in niedriger Höhe der vorletzte Akt des Absturzdramas. Im Grunde genommen kennen alle Piloten von Leichtflugzeugen die Überziehgeschwindigkeit ihrer Maschinen im Geradeausflug, aber wie viele kennen die andere, weit lebenswichtigere Geschwindigkeit? Einer, der sie wohl nicht gekannt hat, war der Pilot einer »Nipper T66«, die in einer Kurve in 60 m Höhe überzogen wurde. Die Grenzgeschwindigkeit dieses Flugzeuges beträgt bei einem Überziehmanöver mit Triebwerkleistung 60 km/h, steigert sich jedoch bei einer Querlage von 75 Grad auf 120 km/h.

4. Der Mensch, das »Gewohnheitstier«

Ein Grundsatz des menschlichen Verhaltens von überaus wichtiger Bedeutung für die Fliegerei ist folgender: Je öfter eine Handlung in einer bestimmten Weise in der Vergangenheit ausgeführt wurde, um so wahrscheinlicher wird sie auch künftig in dieser Art ausgeführt werden. Tatsächlich wird ein großer Teil der Pilotenausbildung darauf verwendet, ein Repertoire an gewohnheitsmäßigen Handgriffen zu schaffen, so daß sich der Pilot beim Fliegen darauf konzentrieren kann, ganze Handlungsgruppen zu koordinieren, anstatt einer vergleichsweise leichten Aufgabe übermäßige Aufmerksamkeit zuzuwenden. Seine grundlegende Rolle ist es deshalb, eine Anzahl von Tätigkeiten auf untergeordneter Ebene zu überwachen.

Außerdem sind Flugzeuge heute in der Mehrzahl standardisiert, so daß Aktionen, die für ein Flugzeug in Frage kommen, auch für ein anderes richtig sind. So befinden sich Steuerorgane gewöhnlich an gleicher Stelle, funktionieren gleich und werden auf die gleiche Weise bedient. Meistens sind solche früher angeeigneten Gewohnheiten vorteilhaft und oft sogar unentbehrlich in einer entsprechenden Situation; aber gelegentlich sind sie unpassend, und damit droht die Unfallgefahr.

Eine vielzitierte Episode aus den Berichten der Flugmedizin ist der Fall eines Flugzeuges vom Typ »Auster«, das man kurz nach dem Start beobachtete, wie es sich mehrfach aufbäumte und schließlich zu Boden stürzte. Der Pilot hatte zuviel Höhenrudertrimmung eingestellt, vielleicht, weil er zuvor lange ein anderes Flugzeug – eine »Tripacer« – geflogen hatte. Sowohl die »Auster« als auch die »Tripacer« verfügen über eine gleichartige Trimmbetätigung an derselben Stelle, aber während die »Tripacer« für eine geringe Änderung der Trimmung mehrere Drehungen am Trimmrad benötigt, muß bei der »Auster« nur eine einzige Drehung für den gesamten Bereich der Höhenrudertrimmung gemacht werden. Der Pilot hat wahrscheinlich die für die »Tripacer« richtige Handlung vorgenommen; unglücklicherweise befand er sich am Unfalltage jedoch in einer »Auster«.

Dieser und ebenso andere Unfälle werfen ein bezeichnendes Licht auf einen großen Nachteil des menschlichen Systems, wenn man es mit einer Maschine vergleicht: Denn der Mensch verfügt über keinen »Löschknopf« für sein Gedächtnis. *Er kann sich selbst nicht befehlen zu vergessen.* Vielmehr müssen frühere und nicht mehr passende Gewohnheiten langsam und mühevoll ausgemerzt werden, wann immer der Mensch sich auf neue Bedingungen und Anforderungen einstellen muß. Diese Situation kann sich in gewissen Fällen, in denen Menschen eher auf frühere und gut einstudierte Verhaltensmuster zurückgreifen, verschlimmern.

Es ist bekannt, daß zwei Situationen dieser Art solchen Rückgriffen Vorschub leisten. Erstens, wenn der augenblicklichen Aufgabe nur geringe Aufmerksamkeit gewidmet wird. Ein Beispiel ist die vertraute Erfahrung des Autofahrers, der von einem Wagen mit Schalthebel am Getriebetunnel zu einem mit Lenkradschaltung wechselt. Wenn der Fahrer sich auf den Schaltvorgang konzentriert, sind seine Handgriffe richtig, aber sobald er zu schalten versucht, während seine Aufmerksamkeit sonstwo ist, ertappt er seine Hand, wie sie in Kniehöhe herumrudert.

Eine zweite Ursache für das Zurückgreifen auf frühere Verhaltensmuster ist Streß. Es kann im Versuch nachgewiesen werden, daß ein Mensch unter hoher Belastung viel leichter dazu neigt, eine frühere und möglicherweise ungeeignete Handlung zu wiederholen.

Auf die Möglichkeit eines solchen Geschehens wird in dem Bericht der italienischen Untersuchungskommission hingewiesen, die den bereits erwähnten BAC-1-11-Absturz untersuchte. Der Bericht besagt:

Beratende Psychologen sind der Ansicht, daß ein Rückfall auf frühere Verhaltensmuster stattgefunden haben könnte, die sich der Pilot auf anderen Flugzeugtypen angeeignet hat, wobei im Falle eines Triebwerkausfalls nach dem Start sofortiges Handeln erforderlich war. In der Tat flog der Pilot während der dem BAC-1-11-Einsatz vorausgegangenen neun Jahre mehrmotorige Kolbenmotor- und Propellerturbinenflugzeuge, und in dieser Zeit erlebte er einen Triebwerkausfall beim Start.

Unfalluntersucher, die sich mit den spezifischen Fällen von Pilotenfehlern befassen, müssen deshalb nicht nur die augenblicklichen Gewohnheiten des Piloten, sondern auch jene in der Vergangenheit liegenden berücksichtigen. Es ist nicht immer möglich, die Bedeutung dieser Muster zu bewerten oder mit ausreichender Genauigkeit zu sagen, daß eine frühere und ungeeignete Gewohnheit von nun an nicht mehr gefährlich ist. Das hängt sowohl von der Stärke der ursprünglichen Gewohnheit ab als auch von den nachfolgenden Verhaltensmustern des Betroffenen. Es genügt zu sagen, daß alle Gewohnheiten im Unbewußten sehr tief sitzen und daß mangelnde Aufmerksamkeit oder das Vorherrschen einer Belastungs-/Streßsituation das Wiederaufleben einer Gewohnheit auslösen kann, die über Monate oder gar Jahre hinweg geruht hat.

In gleichem Maße, wie die Erfahrung eines Piloten wächst und zunimmt, steigt auch der Spielraum seiner Reaktionen und ebenso – leider – sein Alter. Fragen über die Beziehung zwischen Unfallrate, Alter und Erfahrung werden oft gestellt und selten zufriedenstellend beantwortet.

Es verlangt aber keine große Anstrengung zu verstehen, wie komplex diese Beziehung ist. Alter und Erfahrung und ihre Folgeerscheinungen stehen gewöhnlich in Wechselwirkung zueinander. Der ältere Pilot ist häufig erfahrener als sein jüngerer Kollege, kann aber in einer etwas schlechteren physischen Verfassung sein, wobei er diese durch eine wirksamere »Gangart« auszugleichen vermag. Er mag sich mehr Sorgen um seinen Rang machen, wird aber gelernt haben, mit vielen anderen Problemen des Lebens fertig zu werden. Die Liste solcher ausgleichenden Anpassungen ist endlos. In einer vereinfachten Darstellung von Alter und Erfahrung kann man ohne weiteres sagen, daß bezüglich der körperlichen Eignung des Menschen in den Jugendjahren bis zu den frühen Zwanzigern eine Spitze erreicht wird und es von da an bergab geht, während die wichtige (und auch die belanglose) Erfahrung über die ganze Lebensspanne hinweg ständig wächst und zunimmt.

Das ideale und wahrscheinlich sicherste Alter für irgendeine Tätigkeit hängt von der Art eben dieser Tätigkeit ab. Eine Schwimmerin erreicht ihre Leistungsspitze gewöhnlich im Jugendalter, während ein Bundesrichter normalerweise Ende fünfzig oder noch älter sein dürfte. Genauso wird der Pilot eines Düsenkampfflugzeuges, der eine schwere körperliche Aufgabe zu bewältigen hat, die rasche Reaktionen erfordert, seine Höchstform Ende zwanzig erreichen, während der Kapitän eines Großflugzeuges, dessen Tätigkeit zu einem großen Teil mehr planerische Führungsaufgaben umfaßt, seine Höchstform etwas später erreicht. Darstellungen, die das Verhältnis von Unfallraten zu Alter und Erfahrung zum Inhalt haben, sollten immer mit diesem Vorbehalt betrachtet werden.

Frische Erfahrung, also laufendes Vertrautsein mit dem Flugzeugtyp, ist ein wichtiger Flugsicherheitsfaktor, denn die Statistiken zeigen, daß für den Piloten, der weniger als 100 Stunden pro Jahr fliegt, die Unfallwahrscheinlichkeit steigt. Laufendes Vertrautsein mit besonderen Flugmanövern ist von genauso entscheidender Wichtigkeit – eine Tatsache, die bestätigt wird von solchen Ereignissen, wie dem Unfall einer zweimotorigen »Apache«, die nach einem Triebwerkausfall abstürzte. Die Untersucher konnten keinen Nachweis darüber finden, daß der Pilot zu irgendeiner Zeit während der letzten zwölf Jahre asymmetrisches Fliegen (Einmotorenflug) geübt hätte.

Ein Großteil der Berufspilotenausbildung ist jedoch der Vorbereitung auf Situationen gewidmet, von denen man sich erhofft, daß sie nie eintreten, soll heißen: für tatsächliche Luftnotfälle. Das Ausbildungsziel ist zweierlei. Erstens ist sicherzustellen, daß die Reaktionen des Piloten in einem Luftnotfall so automatisch wie möglich erfolgen, um seinen Kopf weitgehend für die Konzentration auf Krisenentscheidungen freizuhalten. Mit anderen Worten, der Pilot muß die Reihenfolge der Notverfahren lernen, »bis es ihm zum Halse heraushängt«. Dieser Lernvorgang, bis man den Stoff im Schlaf beherrscht, ist wesentlich, denn der Schock eines Notfalles kann sehr wohl die Fähigkeiten eines Piloten beträchtlich herabsetzen. Zweitens geben auswendig gelernte Notverfahren und realistische Simulation dem Piloten das Selbstvertrauen, ruhig zu bleiben. In wirklichen Notfällen jedoch werden Reaktionen oft von weniger intensiven und weniger spezifischen Reizen ausgelöst, und sie neigen dazu, ungestümer, umfassender und rascher zu sein; gleichzeitig sind sie etwas weniger geordnet, weniger regelmäßig und aller Wahrscheinlichkeit nach unkoordiniert.

Wie realistisch ein Simulator auch immer sein mag, der emotionale Schock eines echten Luftnotfalles fehlt, und deshalb muß der Spielraum durch das Auswendiglernen der Notverfahren entsprechend groß sein. Die Fähigkeit, in einem warmen Schwimmbad in ein Gummirettungsboot klettern zu können, nützt wenig; was zählt, ist, es rasch, bei Dunkelheit und in gefrierendem Wasser zu bewerkstelligen, während man seinen wundgeschlagenen Kopf verbindet und für den Unfalluntersuchungsausschuß eine entlastende Geschichte einstudieren möchte. Schließlich vernachlässigt kein verantwortungsvoller Pilot sein Notfalltraining, und das folgende Zitat aus dem »UK National Safety Council« würden sicher alle Piloten unterschreiben: »Niemand kann innerhalb kürzester Zeit auf einen Notfall vorbereitet werden. Wie jemand in einem Notfall handelt, hängt im wesentlichen davon ab, was er regelmäßig über einen langen Zeitraum hinweg getan und geübt hat.«

5. Motivation

Eine nicht so ernstzunehmende Definition des Unterschieds zwischen Mensch und Maschine besagt, daß der Mensch bemüht ist, sicher nach Hause zu kommen, während die Maschine das nicht kümmert. Abgesehen von dem gelegentlichen Fall eines Fliegerselbstmords ist dies zutreffend, und somit muß die Motivation als wichtiger Faktor bei jeder Betrachtung von Pilotenfehlern angesehen werden. Der Untersucher muß daher nicht nur berücksichtigen, ob der Pilot die Befähigung hatte, die betreffende Aufgabe zu bewältigen, sondern auch, ob er dazu ausreichend motiviert war.

Damit ist natürlich nicht die Aufgabe gemeint, sicher nach Hause zu kommen, sondern es sind die Tausende von Einzelaufgaben, die auf jedem Flug ausgeführt werden. Jeder Fehler bei der Durchführung auch nur einer dieser Aufgaben kann zum Unfall führen.

Die Untersuchung der vielen Elemente der Motivation stellt ein weites Feld für die Forschung dar. Es mag an dieser Stelle angebracht sein, die Motivation als eine der wichtigen Komponenten der Aktivation zu betrachten. Leider gibt es keine einzige übereinstimmende Definition oder ein Maß für Aktivation, aber im Grunde ist damit der allgemeine Zustand menschlicher Aufmerksamkeit und Erregbarkeit gemeint, wie ihn gewisse physiologische und psychologische Indikatoren erkennen lassen. Das Aktivationsniveau des Menschen ändert sich in ununterbrochener Folge von tiefem Schlaf über verschiedene Stufen der Ruhelosigkeit bis hin zur blinden Panik. Das Aktivationsniveau wird durch viele innere und äußere Kräfte bestimmt, und die von all diesen vielleicht unwiderstehlichste innere Kraft ist die Motivation. Zwei wichtige Gesichtspunkte der Motivation sind ihre Stärke und Zielrichtung.

a) *Stärke der Motivation.* Es ist eine einfache, aber ganz brauchbare Aussage, daß die beste Leistung bei einem mittleren Aktivationsniveau erreicht wird. Wenn das Aktivationsniveau zu niedrig ist, ist die Tatkraft unzureichend, und nichts wird erreicht; wenn das Aktivationsniveau zu hoch ist, kann es eine Menge Aktionen auslösen, die aber in die falsche Richtung gehen und deshalb nutzlos sind. Der Ablauf vom »Tagtraum bis zur Panik« wird von Lager als eine Situation beschrieben, in der das Gehirn bei niedrigen und bei hohen Aktivationsniveaus »ausgeschaltet« wird. Bei einer niedrigen Stufe ist die Wirkung wie bei durcheinandergekommenen, kleinen Computerprogrammen, während ein Mann auf hoher Stufe ziellose und damit zwecklose Aktivität entwickeln kann. Andererseits kann auf hohem Aktivationsniveau der »Kanalwähler« in der Schaltzentrale des Gehirns blockiert werden, was dazu führt, daß der Betreffende auf eine einzige Sache unter Ausschluß aller übrigen fixiert bleibt.

Als eine typische Folge dieser Situation kann es passieren, daß der in einem brennenden Wrack eingesperrte Passagier mit einer klemmenden Notausgangstür kämpft und dabei das gähnende Loch im Flugzeugrumpf völlig übersieht. Angenommen, wir hätten die Notsituation ohne das Feuer und folglich einen erheblich niedrigeren Erregungszustand, würde er den anderen Fluchtweg leicht erkannt haben.

Obwohl am Ende der Reihe von Aktivations- und Erregungszuständen die Panik zum Spektakulärsten zählt, ist der gefährlichere oft am unteren Ende der Reihe zu suchen, denn dort sind Selbstzufriedenheit und Gleichgültigkeit angesiedelt. Flugzeuge sind schon bei klarem Himmel in der Luft zusammengestoßen; erfahrene Piloten landeten mit eingezogenem Fahrwerk; und viele Piloten haben den Flug, der sich als ihr letzter erweisen sollte, in dem sicheren Bewußtsein begonnen, daß »ihnen so etwas nicht passieren kann«.

Selbstzufriedenheit ist allgegenwärtig und nicht leicht zu verhindern. Künstliche Signale zur Anhebung der Aufmerksamkeit des Piloten auf eine optimale Stufe sind von begrenztem Nutzen, da er sich bald an das Signal gewöhnt hat. Es hat sich zum Beispiel gezeigt, daß Landungen mit eingezogenem Fahrwerk nicht verhindert werden können, indem man den Piloten die Last eines zusätzlichen Funkspruchs auferlegt, zu melden, daß das Fahrwerk ausgefahren ist, denn diese Meldung wird bald Teil der fliegerischen Routine und somit nicht mehr anregend zu erhöhter Aufmerksamkeit. Die einzige wirkliche Antwort liegt in der Erziehung und ständigen Propagierung, so daß dem Piloten immer bewußt ist, daß jede von ihm sicher ausgeführte Landung im Hinblick auf das Selbstzufriedenheitskonto die Sache eher verschlechtert.

Es gab zahlreiche Flugunfälle, deren Ursache man sich nur mit einem entweder zu hohen oder einem zu niedrigen Aktivationsniveau erklären konnte; die Untersucher müssen sich hier jedoch noch viele Jahre lang mit einer beschreibenden Darstellung anstelle eines Beweises zufriedengeben. Im Augenblick kann man nur Vermutungen anstellen und Beweismaterial aus Zeugenaussagen und Funksprüchen heranziehen, um das Aktivationsniveau beim Piloten zur Zeit des Unfalles abzuschätzen. Lager hat versucht, die Lücke zwischen Darstellung und Beweis zu schließen, indem er im Flugsimulator die Leistung von Piloten unterscheiden konnte, die entweder über ein sehr niedriges oder sehr hohes Aktivationsniveau verfügten, wie er mittels gewisser physiologischer Indikatoren gemessen hat. Die Leistungen beider Gruppen sind bedeutend schlechter als jene der Berufsgruppe der Piloten insgesamt, und sie haben auch eine ungünstigere fliegerische Prognose, nämlich größere Unfallhäufigkeit. Die Gruppe mit niedrigem Niveau zeigte nach einem Unfall oder einem schlechten Simulatorflug sehr geringe Gemütsbewegungen, während die Gruppe mit hohem Anregungsgrad zwar sehr aktiv war, jedoch einen Leistungseinbruch erlitt, sobald ihr Problem mit Energie und Anstrengung allein nicht mehr zu lösen war.

Art und Umfang von Motivation, die Menschen zu erleben scheinen, sind sehr unterschiedlich. Es gibt zahlreiche Geschichten über Leute, die in Augenblicken großer nervlicher Belastung zu übermenschlichen Anstrengungen fähig waren; alleine hoben sie ein riesiges Gewicht von einem eingeklemmten Menschen oder ertrugen fürchterliche Qualen, allein jener stärksten Antriebskraft gehorchend – Überleben. Es sei aber bemerkt, daß im Grunde genommen all diese Handlungen ziemlich einfache körperliche Vorgänge sind; seltener findet man ein ausgewogenes und vernünftiges Angehen eines Problems, wenn die Motivation, erfolgreich zu sein, sehr hoch ist – eine Situation, die durch das Beispiel des Traumas der Prüfungsangst belegt ist.

b) *Zielrichtung der Motivation.* Wollte man sagen, daß ein Pilot lediglich dazu motiviert ist, von A nach B zu fliegen, hieße das, die damit verbundenen Probleme allzusehr zu vereinfachen. Die Entscheidung des Piloten ist nicht, ob er sicher fliegen oder einen Unfall haben wird, sondern oft, ob er sehr kleine Risiken oder gerade noch kleine Risiken auf sich nehmen soll. In diesem Zusammenhang lasten unvermeidlich widerstreitende Zwänge auf einem Piloten, der unter Schlechtwetterbedingungen zu landen hat, die an der untersten Grenze liegen. Die Entscheidung trifft er alleine, und er weiß, er *könnte* und *sollte* vielleicht auf einen Flughafen in einiger Entfernung ausweichen. Auf der anderen Seite verarbeitet sein Verstand die Gegenargumente: »Die Fluggesellschaft wäre froh, wenn es mir gelänge, hier zu landen; die Passagiere warten; ich möchte heute abend nach Hause kommen; und ich möchte meine Golf-/Theater-/Abendessenverabredung nicht versäumen . . .«

Besonders ein Faktor kann in so einem inneren Zwiegespräch eine wichtige Rolle spielen, und doch wird in jeder Diskussion das Thema »Mannesehre im Widerstreit mit Sicherheit« gewöhnlich bereitwillig unter den Teppich gekehrt.

Unsere Gesellschaft und Erziehung lehren uns, daß ein Mann tapfer ist; daß es selbstverständlich, wünschenswert und wirklich heldenhaft ist, sich durch Widerwärtigkeiten wie Schmerz, Raufbolde, starke Mannschaften gegnerischer Sportsleute und feindliche Truppen hindurchzukämpfen. Die niederen Instinkte des Menschen rufen deshalb oft eine verächtliche Geringschätzung gegenüber schlechten Wetters oder einem riskanten Flug hervor, wie jedes andere Risiko und Wagnis, das dem Mannesmut zu weichen hat. Diese Verdrehung der Logik steht in Verbindung mit der gesellschaftlichen Einstellung, die eine Kombination von Mißbilligung und versteckter Bewunderung für den Mann zeigt, der gegen die Vorschriften verstößt und gewinnt, während natürlich den Zorn einer gerechten Empörung auf sich zieht, wer gegen Vorschriften verstößt und verliert. Aber die meisten, wenn nicht alle Menschen haben das gelegentliche Verlangen, über die Stränge zu schlagen und Risiken einzugehen, die sie normalerweise nicht akzeptieren würden, wie die Unfallstatistiken bei jungen Autofahrern bestätigen. Für sie wie für viele andere Menschen bringt sicherheitsbewußtes Handeln oft einen leichten, aber dennoch fühlbaren Gesichtsverlust mit sich, und das »Gesicht« – als Gegenteil von Schwäche – muß gewahrt werden.

Piloten sind dahingehend ausgebildet, den Drang zu beherrschen, ihren Mannesmut durch gefährliches Fliegen zu zeigen, und der Drang *wird* beherrscht, aber nicht gänzlich ausgemerzt. Mason zitiert den Fall einer Convair »Metropolitan«, die sich anschickte, nahe einer kleinen, nebelverhüllten Stadt an der Küste zu landen. Das Wetter war unterhalb der zulässigen Grenze, aber dem Piloten gelang es beim dritten Versuch zu landen. Eine zweite Convair war im Anflug und wurde vom Kontrollturm informiert, daß das erste Flugzeug bereits am Boden war – eine Information, die für den anfliegenden Piloten eindeutig eine Herausforderung darstellte und ihm während zweier Fehlanflüge Kraft gab durchzuhalten, bevor sein Flugzeug in eine Häusergruppe stürzte und 41 Menschen mit in den Tod riß.

6. Streß und belastende Umwelteinflüsse

Der Mensch ist mit einer Anzahl von Schutzmechanismen ausgestattet, die den Einflüssen einer belastenden Umwelt, in der er sich jeweils befindet, entgegenwirken. Wenn es zu heiß ist, schwitzt er; wenn er müde ist, wird er sich um so größere Mühe geben, und wenn er die Auswirkungen des Alters verspürt, wird er eine mehr philosophische Einstellung zum Leben annehmen. Aber bei all diesen Einwirkungen kann ein Zeitpunkt kommen, wo die Schutzmechanismen den Belastungen nicht mehr ausreichend gewachsen sind, so daß das Leistungsvermögen darunter leidet. Bis zu welchem Grad und auf welche Weise Piloten davon betroffen sein können, bedarf einiger Erklärungen.

Der Einfachheit halber seien drei Kategorien von Belastungen/Streß, denen Piloten ausgesetzt sind, unterschieden: erstens physische Belastungen wie Temperatur, Vibration, Turbulenz und Luftfeuchtigkeitsmangel; zweitens physiologische Belastungen wie Schlafentzug oder Schlafstörungen, unregelmäßige Eßgewohnheiten und die Wirkungen von Genußmitteln wie Alkohol, Nikotin usw.; und drittens die psychischen Belastungen wie Furcht, Frustration sowie gesellschaftliche und kommerzielle Zwänge. Im großen und ganzen wissen die Forscher mehr über Auswirkungen von physischen Belastungen als über die von physiologischen; und wiederum mehr über die Auswirkungen von physiologischen Belastungen als über jene, die in der Psychologie wurzeln.

Bei der Untersuchung eines Unfalles mag es vielleicht möglich sein, das Vorhandensein und die ungefähre Größe von physischen und physiologischen Belastungen nachzuweisen; aber bei den psychologischen Elementen ist dies ungleich schwerer. Nach einem Unfall können zum Beispiel die Beschleunigung oder das Lastvielfache, die auf das Cockpit wirkten, aufgezeichnet worden sein, und Nachforschungen können Hinweise auf den Schlafrhythmus des Piloten während der vorangegangenen Tage erbracht haben. Aber die tatsächliche Bedeutung dieser Faktoren für jedes einzelne Besatzungsmitglied sowie ihre Gewichtung als Ursachefaktor oder inwieweit sich der Flugkapitän über die Gesundheit seines Kindes oder seine eventuelle Impotenz Sorgen gemacht hatte, kann sehr wohl im wesentlichen unmöglich festzustellen sein.

Nicht anders ist die Situation beim Laborversuch, denn Streßbelastungen, wie sie durch große Temperaturveränderungen oder übermäßigen Alkoholgenuß entstehen, sind meßbar und auch ziemlich gut dokumentiert. Man kann sagen, daß zum Beispiel beim Übersteigen einer Körpertemperatur von 38,0 Grad Celsius sich das Leistungsvermögen des Menschen schneller in Richtung einer verstärkten Fehlerneigung bei gleichzeitiger Verringerung der Genauigkeit und größerer Unregelmäßigkeit verändert. In gleicher Weise wird eine Blutprobe mit mehr als 80 Milligramm Alkoholanteil die Polizei davon überzeugen, daß das unregelmäßige Verhalten eines Autofahrers durch alkoholische Getränke beeinflußt wurde. Bedauerlicherweise sind manche Streßarten nicht so gut dokumentiert wie andere. Über die Faktoren, die für die Verkehrsluftfahrt von größtem Interesse sind – wie Störungen der Eß- und Schlafgewohnheiten, geringe Luftfeuchtigkeit, Konflikte und Frustrationen –, sind Daten über Auswirkungen auf das Leistungsvermögen leider sehr begrenzt verfügbar. Und doch, selbst wenn die besser dokumentierten Streßformen zutreffen, besteht noch eine große Kluft zwischen dem Laborversuch und der Verantwortung, auf die in einer Unfalluntersuchung gestellte Frage eine eindeutige Antwort finden zu müssen: »Hat das Vorhandensein dieser nervlichen Belastung zu dem Unfall beigetragen?« Die Frage löst wiederum weitere Fragen beim sachkundigen Untersucher aus, der gerne eine ganze Menge mehr über die Art der Belastung, über die Aufgabe, die der Pilot zu bewältigen hatte – und über den Piloten selbst wissen möchte.

Neben der Höhe einer Belastung möchte der Untersucher ihre Dauer kennen, die Plötzlichkeit ihres Einsetzens (ein Faktor von beträchtlicher Bedeutung) und das Vorhandensein anderer Streßfaktoren. So mag eine schlecht durchschlafene Nacht sehr unterschiedliche Auswirkungen im Vergleich mit einer ganzen Woche schlafloser Nächte zeigen, und die allmähliche Gewöhnung an ein heißes Klima ist weniger nachteilig als ein plötzlicher Wechsel der Umgebung und des persönlichen Umfeldes. Viele, jedoch nicht alle Daten über die Auswirkungen von Streß wurden durch die Auswertung einzelner Streßfaktoren gewonnen, während in lebensnahen Situationen fast stets eine Reihe von Streßfaktoren auftreten. Es ist ein sehr unzuverlässiges Verfahren, anhand von einzelnen Streßfaktoren Rückschlüsse auf eine streßbeladene Gesamtsituation zu ziehen, denn die Streßfaktoren können sich in einer additiven, mehr als additiven, voneinander unabhängigen oder sogar entgegenwirkenden Weise verbinden. Die Wirkungen von einigen der zahlreichen Arten von Streß, die den Menschen heutzutage plagen, wurden von vielen Autoren untersucht, wobei aus neuerer Zeit Poulton, Appley und Trumbull zu nennen sind.

Sowohl die Art als auch der Schwierigkeitsgrad der Aufgabe sind wichtige veränderliche Faktoren. Der Pilot kann zwar imstande sein, mit der Arbeitsbelastung fertig zu werden, solange der Flug alltägliche Routine ist, es aber vielleicht nicht mehr schaffen, wenn die Probleme sich zu häufen beginnen. Eine »Reihe von unglücklichen Zufällen« nennt man gewöhnlich die Ereignisse, wenn eine Anzahl kleinerer Schwierigkeiten – entweder gleichzeitig und/oder stufenweise – auftraten und in ihrem Zusammenwirken den Piloten schließlich überforderten. Erschwerend wirkt sich auch die Tatsache aus, daß der Mensch oft sehr schlecht abschätzen kann, wie gut oder schlecht er selbst eine Aufgabe erledigt – als Beweis mag der betrunkene Fahrer gelten, der schlecht fährt, aber der Meinung ist, gut zu fahren. Gleichermaßen wird ein dienstälterer Pilot, der ärgerlich ist, weil seine fliegerischen Fähigkeiten unter Streßeinwirkung leiden, nicht sehr empfänglich für diesbezügliche Bemerkungen seiner Untergebenen sein.

Schließlich hängen die Auswirkungen von Streß auch vom Piloten selbst ab, von seinem persönlichen Gesundheitszustand, seiner Befähigung und seiner Persönlichkeit; und wiederum stellt hier die Beziehung zwischen diesen Faktoren eine positive Wertung in Frage. Jeder Leser kennt Menschen, die in weit besserer Weise mit Streßbelastungen fertig wurden, als man ihnen je zugetraut hätte. Männer wie Byrd, Bombard, Lovell und Hunderte namenloser Piloten haben auf große Belastungen hervorragend reagiert; andere haben bei der ersten Hürde versagt. Die wissenschaftlich fundierte Auswahl von streßresistenten Menschen steckt noch in den Kinderschuhen, obwohl sie sich im Auswahlprogramm für Astronauten als erfolgreich erwiesen hat und nun bei einer zunehmenden Zahl von Organisationen genutzt wird. Im allgemeinen kann man mit Fug und Recht behaupten, daß die Untersuchung der physischen und physiologischen Belastungen, die auf den Piloten einwirken, sich noch immer im Anfangsstadium befinden. Das Bild dessen, was passiert, wenn der Mensch diesem körperlichen und nervlichen Druck ausgesetzt ist, wird nur langsam vervollständigt werden.

In den letzten Jahren haben die psychologischen oder »Lebens«-Belastungen eine viel größere Aufmerksamkeit erfahren, nachdem ihre weite Verbreitung und ihre große Bedeutung erkannt worden waren. Ein Pilot mag zwar behaupten, er grenze Beruf und Familienleben deutlich voneinander ab, aber diese Behauptung stimmt nur teilweise. Der Mensch ist ein 24-Stunden-Wesen und besitzt nur ein einziges Gehirn, mit dem er alle seine Aktivitäten steuert; dieses Gehirn muß sowohl die Arbeit als auch die Freizeit verarbeiten. Kurzum, Ereignisse, die sich in einem Bereich des täglichen Lebens abspielen, können deshalb ohne weiteres auf das Einfluß nehmen, was in anderen Bereichen passiert.

Der Pilot, der eben noch heftig gestritten hat, ist in einer gefährlichen Verfassung. Selbst wenn er sich von der Person, mit der er gestritten hat, entfernt haben und an Bord seines Flugzeuges gestiegen sein mag, können die physiologischen und psychischen Auswirkungen des Streits sehr wohl während des Fluges andauern; und die vernichtende, treffende Erwiderung, von der er wünschte, sie wäre ihm nur zur richtigen Zeit eingefallen, kann seinen einzigen Entscheidungskanal verstopfen und für wichtigere Informationen keinen Platz mehr lassen.

Einige Diskussionen über Pilotenfehler führen über weite Themenbereiche, bevor das Thema »Unfallneigung« erwähnt wird – die Vorstellung, daß einige Piloten von Natur aus eher einen Unfall haben als andere. Dieser Gedanke kommt im Laufe der Jahre immer wieder auf, je nachdem, ob neue Untersuchungen veröffentlicht wurden. Im Zusammenhang mit der Fliegerei ist diese These bestenfalls von sehr begrenztem Nutzen, und zwar aus folgenden Gründen:

a) Die Anzahl der Flugunfälle ist gering, deshalb sind Daten nur spärlich vorhanden.

b) Wenn Flugunfälle auf die gesamte Gruppe der Piloten bezogen werden, gibt es natürlicherweise Piloten, die mehr als einen Unfall gehabt haben.

c) Verkehrs- und Militärpiloten sind sehr genau ausgewählt, und was vielleicht für die – sagen wir – motorisierte Bevölkerung im großen gilt, trifft wahrscheinlich nicht für eine so kleine, handverlesene Gruppe zu.

d) Selbst da, wo die Eigenschaft einer Neigung zu Unfallhäufigkeit bewiesen werden kann, gibt es wenig, was in der Praxis dagegen getan werden kann. Zu einem Zeitpunkt, wo sich gezeigt hat, daß die Unfallchancen eines bestimmten Piloten sich von eins zu einer Million auf fünf zu einer Million erhöht haben, wird in seine Ausbildung bereits ziemlich viel Geld investiert worden sein. Würde man ihn nun für eine Sonderbehandlung aussortieren – Beschränken auf Schönwetterflüge oder nur Tagflüge –, könnte sich das auf seine seelische Verfassung und auf die seiner Kollegen verheerend auswirken.

Ein viel brauchbarerer und vielleicht realistischerer Begriff als die Unfallneigung ist der einer kurzfristigen Unfallgefährdung – die Vorstellung, daß ein Pilot zu Zeiten persönlicher Nöte eher einen Unfall erleidet. Genauer gesagt, in seinem Versuch, Ursache und Wirkung verstandesgemäß zu beurteilen, wird ein Mann, dessen Kind krank ist oder der mit seiner Frau gestritten hat oder der sich um seine Stellung sorgt, vielleicht solange eher einen Unfall haben, bis er aus dem Trauma, das ihn quält, herauskommt. Hieraus folgt natürlich, daß der verantwortliche Pilot oder Manager in Einschätzung dieser Situation die Belastungen richtig beurteilen und die notwendigen Anpassungen vornehmen sollte.

7. Ermüdung

Die Ermüdung hätte zusammen mit den anderen Streß- und Belastungsfaktoren abgehandelt werden können, denen ein Pilot ausgesetzt ist; aber dies ist ein Thema, das so oft im Zusammenhang mit Pilotenfehlern diskutiert wird, daß es besondere Aufmerksamkeit verdient.

Kapitän Bressey hatte recht mit seinem Einwand, daß »... es immer noch keine für alle interessierten Gruppen annehmbare Definition des Begriffs Ermüdung gibt; noch war die medizinische Wissenschaft bisher imstande, mit kennzeichnenden Begriffen zu erklären, was Ermüdung erzeugt ...«. Definitionsversuche wurden jedoch unternommen, und viele davon sind in jener Definition von Bergin eingeschlossen:

»Ermüdung ist ein zunehmendes Absinken der Fähigkeit des Menschen, seine ihm zugeordnete Aufgabe durchzuführen, was sich in einer verschlechterten Arbeitsqualität, in einem Mangel an Begeisterung, durch Ungenauigkeit, Langeweile und Desinteresse, in einem Leistungsabfall oder einigen anderen, weniger definierbaren Symptomen äußern kann.«

Es wird manchmal unterschieden zwischen der Ermüdung durch einen einzigen Flug, wonach eine wohldurchschlafene Nacht zur Erholung führt, der wachsenden Ermüdung, bei der die Ruhezeit zwischen den Flügen nicht ausreicht und wo für eine vollständige Erholung eine Ruhepause von einigen Tagen nötig wäre, und einer chronischen Ermüdung, die normalerweise ärztlicher Hilfe bedarf. Die Verhaltensmerkmale aller drei Erschöpfungsarten sind jedoch ähnlich und beinhalten gewöhnlich verstärkte Reizbarkeit und vernunftwidriges Verhalten ebenso wie körperliche Beschwerden, wobei das ganze von einer Verschlechterung des fliegerischen Könnens begleitet wird. So wird ein Pilot am Ende eines ermüdenden Flugtages seiner Aufgabe weniger genau und weniger aufmerksam nachkommen, er benötigt eine höhere Reizschwelle als normalerweise, um angemessene Reaktionen zu mobilisieren, und zeigt eine verstärkte Fixierung sowohl bei der Wahrnehmung als auch im Verhalten.

Ein Zuviel von Umständen kann das Einsetzen der Ermüdung beschleunigen. Organisatorische Faktoren können zum Beispiel aus schlecht geplanten oder verzögerten Flügen bestehen sowie unnötige Verschiebungen, unproduktive Zeit oder unzulängliche Übernachtungsmöglichkeiten beinhalten. Jeder oder alle dieser Faktoren können verstärkt werden durch schlechte Ergonomie des Cockpits (Ergonomie ist die Wissenschaft der Gestaltung eines dem Menschen angepaßten Arbeitsplatzes; d. Ü.), hohe Arbeitsbelastung, Temperatur, Lärm, Vibration, geringe Luftfeuchtigkeit und schlechtes Wetter. Diese Belastungen können durch physiologische Faktoren noch vergrößert werden, durch beeinträchtigte Dienstfähigkeit des Piloten oder durch die Auswirkungen einer leichten Hypoxie (Sauerstoffmangel), durch Nahrungsmangel oder einen gestörten Tagesrhythmus. Sie können sogar noch weiter verstärkt werden durch psychologische Faktoren wie Verantwortung, geistig-seelische Verfassung, mangelnden Teamgeist und Kummer.

All diese und viele andere für die Ermüdung im Flugdienst wichtigen Faktoren werden ausgezeichnet von Hartmann beschrieben. Die meisten mit der Fliegerei verbundenen Menschen erkennen die Anzeichen von Ermüdung sowohl bei sich als auch bei anderen. Trotzdem bleibt es schwierig, ein quantitatives Maß für diesen Zustand zu finden, und es ist beinahe unmöglich zu beweisen, daß er einen Unfall verursacht hat. Nachfluguntersuchungen von Ermüdung mit Hilfe psychologischer und hormonaler Untersuchungen hatten nur begrenzten Erfolg, da Ermüdung gewöhnlich nur eine von vielen Einflüssen bei diesen Untersuchungen ist. Andere Faktoren, wie etwa die innere Einstellung eines erschöpften Piloten, dem man am Ende eines langen Arbeitstages zumutet, einen psychologischen »Idiotentest« zu machen, mögen ebenso eine Rolle spielen.

INFORMATIONEN NACH EINEM UNFALL

Hinweise auf das menschliche Verhalten können nach einem Unfall aus vielerlei Quellen kommen. Tonbandaufnahmen von Unterhaltungen der Piloten oder zwischen Piloten und Bodenstationen können dem Untersucher genau sagen, was gesprochen wurde, und die Art, in der es gesagt wurde – wobei der letztere Aspekt vielleicht das Vorhandensein von Streß und Anspannung aufzeigt. Bedauerlicherweise können Tonbänder keine Informationen über Absichten oder Befürchtungen des Piloten liefern, noch können sie Hinweise darüber geben, ob er ein bestimmtes Warnlicht tatsächlich gesehen hat oder nicht. Auch mögen

Experten nicht der Ansicht zustimmen, daß die Stimmlage eines Piloten unbedingt ein brauchbarer Maßstab für Streß ist.

Eine wichtige Informationsquelle bedeutet die Aussage des Piloten und der anderen am Unfall Beteiligten; und hier gibt es viele Möglichkeiten für Entstellungen und Verdrehungen von Tatsachen. Gelegentlich wird die eine oder mehrere Personen die Unwahrheit sagen, entweder in dem Versuch, sich zu schützen, um Schwierigkeiten zu vermeiden, um den Arbeitsplatz nicht zu gefährden oder aus falsch verstandener Loyalität gegenüber einem Kollegen. Die Bezeichnung »falsch verstandene Loyalität« wird hier mit Vorbehalt gebraucht, aber es ist klar, daß die unverzichtbare Notwendigkeit von absoluter Aufrichtigkeit und Objektivität in einer Unfalluntersuchung durchaus in Konflikt zu einigen sehr starken Gefühlen geraten kann.

Eine weit bedeutendere Quelle für Entstellungen und Verdrehungen liegt in der menschlichen Erinnerungsschwäche. Der Mensch nimmt eine wahrhaft riesige Menge von Informationen in jedem Augenblick seines Lebens auf. Vieles davon bleibt nur für eine sehr kurze Zeit im Gedächtnis; sehr wenig verweilt dort über längere Perioden.

Aber in jedem Augenblick nehmen die Erinnerungen ab und werden durch den Einfluß neuer Informationen »verunreinigt«. Ein Pilot mag sich deshalb wohl an die Luftdruckeinstellung (am Höhenmesser) erinnern, die er auf dem gerade beendeten Flug benutzte, aber vielleicht nicht mehr an den Wert, den er am Dienstag vergangener Woche eingestellt hatte; und die Abertausende solcher Einstellungen, die er über all die Jahre vorgenommen hat, erzeugen bei ihm nur ein verschwommenes Erinnerungsbild.

Eingehende Laborversuche bestätigen die alltägliche Erfahrung, daß Erinnerungen in Richtung zur Vereinfachung und Zusammengehörigkeit verdreht werden. Wenn eine Geschichte von einem zum anderen getragen und oft genug wiederholt wird, ist sie allmählich so vereinfacht, daß nur noch ein Gerippe übrigbleibt. Entsprechend bedeutet das Verlangen des Menschen nach Ordnung und weg vom Chaos, daß Trugschlüsse in einem Hergang allmählich ausgesondert werden, bis eine klare und logische Beschreibung der Ereignisse zum Vorschein kommt. Diese Darstellung hat jedoch sehr wenig Ähnlichkeit mit dem ursprünglichen Sachverhalt.

Der Pilot, der seine Geschichte mehrmals wiederholt und den Unfall mit vielen Leuten bespricht, kann, überzeugt von seiner Ehrlichkeit, eine falsche Darstellung dessen liefern, was sich tatsächlich ereignete.

Er »erinnert« sich, daß die Anzeige eines Gerätes soundso war, weil diese im Zusammenhang mit seiner Geschichte einen Sinn ergibt.

Verdrehungen und Entstellungen können klein gehalten, wenn auch nicht ausgemerzt werden, wenn Aussagen der Beteiligten sobald wie möglich nach dem Unfall eingeholt werden. Piloten müssen erst noch dahingehend ausgebildet werden, ihren »Crash« genau neben dem Büro des Untersuchers zu fabrizieren! Das Vermeiden jeder Diskussion über den Unfall bis zum Eintreffen des Untersuchers gelingt selten ohne Schwierigkeiten.

Ferner ist es eine bedauerliche Tatsache, daß der Untersuchende selbst Quelle von Verdrehungen sein kann, denn die Antworten auf seine Fragen hängen zumindest teilweise von der Art und Weise der Fragestellung ab. Jeder Untersucher hat sein persönliches Vorurteil, und ein Pilot, ein Jurist und ein Psychologe werden auf der Suche nach der gemeinsamen Wahrheit sehr verschiedene Fragen stellen und sehr unterschiedliche Antworten erhalten.

Das ungezielte Interview, in dem der Zeuge spricht und der Fragesteller lediglich die Aussagen festhält, läuft in etwa auf eine Lösung dieses Problems hinaus. Schließlich wird nach Beendigung der Untersuchung die Ursache »Fehler des Piloten« kodiert und in eine Karteikarte unter bestimmten Rubriken eingetragen. Diese Information wird der Nachwelt hinterlassen. Wiederum kann es eine entstellte Version dessen sein, was tatsächlich passierte.

Zum Schluß mögen Augenzeugenberichte für eine kleine Aufmunterung der tragischen Umstände eines Unfalles sorgen, denn solche Zeugen sind oft Opfer von vielen der oben genannten Pressionen. Sie können mit mehreren Personen über den Unfall gesprochen haben; fast mit Sicherheit werden sie anschauliche Zeitungsberichte darüber gelesen haben; und sie werden gewöhnlich von einem starken Wunsch bewegt, sowohl kenntnisreich als auch hilfreich zu erscheinen. »Der linke Motor hatte Fehlzündungen und das Flugzeug gierte scharf nach links in einer ausgeprägt schwanzlastigen Fluglage – Ich bastle Flugzeugmodelle, weshalb ich über diese Dinge Bescheid weiß.« Dies scheint eine hilfreiche Aussage zu sein, aber der Untersucher muß sich vergewissern, daß der Zeuge die Bedeutung jedes einzelnen Begriffes wirklich verstanden hat und, was noch wichtiger ist, daß er sie zur Zeit des Unfalles verstand. Die Neigung, Fakten in die Richtung zu verdrehen, was sich ereignet haben müßte, als vielmehr, was sich tatsächlich ereignet hat, darf nicht vergessen werden. Wenn ein Flugzeug mit Kolbenmotoren jemanden überflog und »tief und langsam« zu sein schien, bevor es später abstürzte, ist es für den Laienbeobachter offenbar eine logische Folgerung, daß ein Triebwerk rauh gelaufen sein muß.

Dieses Syndrom trat unverkennbar bei dem U-Bahn-Zusammenstoß von Moorgate bei London am 28. Februar 1975 zutage, bei dem 41 Fahrgäste ums Leben kamen. Nach der Vermutung in der Presse, daß der Fahrer einen Herzanfall erlitt (was durch den medizinischen Befund widerlegt wurde), berichtete eine englische Zeitung wie folgt: Augenzeugenberichte – aufgenommen durch die englische Verkehrspolizei – von (des Fahrers) letzten Augenblicken im Führerstand deuten darauf hin, daß er ein kranker Mann war. Einer sagte: »Der Fahrer sah aus, als ob er hypnotisiert wäre. Er starrte vor sich hin und stur geradeaus.«

Ein anderer sagte, der Fahrer hätte einen leeren Gesichtsausdruck gehabt.

Die Aussage eines Fahrgastes, der auf den Zug wartete . . . »Der Fahrer hatte glasige Augen und schaute, als ob er erstarrt wäre.«

(Daily Telegraph, 5. März 1975)

Es ist angebracht, am Schluß dieses Kapitels noch einmal zu wiederholen, daß Fehlermachen ein normaler Wesenszug des menschlichen Verhaltens und Fliegen eine Betätigung des Menschen ist. Ebenso ist es menschlich, daß die Logik dieser Feststellung die fortwährende Verfolgung zweier Ziele geradezu herausfordert – erstens Verringerung der Möglichkeiten für Fehler des Piloten und zweitens Verringerung der Folgen solcher Fehler.

Das Erreichen dieser Ziele hängt jedoch von viel mehr ab als von einer Beschleunigung des gegenwärtigen Trends nach einem besseren Verständnis des Pilotenverhaltens. Es erfordert zusätzlich eine weit verständnisvollere Einstellung gegenüber seinen Fehlern. Dieses »bessere Verständnis« ist wesentlich für all diejenigen, die mit der Sicherheit des Luftverkehrs befaßt sind: Piloten, Manager, Flugzeugkonstrukteure, Ersteller von Flugbetriebsverfahren, für die Pilotenauswahl und -schulung Verantwortliche, Forscher und Wissenschaftler, Unfalluntersucher und viele andere. Für all jene müssen die Datenersteller und Statistiker ihre Nachweise in einer brauchbaren Aufbereitung vorlegen, in denen Forschungsergebnisse und Erfahrungen zusammengefaßt und aus denen Erkenntnisse über den Stand der Entwicklung ohne weiteres ersichtlich sind. Diejenigen, die Entscheidungen zu treffen haben, müssen sich um diese Daten bemühen und sie auch benutzen. Aber die Einstellung gegenüber Pilotenfehlern muß vor allem nüchtern und konstruktiv sein; denn solange die Fehler eines Piloten nicht ebenso nüchtern gesehen werden wie die des Flugzeugs, in dem er fliegt, solange liegt mehr als ein Hauch von Wahrheit in dem zynischen Satz: »Wenn der Unfall den Piloten noch nicht umgebracht hat, dann schafft es mit Sicherheit die Untersuchung.«

KAPITEL 2

Flugunfallverhütung: Die Rolle der Ausbildung, Erziehung und Übung

M. K. Strickler, jr.

Wir haben einiges über das »Menschenmaterial« in der Luftfahrt erfahren. Was wir mit wachsender Zuversicht wissen müssen ist, was gelehrt werden kann und welches der beste Weg ist, den Unterricht wirkungsvoll zu gestalten. Hier betrachtet Mervin Strickler Übungs- und Ausbildungsprogramme, die darauf abzielen, die Unfälle in der Luftfahrt zu verringern, und er zeigt Wege auf, von denen er glaubt, daß sie zu bedeutenden Verbesserungen führen könnten.

Gleichzeitig mit Wilbur und Orville Wrights historischen Flugexperimenten erhob und bewies der russische Psychologe Ivan Petrovich Pavlov eine psychologische Gesetzmäßigkeit, die grundlegend für die Sicherheitserziehung und Unfallverhütung ist:

Der menschliche Organismus kann so programmiert (konditioniert) werden, daß seine Reflexe automatisch erfolgen.

EINLEITUNG

In den ersten Tagen der Luftfahrt bediente man sich der Methoden nach dem »Prinzip von Versuch und Irrtum«. In neuerer Zeit hat sich manches gewandelt, was wir übers Lernen gelernt und was wir mit Hilfe einer neuen Technologie geschaffen haben: Beide Errungenschaften lehren uns, daß wir uns vor Allheilmitteln hüten sollten, und nichts verdient mehr Behutsamkeit als die Vorgehensweise beim Lernprozeß. Um es deutlich zu sagen, Ausbildung an sich ist noch lange keine automatische Sicherheitsgarantie.

Tatsächlich ist die Ausbildung seit den frühesten Tagen der Luftfahrt bis heute ein Gefahrenherd gewesen und kann es noch sein; die falsche Ausbildungsmethode kann sich sogar als tödlich erweisen. Jedoch kann eine Kombination von Flugausbildung, Erziehung und Übung, die auf psychologischen Grundprinzipien beruhen, zur Verringerung jener Unfälle beitragen, die von den meisten Fachleuten als vermeidbar angesehen werden.

Seit dem ersten Flug spielt die Ausbildung die wichtigste Rolle in den Augen eines jeden, der mit der sicheren und erfolgreichen Durchführung des Flugbetriebs zu tun hat. Frühere Flüge und Unfälle führten zum Herumprobieren mit Verfahren und »Mund-zu-Mund«-Propaganda oder »Trockenkursen«. Es ist erstaunlich, daß es in der Pionierzeit der Fliegerei nicht mehr Unfälle gab. Nach heutigen Maßstäben waren es natürlich viel zuviel, die objektiv meist unter die Kategorie »Vermeidbar« eingereiht werden müßten.

In Wahrheit gibt es auch heute noch Bereiche, die verbessert werden können, wenn wir einfach das vorhandene Wissen und die verfügbare Technologie anwenden.

Zahlreiche Fachleute sind der Meinung, daß der heutige zivile Flugbetrieb in den meisten Teilen der Welt zwei Gesichter hat.

a) Der zivile Flugbetrieb ist so sicher und wenig unfallträchtig, wie er seit jeher war, betrachtet man die Verschiedenheit von Luftverkehrsvorschriften und Flugzeugen, die Vielfalt der Betriebsbedingungen und des Personals, das alles unterhält und betreibt. Weitere Betrachtungen umfassen das Gebiet der technologischen Verbesserungen, Navigationshilfen, die Kompliziertheit und Aufnahmefähigkeit des Luftraumes, Verkehrsregeln, Überwachungen und Zwänge und das ganze System, von dem das System Mensch/Maschine lediglich ein Teil ist (siehe Abb. 2.1).

b) Trotz der klaren und meßbaren Fortschritte wissenschaftlicher und technologischer Art gibt es noch bei weitem zu viele Beispiele für vermeidbare Unfälle.

Die für die Unterrichtung und Schulung von Flugpersonal zur Verfügung gestellten Geldmittel wurden ständig erhöht. In der Dekade der achtziger Jahre bewegen sich die weltweit im zivilen Luftverkehr für die Schulung und Ausbildung verwendeten Gelder in der Größenordnung von mehreren Milliarden Dollar. Das ungute Gefühl im Hinblick

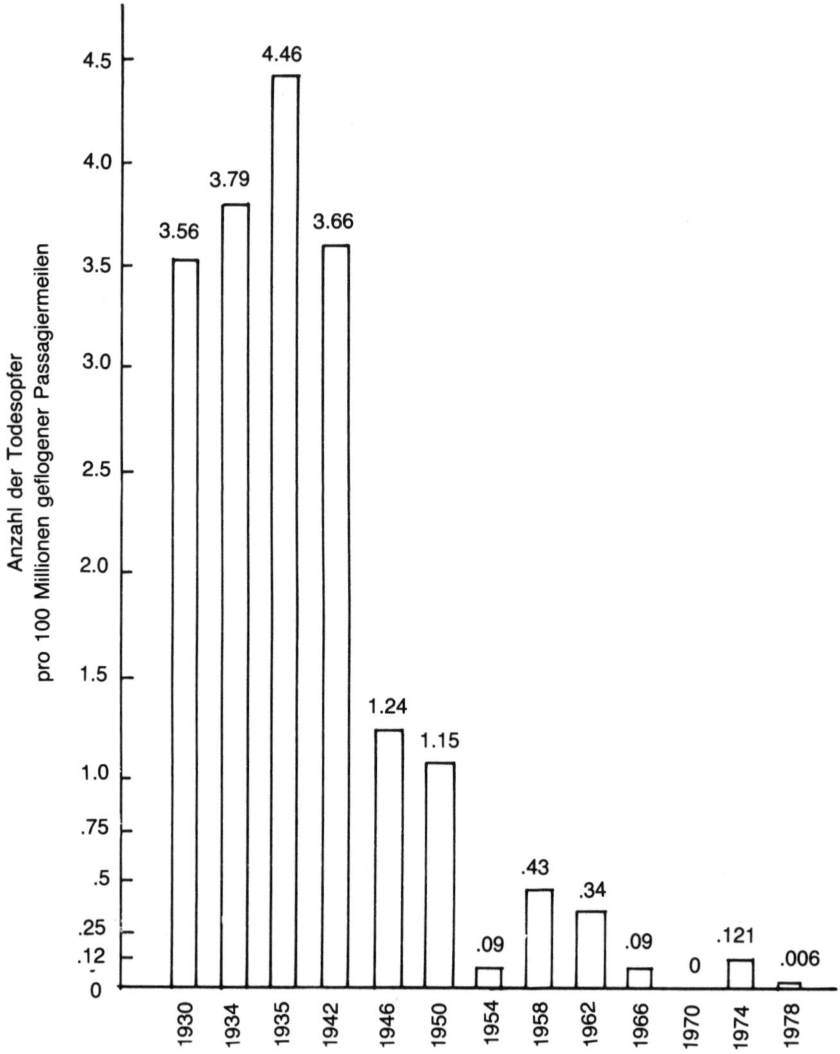

Abb. 2.1 Rate der Todesopfer in der Verkehrsluftfahrt von 1930–78

auf die Sicherheit des Luftverkehrs beschränkt sich längst nicht mehr auf gewisse Orte oder Nationen oder lediglich auf das Interesse einer sehr begrenzten Gruppe von Nationen. Das weltweite Netzwerk des zivilen Luftverkehrs erreicht die Menschen in jeder Ecke unseres Planeten, und es besteht deshalb großes Interesse an jeder Art von Fortschritt bei der Anwendung neuer Techniken, Hilfsmittel und Technologien mit dem Ziel, die Zahl der Unfälle zu vermindern.

Versucht man, zurückliegende Unfälle zu analysieren und Maßnahmen vorzuschlagen, um ähnliche Vorkommnisse zu vermeiden, wird klar, daß man nicht einen Teil aus dem Zusammenhang herausnehmen und gesondert behandeln kann – vielmehr muß man das Ganze vor seinen Teilen sehen. Ist es zum Beispiel richtig, den Begriff »Ausbildung« allein zu betrachten? Sollte man sowohl »Erziehung« als auch »Ausbildung« zusammen sehen? Wenn ja, wie unterscheiden sich die beiden Begriffe?

Für die Absichten dieses Kapitels wird »Ausbildung« folgendermaßen definiert:

... Unterricht, Drill und Disziplin, durch welche geistige und körperliche Fähigkeiten entwickelt werden ... Unterrichtung in einer Kunst, einem Beruf oder einer Beschäftigung.

»Erziehung« wird definiert als:

... die Kunst oder den Prozeß, Wissen, Fertigkeit und Befähigung zu vermitteln ...

Um die Begriffe Ausbildung und Erziehung in eine direkte Beziehung zum Luftverkehr zu bringen, schlägt der Autor folgendes vor:

Mit dem, was wir über Verhaltenspsychologie wissen, über bedingte Reflexe, Belohnung und Bestrafung oder Verstärkung, verbunden mit den heute vorhandenen Navigations-, Computer-, Sensor- und automatisierten Rückkoppelungssystemen ist es möglich, sogar ein Huhn, eine Taube und einen Schimpansen »auszubilden«, auf programmierte Reize zu reagieren und – tatsächlich – ein modernes Düsenflugzeug von Küste zu Küste zu »fliegen« oder einen Interkontinentalflug vom Triebwerkstart über Roll- und Startvorgang, Steig- und Reiseflug und Anflug bis zur Landung und zum Triebwerkabstellen durchzuführen. All das kann mittels Ausbildung erreicht werden. Jedoch kann so eine Besatzung nicht dazu »erzogen« werden, einen Fehlanflug ordnungsgemäß abzubrechen und durchzustarten

Kurz gesagt, für den Zweck dieses Kapitels ist Ausbildung ein lebenswichtiges, entscheidendes Element in einem sicheren, erfolgreichen und gewinnbringenden Luftfahrtbetrieb.

Ausbildung jedoch bezieht sich auf Fertigkeiten in der Handhabung, gekoppelt mit den zugehörigen analytischen Funktionen hinsichtlich des Vornehmens von Entscheidungen. Erziehung ist ein breiterer Begriff. Es schließt Elemente der Ausbildung, aber auch das Element »Urteilsvermögen« ein, das Richard Jensen in Kapitel 3 eingehend betrachten wird.

Auch wenn es beim erstmaligen Lesen stark vereinfacht erscheinen mag, so kann Ausbildung doch als eine Versicherung für die korrekte Ausführung entsprechender Aufgaben angesehen werden, um ein vorbestimmtes Ziel zu erreichen. Erziehung ist in der Tat bedeutungsgleich mit Verhaltensänderung. Ein Besatzungsmitglied darf erwarten, daß die Ausbildung so angelegt ist, daß es einen Flug zu jeder Zeit planen und sicher durchführen kann. Erziehung heißt, einer Flugzeugbesatzung ihr bisheriges Verhaltensmuster vor dem Zeitpunkt ihrer Teilnahme am Luftverkehr zu nehmen und dieses Verhalten so zu verändern, daß sie in einer annehmbaren, sicheren und wirkungsvollen Art und Weise handeln. In diesem Fall wäre die Ausbildung für bestimmte Funktionen ein Teil der fliegerischen Erziehung, die ein Besatzungsmitglied erhalten würde.

Erziehung und Heranbildung für das Flugwesen ist nicht auf das fliegende Personal alleine beschränkt. Bei Anwendung der Gesamtmethodik ist es wesentlich, daß bestimmte Arten von Werten, Standards und Verhaltensnormen von denen an den Tag gelegt werden, die in allen Bereichen des Luftverkehrssystems planen: Flugzeuge, Flughäfen, Navigationshilfen, das gesamte System; und von denjenigen, die Bestandteile des Systems vorschreiben und durchsetzen.

Wenn man die Vergangenheit kritisch prüft und dabei hoffnungsvoll in die Zukunft blickt, liegt es auf der Hand, daß die Neuerungen auf dem Gebiet der Erziehung und Ausbildung von historischer Bedeutung sind. Man kann auch heute noch Fortschritte machen.

Es gibt neue Erkenntnisse auf dem Gebiet der Psychologie im allgemeinen und einige psychiatrische Grundgedanken im besonderen, die eine wichtige Bedeutung für die Erziehung im Flugwesen haben. Weiter gibt es Möglichkeiten, an Informationen auf internationaler Ebene teilzuhaben, die reichlich und zugänglich vorhanden sind über verschiedene Berufsorganisationen sowie internationale Gremien wie »International Civil Aviation Organisation (ICAO)«, »International Air Transport Association (IATA)« und verschiedene Industrie-, Erziehungs-, Berufs- und gesetzgebende Körperschaften der unterschiedlichsten Länder. Obwohl die Möglichkeiten der Kommunikation vorhanden sind, gibt es noch Beispiele dafür, daß die weite Verbreitung von Daten versäumt wurde, die vielleicht zur Verhütung ähnlicher Unfälle oder Zwischenfälle hätten beitragen können. Deshalb muß eine Erweiterung der Mitteilungsbereitschaft und Information angeregt werden.

ENTSCHEIDUNGSPROZESS FÜR DIE HERANBILDUNG EINES SICHERHEITSBEWUSSTSEINS

Es ist lehrreich, einmal festzustellen, wie Entscheidungen für die Zuweisung finanzieller Mittel getroffen werden, die auf die Verbesserung der Sicherheit, Schulung und damit verbundener Aktivitäten abzielen. Eine neue Methode der Entscheidungsfindung, die von Dr. H. Gene Little in seiner Promotionsarbeit im Mai 1979 entwickelt wurde, wird STEP genannt – womit die Beziehung zwischen Sicherheit – Technologie – Wirtschaft – Politik gemeint ist. In dieser Untersuchung entwickelte Little ein Schema, das sich als Bewertungsmaßstab eignet. Er entwickelte den sogenannten STEP-Test, um die Beziehung verschiedener Ereignisse (Unfälle, Kraftstoffmangel) und Faktoren (politische Entscheidungen) aufzuzeigen, den er zum zentralen Thema seiner Studie erhob. Zum Beispiel zitiert er die folgenden Geschichte machenden Unfälle und Beziehungen:

a) Im Jahre 1931 verursachte der Absturz einer Fokker F-10, in der sich Knute Rockne befand, einen politischen Aufruhr, der zu wirtschaftlichem Druck auf den Hersteller, General Motors Corporation, den Konstrukteur Fokker und zu einer technischen Überprüfung der Stabilität von Holzflächenkonstruktionen führte, die letztlich die F-10 vom amerikanischen Himmel verbannte.

Sicherheitsmodell

1931 – Rockne

SA —— PP —— EC —— TE —— AC

SA = Safety (Sicherheit)
PP = Political Process (Politische Entwicklung)
EC = Economics (Volkswirtschaft)
TE = Technology (Technologie)
AC = Aircraft (Flugzeug)

b) Im Jahre 1935 führte der Absturz einer DC-2 der TWA, in der Senator Cutting aus Neu-Mexiko umkam, zur Einführung eines neuen Luftverkehrskontrollsystems. Die Grundlagen eines Luftstraßensystems – wenngleich sehr spärlich – wurden geschaffen, nachdem übermächtige politische Kräfte nachhaltigen Druck ausgeübt hatten. Dieser Unfall führte zu einer Veränderung der Flugbedingungen und Luftraumstruktur der Periode 1935–38.

Sicherheitsmodell

1935 – Cutting

SA —— PP —— EC —— TE —— AS

SA = Safety (Sicherheit)
PP = Political Process (Politische Entwicklung)
EC = Economics (Volkswirtschaft)
TE = Technology (Technologie)
AS = Airways System (Luftstraßensystem)

c) Der Zusammenstoß in der Luft zwischen einer DC-6 der United Air-Lines und einer »Constellation« der TWA über dem Grand Canyon im Jahre 1956 führte zur absoluten Kontrolle aller Flüge über einer Höhe von 24 000 Fuß (7200 m), die nach Instrumentenflugregeln (IFR) durchgeführt wurden. Da der amerikanische Kongreß durch die Unzulänglichkeit des Luftverkehrssystems alarmiert war, wurden die Mittel für einen Luftstraßenplan genehmigt.

Sicherheitsmodell

1956 – Grand Canyon

SA —— PP —— EC —— TE —— AS

Wie bei dem Unfall von 1935 hat der Kongreß das Luftstraßensystem (AS) aufgewertet.

d) Im März 1974 erfolgte der erste Absturz eines Großraumflugzeuges, nämlich einer DC-10 der Turkish Airlines. Nach dem Abflug vom Flughafen Orly bei Paris öffnete sich während des Steigfluges auf die Reiseflughöhe die hintere Frachtraumtür. Dies geschah, obwohl ein Umrüstprogramm erstellt war, um einem Wiederauftreten dieses bekannten Problems vorzubeugen.

Sicherheitsmodell

1974 – Türkische DC-10

SA —— PP —— MA —— EC —— TE —— AC

SA = Safety (Sicherheit)
PP = Political Process (Politische Entwicklung)
MA = Manufacturer (Hersteller)
EC = Economics (Volkswirtschaft)
TE = Technology (Technologie)
AC = Aircraft (Flugzeug)

In diesem Beispiel ist der Hersteller (MA) als Faktor hinzugefügt.

e) Im September 1978 erfolgte über San Diego, Kalifornien, der Zusammenstoß in der Luft zwischen einer Boeing 727 der Pacific Southwest Airlines und einer einmotorigen Cessna »Skylane«, obwohl beide Piloten in Funkkontakt mit dem Kontrollturm von San Diego, »Lindbergh«, standen und über die Nähe des jeweils anderen Flugzeuges in Kenntnis gesetzt waren.

Sicherheitsmodell

1978 – San Diego

SA —— PP —— EC —— TE —— AC

Little zeigt folgendes auf:

Dieser Unfall beschwor einen sehr starken politischen Druck herauf. Der Vorsitzende der FAA, Langhorne Bond, veröffentlichte weniger als 60 Tage später eine Pressemitteilung, die ein Satelliten-Flugplatzsystem zur Trennung des Luftverkehrs ankündigte, zusätzlich neu einzurichtende Anflugkontrollzonen (Terminal Control Area – TCA) und Radarüberwachungsdienste (Terminal Radar Service Area – TRSA). Die technischen Voraussetzungen waren bereits vor dem Absturz bei San Diego vorhanden, die Gelder jedoch nicht.

Die von Little zitierten Beispiele zeigen deutlich, daß – historisch gesehen – Schritte nach vorn hauptsächlich erst als Folge von Krisen gemacht wurden. Little benützt eine ähnliche Technik, indem er den Einfluß eines technologischen, eines volkswirtschaftlichen und eines politischen Modells aufzeigt. Er weist dann auf die Beziehungen von Technologie, Volkswirtschaft und politischen Entscheidungen hinsichtlich der Luftfahrt im allgemeinen und zur Wartung und zum fliegenden Personal im besonderen hin.

Eine detaillierte chronologische Aufstellung von technologischen Merkmalen der Periode 1928–1970 ist in Tafel 2.1 zu finden. Der wirtschaftliche Einfluß der ausgewählten Verkehrsflugzeuge kann aus Tafel 2.2 »Kosten pro Flugzeugeinheit 1935–1975« ersehen werden.

In seiner abschließenden Untersuchung stellt Little folgendes fest:

Politische Leitlinien können den Rahmen für die Technologie schaffen, welche Flugzeuge hervorbringt, die Berufsanforderungen beeinflussen. Tatsächlich ist es höchst wahrscheinlich, daß der politische Einfluß die augenfälligste Macht in diesem Kräftespiel ist.

Wenn man den Zusammenhängen nachgeht, die fünf Jahrzehnte lang zu Veränderungen bei den Laufbahnanforderungen von technischem und fliegendem Luftfahrtpersonal führten, kommt man zu dem Schluß, daß politische Ereignisse und Faktoren die wirtschaftliche Kraft für bedeutsame technologische Fortschritte erzeugten. Die meisten dieser Fortschritte sind heute ein wesentlicher Bestandteil der Flotte moderner ziviler Verkehrsflugzeuge. Die gleiche Feststellung hätte zu jedem Zeitpunkt während der Entwicklung des Flugzeugs getroffen werden können.

Er schreibt weiter:

Ungeachtet der besonderen Faktoren, welche die grundlegenden Merkmale eines Flugzeuges und das daraus entstehende einsatzmäßige Umfeld beeinflussen, diktieren diese Merkmale und das Umfeld die besonderen Laufbahnanforderungen (Voraussetzungen) für die Befähigungen und das Wissen, um zivile Luftverkehrsflugzeuge erfolgreich zu betreiben und einzusetzen. Die Sicherheitsleistung des zivilen Luftverkehrs spiegelt den Erfolg der angewandten Erziehungs- und Ausbildungstechnik und -richtung des amerikanischen Luftverkehrswesens wider.

Tafel 2.1

TECHNISCHE MERKMALE
1928–1970
Flugzeuge

	Konstruktion	Bordsysteme	Triebwerke
1928			
Fokker F-10 dreimotorig 10 Passagiere 200 km/h	Stahlrohr Stoffbespannung hölzerne Flächen	hydraulische Bremsen Magnetkompaß Grundinstrumente	luftgekühlte Sternmotoren
1935			
DC-3 21 Passagiere 290 km/h	Ganzmetall Alulegierung freitragender Flügel Landeklappen Motorverkleidung (NACA)	Einziehfahrwerk Fahrwerk-Hydraulik hydraul. Landeklappen Kreiselinstrumente Zweiweg-Sprechfunk Enteisung Autopilot	Kraftstoff 100 Oktan Verstellpropeller
1942			
DC-4 (C-54) 45 Passagiere 350 km/h	Senknieten	Dreibein-Fahrwerk	Dreiblatt-Propeller

TECHNISCHE MERKMALE
1928–1970
Flugzeuge

	Konstruktion	Bordsysteme	Triebwerke
1950			
DC-6 85 Passagiere 480 km/h	7075-T 6 Alulegierung Druckkabine	feuerresistente Hydraulikflüssigkeit Hochdruck-Hydraulik Kabinendruckbelüftung	Verbundsternmotor
1959			
Boeing 707 165 Passagiere 880 km/h	Titan Pfeilflügel Wabenstruktur Verbundwerkstoffe Ausfallsicherheit	Systemredundanz Servo-Steuerung Wechselstrom-Generatoren Doppler-Navigation integrierte Instrumente Wetter-Radar	Gasturbinen Schubumkehr
1970			
DC-10 300 Passagiere 960 km/h	Großraumkabine Verbundkonstruktion	Hohe Redundanz Trägheitsnavigation Bordrechner Mikroelektronik automatische Landung	Mantelstrom- turbinen

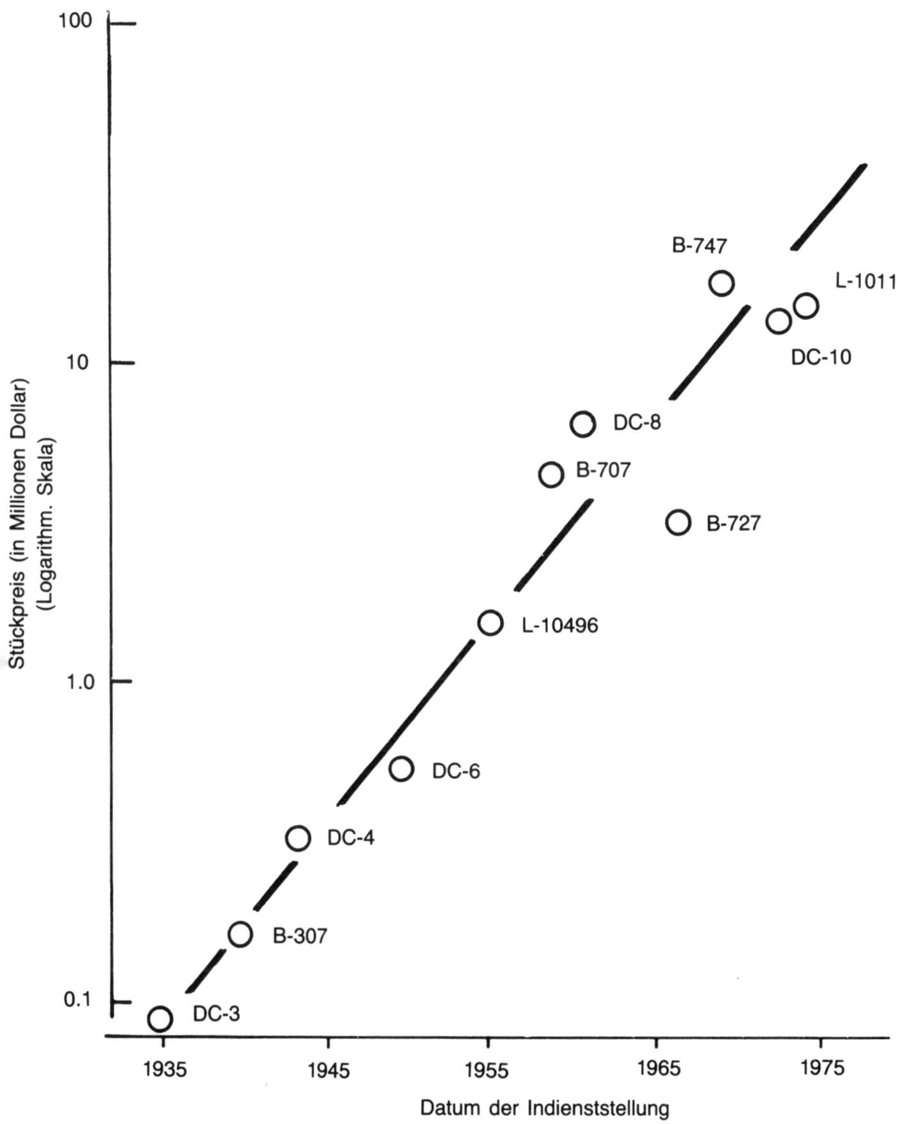

Abb. 2.2 Stückpreis ziviler Transportflugzeuge 1935–75

ERZIEHUNGS- UND AUSBILDUNGSANFORDERUNGEN AN DAS FLIEGENDE PERSONAL

Ein 1977 veröffentlichter Bericht vergleicht Einzelheiten von Ausbildung und üblichen Verfahren der Personalauswahl von Luftverkehrsgesellschaften in Großbritannien, der Schweiz, Frankreich, der Bundesrepublik Deutschland, Schweden, Dänemark, Norwegen, den Niederlanden, der Sowjetunion und zwei repräsentativen Luftverkehrsgesellschaften der Vereinigten Staaten.

Die in der Untersuchung aufgezeigten Hauptunterschiede sind hinsichtlich der Praktiken in Europa und USA folgende:

a) Fast alle europäischen Luftverkehrsgesellschaften betreiben eine Pilotenausbildung »von Anfang an«, die von der Regierung subventioniert wird.

b) Viele der europäischen Piloten haben keinen Fachhochschul- oder Hochschulabschluß.

c) Piloten der US-Luftverkehrsgesellschaften rekrutieren sich aus militärischen, Hochschul- und Universitätslaufbahnen und den Flugschulen der allgemeinen Luftfahrt.

d) Piloten europäischer Luftverkehrsgesellschaften werden gewöhnlich in jüngerem Alter eingestellt und stehen damit dem Arbeitgeber längere Jahre für eine produktive Gegenleistung zur Verfügung.

Ein großer Teil der amerikanischen Verkehrspiloten hat in jüngster Zeit eine Fachhochschulausbildung oder Gleichwertiges abgeschlossen. Die Airline Pilots Association (ALPA), Federal Aviation Administration (FAA) und die Vertreter einiger Fachhochschulen und Universitäten, die Luftverkehrserziehungs- und Ausbildungsprogramme anbieten, haben freiwillig eine »Aviation Education Review Organisation (AERO)« gebildet, um als Ratgeber den Fachhochschulen und Universitäten zur Verfügung zu stehen. Viele Hochschulen und Universitäten verwenden die Richtlinien von AERO für die Zuerkennung von Leistungsnachweisen, Lizenzen und Berechtigungen. Die neuesten Richtlinien wurden 1977 erlassen.

Staatliche Subventionen für amerikanische Pilotenanwärter werden hauptsächlich in der Form gewährt, daß ehemalige Militärpiloten einen

Zuschuß erhalten und Hochschulabsolventen staatlich abgesicherte Darlehen.

Neu eingestellte Piloten amerikanischer Gesellschaften sind normalerweise älter als ihre europäischen Kollegen und bieten ihren Arbeitgebern weniger Jahre an produktiver Dienstzeit.

Hinsichtlich der staatlichen Qualifikationsnormen für Verkehrspiloten von 1928–78 verfolgt Little den Werdegang (Entwicklung) der beruflichen Anforderungen.

Die zu beantwortende und zu untersuchende Frage heißt: Welche neuen Normen ergeben sich eventuell aus den Anforderungen, aus der Technologie und der Sicherheitsstatistik dieses Jahrzehnts?

Ein Hinweis auf das, was die Zukunft bringt, mag aus den Vorschlägen entnommen werden, die Jack R. Hunt, der Präsident der Embry Riddle Aeronautical Universität Daytona Beach, Florida, und Prescott, Arizona, machten. Seine Anregungen entstammen einem internationalen wissenschaftlichen und technischem Erfahrungsaustausch anläßlich eines Treffens zwischen Vertretern des Zivilluftverkehrs in den Vereinigten Staaten und des Ministeriums für Zivilluftverkehr in der Sowjetunion. Die Regierungen der Vereinigten Staaten und der Sowjetunion führten den wissenschaftlichen und technischen Erfahrungsaustausch über Zivilluftfahrterziehung und -ausbildung unter einem Programm durch, das als »Gemeinsame US-USSR Luftverkehrszusammenarbeit« in den Jahren von 1974 bis 1979 bekannt wurde. Dieser Bericht beruht auf den Diskussionsberichten der siebten Sitzung dieses Gedankenaustausches, die vom 12.–18. August 1979 in den Vereinigten Staaten stattfand.

Präsident Hunt sagte in seiner Rede über die künftige Zielsetzung der Erziehung von Verkehrspiloten: »Das bestgehütete Geheimnis im Luftverkehrswesen ist dieses – Verkehrspiloten fliegen nicht mehr Flugzeuge. Sie gleichen vielmehr Managern und beaufsichtigen Systeme.«

Vorschlag eines Ausbildungsprogramms für Luftverkehrspiloten

Hunt brachte dieses Thema erstmalig im April 1977 während einer Diskussion mit Sowjetvertretern in Daytona Beach ins Gespräch. Zu jener Zeit bezogen sich die gemeinsamen amerikanisch-russischen Bemühungen darauf, was getan werden müßte, um eine genauere Voraussage über die Erfolgsaussichten von Pilotenanwärtern und Flugschülern zu treffen und die Ausfallquote von Flugschülern vermindern zu können.

Weiter empfahl Hunt damals, daß eine Untersuchung angestellt werden sollte, die Pilotenausbildung als ein ». . . integriertes System zu planen, das Piloten für besondere Einsatzbereiche hervorbringt«.

Anläßlich einer Diskussion im August 1979, in Prescott, Arizona, sagte Hunt:

Wir müssen unsere romantische Betrachtungsweise von »Flug«-Training ersetzen durch die vorurteilslose und objektive Verkehrspilotenausbildung, um Flugschüler richtig vorzubereiten, damit sie komplizierte, integrierte flugtechnische Systeme wirkungsvoll handhaben und überwachen können.

Er bestätigte, daß dies nicht leicht sein wird:

Wir können beträchtlichen Widerstand gegenüber notwendigen Veränderungen unserer Ausbildungsprogramme erwarten. Wir müssen unterscheiden zwischen zwei Arten von Pilotenausbildungsprogrammen, die erforderlich sein werden, um Piloten auf die verschiedenen Laufbahnen der Luftfahrt vorzubereiten. Als erster Schritt müssen Luftverkehrspiloten (airline pilots) in eine Kategorie und alle übrigen Piloten in eine andere eingeordnet werden. Bis auf weiteres werden alle übrigen Piloten wie bisher entsprechend der bestehenden Pilotenausbildungsprogramme geschult werden.

Besonders wies Hunt auf folgendes hin:

Beim Entwickeln eines Ausbildungsprogrammes für Linienverkehrspiloten müssen wir systematisch vorgehen, indem der Theorieunterricht mit praktischer Ausbildung am Gerät unter Benutzung von Computern, Lehrgeräten und Simulatoren verbunden wird. Es gibt keinen Grund dafür, irgendeinen Teil der Ausbildung zum Linienverkehrspiloten in einem kleinen Schulflugzeug durchzuführen. Vielmehr kann die Verwendung eines solchen Flugzeugs der Erlangung des für einen Linienverkehrspiloten notwendigen Könnens sogar abträglich sein.

Zur Unterstreichung dieses Vorschlages zog Hunt die ähnlich gelagerten Gesprächsinhalte heran, die er mit Kapitänen großer Überwasserschiffe hinsichtlich ihrer Ausbildung führte. Sie gaben an, daß es einfach keine Wechselbeziehung zwischen der Ausbildung auf einem kleinen Wasserfahrzeug und einem großen Schiff gibt. Hunt sagte: »Jede Ausbildung in einem kleinen Wasserfahrzeug wird sinnlos sein und dem Lernen ähnlich abträglich sein.« Die Ausbildung für Großschiffkapitäne ». . . erfolgte an Bord eines großen Schiffes und mittels Simulatoren«.

Hunt erläuterte dann ausführlich seine grundsätzlichen Vorstellungen und Prinzipien als auch eine gezielte Empfehlung für ein Erziehungs- und Ausbildungsprogramm von Luftverkehrspiloten auf Hochschulebene:

Die Öffentlichkeit in den USA und den meisten anderen Ländern betrachtet einen Hochschulabschluß als Merkmal einer fachlichen Qualifikation. Doch etwa die Hälfte aller Linienpiloten der Vereinigten Staaten hat keine Hochschulausbildung. Dieses Bild ändert sich jedoch rasch. Praktisch jede Luftverkehrsgesellschaft verlangt von einem Pilotenanwärter einen Hochschulabschluß. Wir von der Embry-Riddle-Luftfahrtuniversität haben beschlossen, daß von einem Berufspiloten künftig ein Hochschulabschluß gefordert werden wird. Deshalb bieten wir kein Flugausbildungsprogramm mehr an, das nicht Teil eines akademischen Programms ist. Alle Flugausbildungskurse werden im Rahmen der Hochschulausbildung mit einer angemessenen Punktezahl angerechnet.

In einem Versuch, einen Dialog über Verkehrspilotenerziehung in Gang zu setzen und eine Basis zu schaffen, um den Inhalt eines Hochschulprogrammes zu untersuchen, das Verkehrspiloten hervorbringen kann, werden die folgenden Programmrichtlinien der eingehenderen Betrachtung und Diskussion empfohlen:

LUFTVERKEHRSPILOT BS – Bachelor of Science
(Akad. Grad der Naturwissenschaften)
Ausbildungsdauer: 8 akademische Semester

Erforderliche Kurse

Grundbegriffe des Flugwesens	Geschichte der Luftfahrt
Flugregeln und Vorschriften	Meteorologie
Grundlagen der Navigation	* Funknavigation
* Trägheitsnavigation	Funksprechverkehr
Grundlagen der Aerodynamik	Grundsysteme des Flugzeugs
Strahltriebwerke	Hydrauliksysteme
Luftverkehrsländer (ICAO)	* Leistungsbereich des Flugzeugs
Luftverkehrsgesetze	Flugsicherheit
Rechnereingaben	Einführung in Rechner (Computer)

Rechnersprache
* Einweisung in das Cockpit
* Cockpitsysteme
* Notverfahren
Gesprächsführung
Abfassung techn. Berichte
Fliegerische Mathematik
Grundbegriffe der Buchführung
Grundbegriffe der Psychologie
Internationale Verständigung

Rechnerprogrammierung
* Ausbildung in Cockpitverfahren
* Cockpit-Zusammenarbeit
* Flugingenieurausbildung
Schriftverkehr
Einführung in die Logik
Fortgeschrittene Flugmathematik
Managementbegriffe
Angewandte Physik
Angewandte Psychologie
(123 anrechenbare Stunden)

* Überwachte Ausbildung am Arbeitsplatz

Wahlfächer

Etwa sechs Kurse können vom Studenten in den Fachbereichen Sprachen, Geographie, fremde Kulturen, internationale Beziehungen, Ökonomie, internationale Luftfahrtgesetze usw. gewählt werden (15 Anrechnungsstunden). Das vollständige Programm bis zum Universitätsabschluß des Verkehrspiloten würde 8 Semester dauern und mit insgesamt 138 Stunden angerechnet werden.

Grundprinzipien

Für Flugausbildung, die gemäß Federal Aviation Rule 141 oder nach ICAO-Vorschriften durchgeführt wird, sind bestimmte Minimalflugstunden und besondere Flugmanöver vorgeschrieben, die beherrscht werden müssen, aber nicht in einem Verkehrsflugzeug ausgeführt werden können, bevor eine Erlaubnis ausgestellt wird. Folglich hat ein Flugschüler mindestens 22 Monate Ausbildung hinter sich, wenn er sein Flugtraining beendet und die Flugerlaubnis mit allen Berechtigungen erhalten hat, jedoch hat er noch keinen Hochschulabschluß und ist allenfalls geeignet, um Linienverkehrspiloten-Anwärter zu werden. Einige Jahre muß er als Flugingenieur oder Kopilot Dienst tun, um den Betrieb eines Verkehrsflugzeuges kennenzulernen.

Das vorgeschlagene Ausbildungsprogramm für Verkehrspiloten bietet einen systematischen Weg an, wobei Simulatorausbildung gleichzeitig und gleichwertig mit einer akademischen Erziehung und Ausbildung verbunden wird, so daß ein Hochschulabsolvent sofort in der Lage ist, eine Tätigkeit als Flugingenieur auszuüben. Dies bedeutet, daß das durchschnittliche Eintrittsalter in den Dienst einer Luftverkehrsgesellschaft 22 Jahre wäre, mit einer Erwartung von 38 produktiven Jahren im Dienst der Gesellschaft. Dies steht im Gegensatz zum heutigen durchschnittlichen Eintrittsalter von 28 Jahren mit erwarteten 32 produktiven Dienstjahren.

Zusammenfassung

Sicherheit im Flugbetrieb, Kostenwirksamkeit, berufliche Fähigkeit und gutes Arbeitsklima im Cockpit werden die Folge dieses vorgeschlagenen Ausbildungsprogramms für Luftverkehrspiloten sein.

Bei der Betrachtung von Hunts Anregungen sollten folgende Stichworte in Erinnerung behalten werden:

a) Entwicklungsstand von Simulatoren

b) Einstellung von Management und Auszubildenden und

c) Aufsichtsbehörden zu diesen Vorschlägen

FLUGSIMULATION – EINE BESTANDSAUFNAHME

In der ganzen Welt wurden in Konstruktion und Anwendung von Flugsimulatoren, Verfahrenstrainern und (part-task) Übungsgeräten große Fortschritte gemacht. In der Tat nähert sich der Vorschlag von Hunt, die gesamte Ausbildung von Verkehrspiloten in Simulatoren durchzuführen, immer mehr den heutigen Gegebenheiten.

Dr. Robert C. Houston, American Airlines, sagt in seinem Vortrag über das Thema »Entwicklungen in der Technologie der Ausbildung«, den er anläßlich des Symposiums über menschliche Faktoren in der Zivilluftfahrt im September 1979 in Den Haag gehalten hat, folgendes:

Es gibt viele Herausforderungen, die uns in der Zukunft noch beschäftigen werden . . . In naher Zukunft jedoch komme der volle Ersatz des Schulflugzeuges durch den Simulator; dies ist ein Schritt, der nicht nur klug konstruierte Geräteausrüstung erfordert, sondern auch ein komplettes Ausbildungssystem, das alle Fähigkeiten des Menschen auf bestmögliche Weise als wesentlichen Bestandteil des Systems einsetzt.

Flugkapitän J. A. Brown, Leiter der Flugausbildung bei American Airlines, gab im November 1975 bei der 20. Technischen Konferenz der »International Air Transport Association« (IATA) einen Bericht über »Sicherheit im Flugbetrieb«. Brown zeichnete die Entwicklung auf dem Weg zum sicheren Flugbetrieb nach, wie ihn seine Fluggesellschaft beschritt. Ein wichtiges Element des Programmes, das er beschrieb, ist der mit der zunehmenden Anwendung von Flugsimulatoren bei Umschulungsprogrammen für Kapitäne erreichte Fortschritt. Die durchschnittlichen Flugausbildungsstunden bei der Umschulung auf die Flugzeugmuster Boeing 707, 727, 747 und DC-10, unterteilt in Simulator- und Flugstunden, sind auf Tafel 3.3 (seinem Vortrag entnommen) graphisch dargestellt.

Die Vorteile hinsichtlich Kraftstoffersparnis, Luftraumnutzung und verminderter Ausbildungsunfälle liegen auf der Hand und sind beachtlich.

Es ist bemerkenswert, daß dieser Fortschritt von Wirklichkeitstreue von Flugsimulatoren und ihrer Nutzung zum größten Teil der Initiative von Herstellern, Benutzern und Aufsichtsbehörden und ihrer engen Zusammenarbeit zu verdanken ist.

Flugstundenersparnis beim Wiederholungstraining

Im Jahre 1977 legte D. C. Killian, American Airlines, einen Untersuchungsbericht über die zunehmende Nutzung von Simulatorausbildungsstunden anstelle von Flugstunden bei periodisch wiederkehrenden Überprüfungsflügen der Piloten vor.

Er stellte folgendes fest:

Die achtzehn Luftverkehrsgesellschaften, die gemeldet haben, sind für über 28 000 fliegende Besatzungsangehörige verantwortlich, mit denen etwa 40 600 jährliche Befähigungsüberprüfungen vorzunehmen sind (zweimal jährlich für Kapitäne, einmal jährlich für das übrige fliegende Personal). American Airlines, mit 4183 Angehörigen des fliegenden Personals, führte 1976 insgesamt 5934 Befähigungsprüfungen durch. Hätten diese Überprüfungen ohne das Vorhandensein irgendeiner Flugsimulatorzeit stattfinden müssen, wäre für jede Überprüfung eines Kapitäns oder Kopiloten eine Flugzeit von durchschnittlich 1½ Stunden im Flugzeug benötigt worden. Die Gesamtflugzeit hätte mehr als 6830 Stunden betragen und für American Airlines einen zusätzlichen Ver-

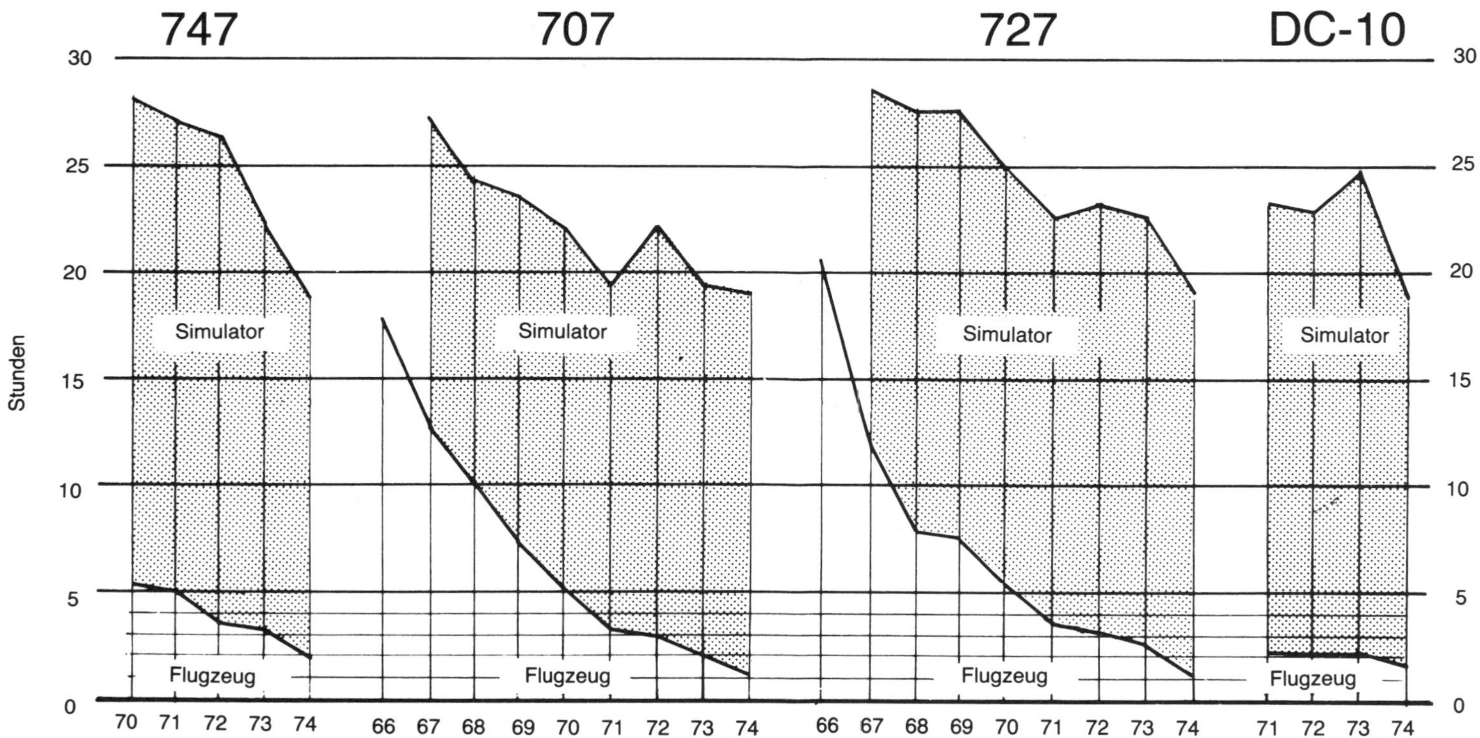

Abb. 2.3 Durchschnittliche Ausbildungsstunden der Umschulungsprogramme für Flugkapitäne

brauch von 43,5 Mio. Liter Düsenkraftstoff bedeutet. Bei einer Hochrechnung der Kraftstoffersparnis von American Airlines auf alle Flugsimulatoren benutzenden Gesellschaften ergibt sich, daß allein für die Befähigungsüberprüfungen von diesen achtzehn Luftverkehrsgesellschaften im Jahr 1976 über 366 Mio. Liter Kraftstoff eingespart wurden.

Wie Killian aufzeigt, haben die Luftverkehrsgesellschaften ein erklärtes Ziel, nämlich die gesamte Ausbildung durch Simulatoren zu erreichen. Jüngste Ereignisse bestätigen, daß dieses Ziel sehr wohl noch in diesem Jahrzehnt erreicht werden kann. Jedoch nehmen vier Hauptgebiete eine Schlüsselstellung ein, um das Ziel, die vollständige Ausbildung durch Flugsimulatoren, zu erreichen, sagt Killian:

a) Simulatoren müssen so programmierbar sein, daß alle Phasen des Flugbetriebes simuliert werden können.

b) Die Ausarbeitung von Ausbildungsprogrammen muß verbessert werden.

c) Die Ausbildung muß eng mit dem Linienbetrieb verknüpft sein. Nur wenn ein zusammenhängendes Ganzes zwischen Ausbildung und Linienbetrieb geschaffen wird, können wir sicherstellen, daß die Probleme aus der wirklichen Welt in die Flugsimulatorenwelt einfließen, wo sie wirksam erforscht, verbessert und zu einem Bestandteil von Ausbildung und Linienbetrieb gemacht werden können ... Nur durch stetige Rückkoppelung mit dem Lehr- und Prüfungsprozeß können wir sicher sein, daß bewährte Verfahren zum gewohnheitsmäßigen Bestandteil des Linienflugbetriebes gemacht werden.

d) Der vierte Schlüsselfaktor zur erfolgreichen Flugsimulatorausbildung liegt in einem Stufenprogramm, mit dem man eine neue Konzeption den betroffenen Piloten gegenüber begründen und schmackhaft machen kann, ebenso wie dem Management, das dieses neue Programm unterstützen muß, den Genehmigungs- und Zulassungsbehörden und der Lehrgruppe, die jedes Programm zum Erfolg oder zum Scheitern bringen kann. Viele Untersuchungen wurden von der Industrie durchgeführt, um die Veränderungen zu begründen und zu rechtfertigen, welche die Fluggesellschaften in die Lage versetzt haben, fast die gesamte Schulung mit Simulation durchzuführen. Ausgiebige Fluglehrerausbildung, viele Flugbesprechungen und eine

Menge Motivationsversuche haben stattgefunden, und viel mehr wird noch nötig sein.

Zusammenfassend fügt Killian hinzu:

Um sich erfolgreich dem Ziel der totalen Simulation zu nähern, ist eine sorgfältige Verbindung von allen vier Schlüsselelementen und die bestmögliche Einbeziehung der vielen beteiligten Gruppen wie Hersteller von Flugzeugzellen und Simulatoren, Fluggesellschaften, Ingenieure, Programmierer, Instruktoren, Piloten und gesetzgebende Behörden vonnöten. Die Ergebnisse indes werden groß sein. Dazu gehören eine weit wirkungsvollere Ausbildung, Kraftstoffersparnisse, die wesentlich den nationalen Ressourcen zugute kommen, verminderter Lärm und weniger Luftverschmutzung in vielen Ballungsräumen und geringere Ausbildungskosten, die zu einem besseren Verkehrsangebot für weniger Geld führen können. Am allerwichtigsten ist es für jedermann, daß Flugsimulation zu einer merklichen Verbesserung der Flugsicherheit im planmäßigen Luftverkehr geführt und das äußerste an Sicherheit in der Ausbildung erreicht hat.

Was bringt die Zukunft?

Flugkapitän R. E. Norman jr., Vorsitzender des »Pilot Training Committee« der ALPA, berichtete im Juni 1979 in einem Vortrag über »Ausbildung – Wirtschaftlichkeits- und Sicherheitsüberlegungen« von den Ergebnissen einer 1974 begonnenen und später aktualisierten Übersicht von den erfahrensten Sicherheits- und Ausbildungsexperten der ALPA. Nach Kapitän Norman äußerten diese Fachleute überwältigende Zustimmung hinsichtlich der Notwendigkeit, die Bedingungen für die periodisch erforderlichen Prüfflüge und Befähigungsnachweise zu überarbeiten.

Er geht sogar noch weiter und sagt:

Mit den nachfolgenden kurzgefaßten Richtlinien schlagen wir eine verbesserte Methode für die Durchführung periodischer Prüfflüge für fliegendes Personal vor:

1) *Wiederholungsübungen für Piloten sollten auf jährlicher Basis in einem anerkannten Flugsimulator durchgeführt werden.*

2) Übungen im Flugsimulator für Piloten sollten eine Nachprüfung von Instrumentenanflügen und von ausgewählten besonderen Verfahren und Notverfahren einschließen.

3) Das Training wird auf realistische Flugbetriebsbedingungen im Linienluftverkehr zugeschnitten sein, mit Schwerpunkt bei der Zusammenarbeit der gesamten Cockpitbesatzung.

4) Die Übungen können bestimmte Wettersituationen wie Scherwinde, Turbulenzen und ungewöhnliche Anflugbedingungen oder andere Umstände einschließen, die leicht zu Unfällen führen können.

5) Jährliche Übungen für Cockpitbesatzungen sollten eine angemessene Prüfung über Flugzeugsysteme, Grenzleistungsdaten und Notverfahren einschließlich eines Notwasserungsmanövers beinhalten.

6) Jährliche Übungen für Cockpitbesatzungen sollten eine Rückschau auf aktuelle oder wiederkehrende Probleme des Flugzeugtyps und Ergänzungen oder Änderungen an Navigationsgeräten und Instrumentierungen oder Verkehrsleitverfahren zum Inhalt haben.

Wir schätzen, daß das oben erwähnte Verfahren etwa sechs Hörsaalübungsstunden und vier Stunden im Flugsimulator erfordert.

Einige weitere Simulatorflüge werden nur empfohlen. Sie wären von Fall zu Fall zu überprüfen und auf jährlicher Basis den Gegebenheiten anzupassen. Die hier wiedergegebenen knappen Richtlinien sehen mehr Übungen für die Cockpitbesatzungen vor als die heutigen Bestimmungen vorschreiben. Die Übungen würden jedoch mehr nützen als die gegenwärtigen, abgedroschenen Prüferfordernisse. Die Übungsgeräte wären besser ausgenutzt, und das Einplanen von Besatzungen für Übungen könnte einfacher und effektiver werden.

Die Ansichten dieser Fachleute zeigen ganz klar, daß sie bereit und willens sind, den Simulator und die auf den Linienverkehr und die Zusammenarbeit der Cockpitbesatzungen bezogenen Übungen zu akzeptieren, was allerdings den heute behördlich vorgeschriebenen Standard überschreitet. Wie bereits erwähnt, ist die bereitwillige Akzeptanz durch das auszubildende Personal eine wesentliche Voraussetzung für den Erfolg.

Stand des Genehmigungsverfahrens für Flugsimulatoren

Das Ziel der vollständigen Qualifikation mittels einer allgemeinen oder sogar noch verstärkten Verwendung von Simulatoren und ähnlichen Geräten erfordert sowohl das Vorhandensein der entsprechenden technischen Voraussetzungen als auch die Genehmigung durch die Aufsichtsbehörden.

Die Anordnungsbehörden urteilen in ihren Studien, Analysenauswertungen und Genehmigungen für überprüfte Geräte und Techniken zunehmend positiv. Im August 1980 veröffentlichte das Luftfahrtbundesamt im amerikanischen Verkehrsministerium das Empfehlungsrundschreiben 121-14C mit dem Titel »Flugzeugsimulator und Visuelles Darstellungssystem, Bewertung und Genehmigung«. Die Meinung des Luftfahrtbundesamts findet einen deutlichen Niederschlag in der Hintergrundaussage eines Rundschreibens, das auszugsweise wiedergibt:

Simulatoren können eine vertieftere Ausbildung vermitteln, als sie im Flugzeug erreicht werden kann. Auch liegt der Prozentsatz der Übertragung (Transfer) des Erlernten vom Simulator auf das Flugzeug sehr hoch.

Die Absichten der Anordnungsbehörde FAA unterstützen voll die Pionierarbeit, die vom Führungs- und Ausbildungspersonal der Luftverkehrsgesellschaften ebenso geleistet wurde wie von Konstrukteuren und Herstellern moderner Simulations- und Darstellungstechnologie.

Weiter erklärt die FAA in ihrem Rundschreiben AC 121-14C:

Während der vergangenen zehn Jahre wurden – entsprechend der verbesserten Simulatortechnologie – Änderungen in der Gesetzgebung vorgenommen, um die vermehrte Anwendung von Simulation in den Ausbildungsprogrammen für Verkehrspiloten zu ermöglichen. Ende der sechziger Jahre erschienen visuelle Zusatzeinrichtungen auf dem Markt. Seit jener Zeit haben bahnbrechende Computerentwicklungen die Einführung rechnererzeugter Darstellungssysteme ermöglicht. Im Dezember 1973 erlaubten die Ergänzungen 61-12 und 121-108 zum Luftfahrtgesetz die zusätzliche Verwendung von Sichtsimulatoren. Ergänzungen zum Paragraphen 121.439 genehmigen einen Simulator, der das Landemanöver im Rahmen einer Wiederauffrischung der Flugerfahrung ersatzweise für das Flugzeug erlaubt. Diese Änderungen der

US-Gesetze bedeuteten einen markanten Schritt in Richtung auf die Schaffung der Ergänzungen 61-69 und 121-161, herausgegeben am 24. Juni 1980, die den »FAA Advanced Simulation Plan« enthalten.

Aufgrund der fördernden gesetzgeberischen Vollmachten gemäß der US-Verordnungen 61 und 121 und ihrem Anhangmaterial ist es nun den Aufsichtsbehörden möglich, fünf Kategorien von Flugzeugsimulatoren zu genehmigen – nicht-visuelle, visuelle und Phase I, II und III, wobei letztere die fortschrittlichste ist. Ende des Jahres 1981 gab es noch keine Phase-III-Simulatoren, die genehmigt waren; jedoch hatte eine amerikanische Fluggesellschaft die Genehmigung für die Verwendung eines Phase-II-Simulators, und zwanzig weitere Gesellschaften arbeiteten an Ausbildungsprogrammen, um diese Genehmigung zu erhalten. Das bedeutet, daß für gewisse periodische Überprüfungen und Aufstiegsqualifizierungen alle Übungen in anerkannten Simulatorprogrammen durchgeführt werden dürfen. Übungszeit im Flugzeug ist nicht mehr erforderlich, und dies ist ein wahrhaft bedeutsamer Fortschritt.

Um den zu Gebote stehenden Wirkungskreis der neuen Genehmigungsbehörde voll zu verstehen, mag man eine Kurzfassung der FAR Teil 121, Anhang H, den »Advanced Simulation Plan«, heranziehen, der in einem Vortrag von Kapitän Kenneth J. Warras von Northwest Orient Airlines zusammengefaßt wurde. Kapitän Warras ist Mitglied im Komitee für Pilotenausbildung der Airline Pilots Association (ALPA) und ist entscheidend in der Hörsaalabteilung des Ausbildungszentrums von Northwest Airlines tätig. Im November 1981 legte er dem RTCA (Radio Technical Committee for Aeronautics = Funktechnisches Komitee für Luftfahrt) einen Bericht mit dem Titel »Totale Simulation im Dienste der Luftverkehrsgesellschaften« vor. Kapitän Warras beschreibt die drei Phasen des »Advanced Simulator Plan« wie folgt:

Phase I

A. *Zulässige Ausbildungs- und Überprüfungsmaßnahmen:*
   1. *Bedingungen zur Erhaltung der Flugpraxis (drei Starts und Landungen in den letzten neunzig Tagen)*
   2. *Starts und Landungen bei Nacht*

B. Technische Forderungen an den Simulator:

1. Aerodynamische Programmierung

a. Bodeneffekt, d. h. Abfangen, Ausschweben und Aufsetzen

b. Bodenreaktion – die Wirkung der Bodenberührung auf das Flugzeug, einschließlich Einfedern des Fahrwerks, Seitenkräfte, usw.

c. Merkmale der Flugzeughandhabung am Boden, einschließlich Querwinde, Bremsvorgänge, Schubumkehrung, Wendekreis, usw.

2. Bewegungssystem mit Drei-Achsen-Freiheit als Minimum.

C. Forderungen an die visuelle Darstellung:

1. Visuelle Übereinstimmung (Kompatibilität) mit der aerodynamischen Programmierung

2. Minimale Verzögerung des visuellen Darstellungssystems nach Piloteneingaben

3. Visuelle Bezugspunkte, um die Sinkrate abschätzen und die Tiefenempfindung bei der Landung wahrnehmen zu können.

Phase II

A. Zulässige Ausbildungs- und Überprüfungsmaßnahmen:

1. Umschulungsausbildung für Flugzeuge derselben Gruppe/Kategorie

2. Weiterschulung zum Flugzeugkommandanten (unter gewissen Bedingungen)

B. 1. Typische Querwinde und dreidimensionale Scherwindkräfte

2. Typische Bremsvorgänge und Richtungskontrolle auf unterschiedlichen Landebahnoberflächen (trocken, naß, vereist).

3. Typisches Kräfteverhalten bei Bremsen- und Reifenversagen (einschließlich Anti-Blockiergerät und verminderter Bremswirkung infolge hoher Bremsentemperatur)

4. ein Bewegungssystem, das Bewegungen wiedergibt, die mindestens gleich oder besser sind als bei einem Bewegungssystem mit Sechsachsen-Freiheitsgrad

5. Eingeführte Navigationssysteme einschließlich INS (Trägheitsnavigation), OMEGA-Navigation, usw., falls zutreffend. Diese Forderung soll LOFT (»Line-Oriented-Flight Training«) verbessern

6. Fremdgeräusche wie von Niederschlag und markante Flugzeuggeräusche wie Fahrwerkausfahren, Schubveränderungen, Schubumkehr, usw.
7. Nachahmung von Empfindungen und Steuerdrücken, vergleichbar mit jenen, die im Flug auftreten

C. Forderungen an die visuelle Darstellung:
1. Dämmerungs- und Nachteindrücke/-darstellungen von mindestens drei typischen Flughäfen
2. Radionavigationshilfen, die genau auf die Landebahn des Flughafens ausgerichtet sind
3. Verschiedene Wetterdarstellungen unter 600 Meter Höhe und innerhalb eines 18-km-Radius um den Flugplatz, unter Einschluß von:
   a. Veränderlicher Wolkendichte
   b. Teilweiser Verdunkelung/Sichtbehindertung durch Wolken
   c. Allmählichem Aufbrechen der Bewölkung beim Anflug
   d. Nebel/Nebelfetzen
4. Ständiges Sichtfeld von mindestens 75 Grad horizontal und 30 Grad vertikal
5. Fähigkeit, andere visuelle Boden- oder Luftgefahren darzustellen

Phase III

A. Alle Ausbildungs- und Überprüfungsmaßnahmen zulässig, jedoch ausgenommen sind:
1. Jährliche Streckenüberprüfungsflüge
2. Bedingungen zur Erlangung von Einsatzerfahrung
3. Flugzeugtechnische und Bodendienste am Flugzeug

B. Technische Forderungen an den Simulator:
1. Charakteristisches Flatter- und Schüttelverhalten (Grenzbereiche, Turbulenz, Landeklappenausfahren, usw.)
2. Realistische Amplituden und Frequenzen der Cockpitgeräusche und von Schalleindrücken im Flugzeug

C. Forderungen an die visuelle Darstellung:
1. Tageslicht-, Dämmerungs- und Nachtdarstellung
2. Darstellung bestimmter Anflugbedingungen, wie kurze Pisten,

ansteigendes Gelände, Anflüge über Wasser, usw.

3. *Besondere Wetterdarstellungen einschließlich dazugehöriger Geräusche, visueller Eindrücke und der Bewegungseffekte beim Einfliegen in verschiedene Arten von Niederschlag*
4. *Nasse und schneebedeckte Landebahnen entsprechend den Bedürfnissen des Nutzers*

Damit eine Luftverkehrsgesellschaft sich die Vorteile dieses Drei-Phasen-Ausbauprogramms zunutze machen kann, muß sie der FAA einen Simulatorplan vorlegen. Viele der größeren amerikanischen Luftverkehrsgesellschaften operieren heute unter der Phase I dieses Programms. Gegenwärtig hat nur eine amerikanische Gesellschaft die Bedingungen für die Phase II erfüllt. Die Phase II des »Advanced Simulator Program« beinhaltet eine Forderung an die sich beteiligenden Verkehrsgesellschaften, das sogenannte LOFT-Programm mit einzubinden. Dieses wichtige Systemprogramm der Simulation von Flugbetriebsbedingungen verdient nähere Betrachtung.

LOFT – FLUGBETRIEBSORIENTIERTE FLIEGERISCHE AUSBILDUNG (»LINE-ORIENTED FLIGHT TRAINING«)

In der Entwicklung der fliegerischen Schulung läßt sich schon früh eine Betonung der elementaren Befähigung zum Bedienen der Steuerorgane und der Anwendung hauptsächlich psychomotorischer Geschicklichkeit und Begabung feststellen. Mit dem Aufkommen des Luftstraßensystems, der Navigationshilfen, der Luftverkehrskontrolle und von verschiedenartigen, schnellen und komplizierten Flugzeugen wuchs auch der Umfang der Aufgaben für die Piloten. Heute gilt der Hauptschwerpunkt der Luftverkehrsbetriebe eher der Ausbildung der gesamten Cockpitbesatzung, als dem Fördern individueller Fähigkeiten. Es liegt auf der Hand, daß die Voraussetzung für eine zufriedenstellende Leistung einer Besatzung der ausreichende Befähigungsstand eines jeden Besatzungsmitglieds ist. Relativ neu ist jedoch das Interesse und die Erkenntnis, daß die Ausbildung von Besatzungen wichtiger als die von Individuen ist. Die Anwendung der Simulationstechnologie zur Ermöglichung des streckenbetrieblichen Crewtrainings ist eine bemerkenswerte Möglichkeit, von der Verkehrsgesellschaften, Hersteller und Aufsichtsbehörden zunehmend Gebrauch machen.

Kürzlich wurde das »Line-Oriented-Flight Training« (LOFT) in einer Publikation auf einem Kongreß der »National Aeronautics und Space Administration« (NASA) wie folgt beschrieben:

Die flugbetriebsorientierte fliegerische Ausbildung ist eine in der Entwicklung befindliche Ausbildungsmethode, die Flugzeugsimulation und Flugbetriebssimulation in hoher Übereinstimmung mit der Wirklichkeit derart miteinander verbindet, daß für eine wirklichkeitsnahe, dynamische Pilotenausbildung in einem simulierten Flugbetriebsumfeld gesorgt wird. LOFT bedeutet eine Verbesserung der bestehenden Pilotenausbildung hinsichtlich der Entscheidungsbefugnis, Führungsqualifikation und der Befähigung zum optimalen Einsatz verfügbarer Mittel.

Der Ursprung von LOFT geht auf Simulationsverfahren zurück, die vom »United States Air Force Strategic Air Command« durchgeführt wurden. Als im Jahre 1974 die Northwest Orient Airlines eine Arbeitsgruppe bildete, um ein ähnliches Programm zu entwickeln, wurde es »Coordinated Crew Training (CCT)« (aufeinander abgestimmtes Ausbildungsprogramm für Besatzungen) genannt.

Nachdem einige Ausbildungsziele des CCT denen der unter FAR 121 durchgeführten periodisch zu wiederholenden Ausbildungsprogrammen überlegen waren, beantragte Northwest bei der FAA eine Ausnahmegenehmigung für eine Einjahreserprobung mit anschließender Bewertung dieses Ausbildungsplans. Die Genehmigung wurde im Februar 1976 erteilt. Aufgrund der von Northwest vorgelegten positiven Ergebnisse veröffentlichte die FAA im Oktober 1977 eine zusätzliche Ausnahmeregelung, die auch anderen Luftverkehrsgesellschaften auf freiwilliger Basis die Anwendung von LOFT ermöglichte. Im Mai 1978 wurde schließlich das »Advisory Circular AC 120-35« herausgegeben und die FAR 121 ergänzt, so daß LOFT von jeder Gesellschaft im periodischen Ausbildungsprogramm angewendet werden durfte.

Wesentliche Merkmale von LOFT

In der NASA-Arbeitsgruppensitzung legte Kapitän H. T. Nunn, Leiter der Flugausbildung von Northwest Orient Airlines, diese Methode wie folgt dar:

LOFT ist ein Flugausbildungsprogramm für alle Umfeldbedingungen des Linienbetriebs unter Einbeziehung der kompletten Cockpitbesatzung, mit allen im Einsatz vorkommenden Zwischenfällen; hinsichtlich des optimalen Einsatzes der vorhandenen Mittel bedeutet dies einen gewaltigen Schritt nach vorne.

Kapitän A. A. Frink, Vizepräsident der Flugausbildung bei Pan American World Airways, sagte folgendes:

... flugbetriebs- und streckenorientierte Flugausbildung hat im Prinzip eine lange bestehende Forderung bei der Verkehrspilotenschulung erfüllt, und zwar jene zum Erlernen von Führungsqualität und der Fähigkeit, mit Hilfe von Managementmethoden Notsituationen und verkehrstypische Probleme zu bewältigen.

In der NASA-Arbeitsgruppensitzung wurden die für LOFT charakteristischen Merkmale wie folgt herausgearbeitet:

1. LOFT ist die Anwendung der Simulation des Luftverkehrsbetriebes im Rahmen der Pilotenausbildungsprogramme. LOFT ist eine Kombination von wirklichkeitsgetreuer Flugzeugsimulation und wirklichkeitsnaher Flugbetriebssimulation des Linienflugverkehrs.
2. LOFT bezieht die kompletten Cockpitmannschaften mit ein: Jedes Crewmitglied handelt sowohl als Individuum als auch als Teil eines Teams, wie während des tatsächlichen Linienbetriebs.
3. LOFT simuliert Zwischenfälle im Einsatz und läßt sie in Echtzeit ablaufen. In ähnlicher Weise treffen die Abfolgen von Entscheidungen und Handlungen der Crew während eines LOFT-Szenario auf Flüge in der Realität zu.
4. LOFT-Schulung heißt Fallstudien vornehmen. Für einige Probleme gibt es nicht nur einzig und allein annehmbare Lösungen; diese zu bewerten, ist eine Sache des Urteilsvermögens. LOFT bedeutet Schulung des Urteils- und Entscheidungsvermögens.
5. LOFT erfordert die wirksame Anwendung und das Zusammenspiel aller vorhandenen Hilfsmittel: »Hardware« (technische Voraussetzung), »Software« (Programmnutzung) und »Lifeware« (menschliche Fähigkeiten), also auch die menschlichen Hilfsquellen. Ein LOFT-Szenario erfordert das Üben der Befähigung zum Einsatz aller vorhandenen Mittel.

6. LOFT ist eine Übungs- und Lernerfahrung unter Einschluß möglicher Fehler und nicht ein Prüfungsprogramm, in dem Fehler nicht geduldet werden. Absicht von LOFT ist nicht, Fehler hervorzurufen, sondern der Einsatz der im Cockpit vorhandenen Mittel trägt teilweise zum Erzeugen und Bewältigen der Fehler des Menschen bei.

Es gehört zum optimalen Einsatz der Mittel, zu erkennen, daß unter gewissen Bedingungen, wie in Perioden hoher Arbeitsbelastung, der Mensch leicht Fehler macht; also müssen Schritte unternommen werden, die Fehlerwahrscheinlichkeit zu verringern. Es ist jedoch auch notwendig, einen Fehler – wenn er entstanden ist – mit höchster Wahrscheinlichkeit erkennen und korrigieren zu können, um damit nachteilige Auswirkungen auf die sichere Durchführung des Vorhabens möglichst gering zu halten. Genauso wie es notwendig ist, Landungen zu üben und sich mit der Flugzeughandhabung in Übung zu halten, so muß auch die Fähigkeit zum Bewältigen menschlicher Fehlreaktionen geübt werden; für das erstere benötigt man einen Simulator oder ein Flugzeug, für das letztere Fehlerereignisse oder fehlerträchtige Situationen.

Bei allen offensichtlichen Vorteilen von LOFT gibt es auch Grenzen:

a) LOFT wird nicht alle Ausbildungsprobleme lösen.

b) LOFT ist Training des Einsatzes der Mittel im Cockpit, aber kein Geschicklichkeitstraining. Handwerkliche Fähigkeiten sind hingegen eine unverzichtbare Voraussetzung.

c) LOFT wird nur dann erfolgreich sein, wenn es Teil eines Computerprogramms für Ausbildung und Inübunghaltung der Cockpitbesatzungen ist, das die Einhaltung der Normen hinsichtlich der Grundkenntnisse und Fähigkeiten sicherstellt.

Der tatsächliche Erfolg von LOFT-Programmen wird von den »Drehbüchern« abhängen, die auf die Verwendung durch die Besatzungen zugeschnitten sind. Eine Luftverkehrsgesellschaft, welche die Anwendung dieser Technik ins Auge faßt, wäre gut beraten, in der ausgezeichneten Veröffentlichung der NASA-Konferenz nachzulesen, um

Richtlinien für eine Programmentwicklung zu erhalten, die für die Ausbildung und Inübunghaltung von Besatzungen vorteilhaft ist. Die Techniken, die heute sowohl im »Line-Oriented-Flight Training (LOFT)« als auch bei »Line-Operations Simulation (LOS)« angewandt werden, nähern sich dem Tage, an dem die totale Simulation erreicht sein und echte Flugzeit nur noch im kommerziellen Betrieb zum Erzielen von Gewinnen erbracht werden wird.

DIE ROLLE DER FLUGAUSBILDUNG

Die Rolle der formalen Ausbildung zur Vorbereitung von fliegenden Besatzungen wird durch Bildungseinrichtungen wie den Guggenheim Fonds, die Flugsicherheitsstiftung und die Embry-Riddle Aeronautical University usw. versinnbildlicht.

Es gibt eindeutig einen internationalen Trend, mehr Gebrauch von formaler Ausbildung im allgemeinen und von Hochschul- und technischen Instituten im besonderen zu machen, um gut ausgebildetes und geschultes fliegendes Personal zu erhalten.

In der Sowjetunion beispielsweise unterhält das Ministerium für Zivilluftfahrt sechsundzwanzig höhere Ausbildungseinrichtungen für die Schulung von Personal der Aeroflot, der sowjetischen Luftverkehrsgesellschaft. Diese Institute bilden Piloten aus, Wartungstechniker und Ingenieure, Elektronikspezialisten, Luftverkehrslotsen, Manager, Verwaltungs- und Bodendienstpersonal. Kurz, das gesamte Aeroflotpersonal für den Zivilluftverkehr wird heute in höheren Lehranstalten ausgebildet, die unter Aufsicht des Ministeriums für Weiterbildung stehen, jedoch vom Ministerium für Zivilluftfahrt finanziert sowie personell und technisch geführt werden. Die Bereitstellung von Ausbildungshilfsmitteln, Simulatoren, Lehrgeräten, Laborausrüstungen und von Lehr- und Ausbildungspersonal wurde ständig verbessert. Die Qualität der von Schülern und Lehrern betriebenen Forschung ist erstklassig. Für viele dieser Programme werden den Absolventen besondere akademische Würden verliehen. Kurz, die Sowjetunion stellt gewaltige Mittel zur Verfügung, um die bestmögliche Ausbildung und Schulung ihres Zivilluftfahrtpersonals zu erreichen. Der Autor besuchte viele der sowjetischen Ausbildungs- und Schulungsstätten und sieht in ihnen bedeutende Fortschritte und Neuerungen. Die internationale Zivilluftfahrt sollte daraus Nutzen ziehen können. Ein wichtiger Anfang wäre der Zugang zu Erkenntnissen aus Flugunfallberichten der sowjetischen Zivilluftfahrt.

In den Vereinigten Staaten bieten mehr und mehr Hochschulen und Universitäten Programme an, die von der Pilotenausbildung bis zu Schulungen von Technikern, Ingenieuren und von Führungspersonal reicht. Im Jahre 1981 gab es immerhin beinahe 200 Hochschulen und Universitäten, die Luftfahrtlehrgänge oder -seminare – weiterführende oder mit Abschluß – anboten.

Es scheint, daß künftig mehr und mehr von Ausbildungsmitteln von höherem Niveau für die Luftverkehrsausbildung und Schulung des fliegenden Personals Gebrauch gemacht wird.

Die Rolle der Allgemeinen Luftfahrt

In den Vereinigten Staaten spielt die Allgemeine Luftfahrt auch weiterhin eine Hauptrolle in der Gesamtfliegerei und bei der Versorgung der Luftverkehrslinien mit qualifiziertem Personal. Unter dem Gesichtspunkt der Flugsicherheit ist darüber hinaus festzustellen, daß die Allgemeine Luftfahrt beträchtlich sowohl zur Gesamtzahl der Flugzeuge als auch zu den Unfällen beiträgt. Zieht man das letzte Jahr heran, für das die Unfalldaten des gesamten Transportverkehrs der Vereinigten Staaten vorliegen, so bekommt man leicht einen Begriff davon, wo die Zivilluftfahrt steht. (Siehe Abb. 2.4)

Zum besseren Verständnis des amerikanischen Luftverkehrssystems insgesamt mögen folgende Zahlen der einzelnen Flugzeugkategorien dienen (Zahlen aus 1981):

Verkehrsflugzeuge	3 805	(einschließlich Zubringer- und Lufttaxiflugzeuge)
Militärflugzeuge	19 402	
Allgemeine Luftfahrt	255 735	(einschließlich 40 000 zeitweise stillgelegter Flugzeuge)

Betrachtet man die verschiedenen Arten der betriebenen Flugzeuge und die unterschiedlichen Qualifikationen des Personals, kann man leicht die Anforderungen an die Ausbildung und Schulung ermessen.

Für die Allgemeine Luftfahrt gibt es viele bewährte Pilotenseminare und Wiederauffrischungskurse, die von der »Federal Aviation Administration« (FAA), von dem Flugzeughalter- und Pilotenverband (AOPA) und von der Civil Air Patrol (CAP) gefördert werden.

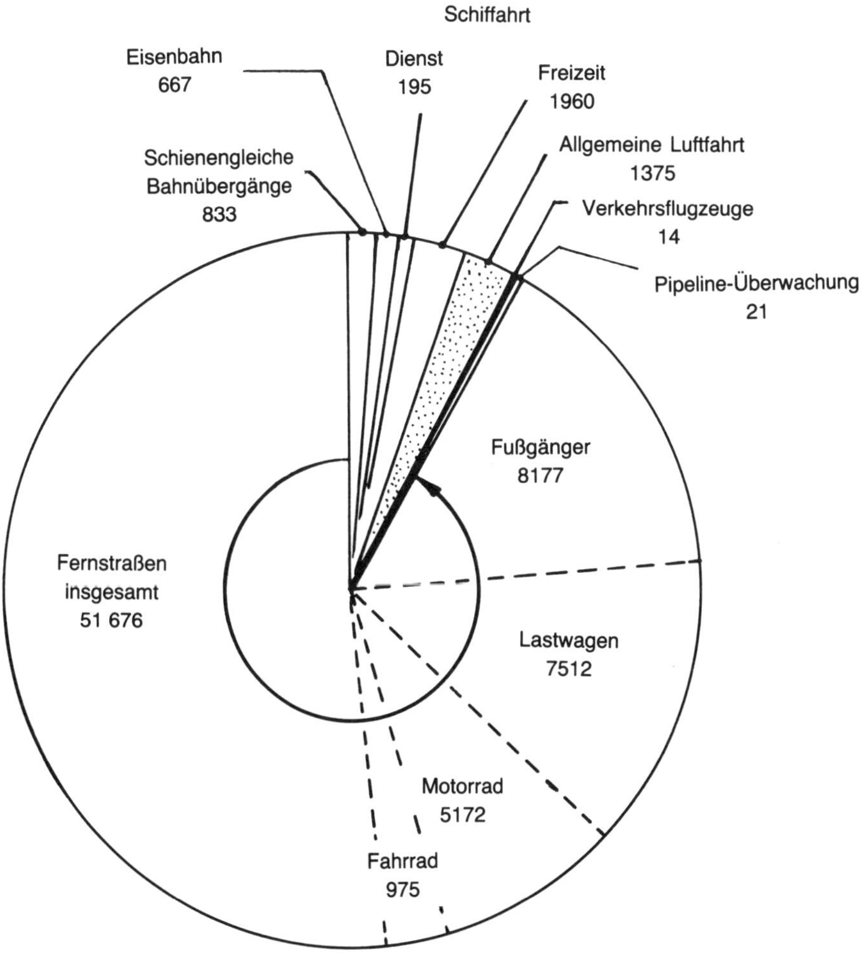

Abb. 2.4 Amerikanische Verkehrsopfer des Jahres 1980
(Quelle: National Transportation Safety Board, Wash. D. C.)

Seit Beginn des Flugunfallverhütungsprogramms der FAA nahmen etwa eine Million Piloten der Allgemeinen Luftfahrt an Wiederauffrischungskursen teil. Der Herstellerverband der Allgemeinen Luftfahrt berichtet, daß in den vergangenen Jahren 18 000 Piloten das von der FAA unterstützte Sicherheitsprogramm absolviert haben, das bestimmte Unterrichtsstunden und drei Stunden Flug- und/oder Simulatorzeit umfaßt, wobei fliegerische Grundmanöver, die Überlandbefähigung sowie Lande- und Startverfahren besonders geübt wurden. Keiner dieser 18 000 Absolventen des Programmes erlitt bisher einen tödlichen Flugunfall.

Die »AOPA-Air Safety Foundation« führte besondere Wiederauffrischungskurse für Hunderttausende von Piloten und Fluglehrern durch. Diese Kurse waren gut besucht, und ihre Teilnehmer kehren oft zu weiteren Kursen zurück, da sie sich als vorteilhaft erwiesen haben. Alle zuvor genannten Programme sind freiwillige Kurse, die gut besucht werden und offensichtlich zur Flugsicherheit beitragen.

Die Rolle des Flug- und Theorielehrers

Künftige Fortschritte der Flugsicherheit hängen durchaus direkt mit der Qualität der Theorie- und Flugunterrichte zusammen. Dies ist einer der Gründe für die Bedeutung der Flugsimulation.

Aus der Sicht des Autors ist eines der von Forschung und Untersuchung vernachlässigten Gebiete die Rolle des Lehrers in der Unfallverhütung und als beitragender Ursachefaktor bei Flugunfällen. Der Grund für diese Ansicht beruht auf einer feststehenden, aber zu selten berücksichtigten psychologischen Gesetzmäßigkeit, die im Grunde besagt: In einer Notsituation wird sich die Reaktion eines Menschen so weit wie möglich einer früheren, ähnlichen Reaktion nähern. Wenn die früher erworbene Erfahrung jedoch falsch ist hinsichtlich der Reaktion in einer späteren Notlage, sind die Ergebnisse oft katastrophal. Viele Piloten einmotoriger Flugzeuge erleben Schwierigkeiten beim unerwarteten Übergang von Sicht- (VFR) auf Blindflugbedingungen (IFR) und vermögen das Flugzeug nicht nach Instrumenten zu steuern, wenn visuelle Bezugspunkte außerhalb des Flugzeugs fehlen. Unfalluntersucher sind der Ansicht, daß viele Unfälle in Verbindung mit Strömungsabrissen und Trudeln im Wetter darin ihre Ursache haben.

In den Vereinigten Staaten gibt es innerhalb der Berufs- und Sicherheitsorganisationen und der FAA zunehmend Diskussionen über die Notwendigkeit, die Flug- und Theorielehrer mit mehr Nachdruck in die Grundsätze des Lernens und Lehrens einzuweisen. Dieser Trend scheint auch in anderen Ländern auf Interesse zu stoßen.

Der Gedanke, auf seiten der Lehrer eine bessere Berufseinstellung zu erreichen und danach Wege zu finden, diese Einstellung auf die Schüler zu übertragen, scheint entscheidend für weiteren Erfolg in der Unfallverhütung zu sein. Dennoch gibt es einige bisher unerschlossene Quellen und Techniken, die beitragen können, die Fähigkeit der Lehrer zur Wissensvermittlung zu erhöhen und damit bessere und sicherere Piloten zu erhalten. Der Hauptzugang zu diesem Potential liegt in einem verhältnismäßig neuen Gebiet der Psychiatrie, der sogenannten Transaktionsanalyse, kurz TA genannt.

Die mögliche Rolle der Transaktionsanalyse im Rahmen der Flugunfallverhütung

Jeder, der fliegen gelernt hat, kann aus eigener Erfahrung mindestens einen Lehrer nennen, der für ein »schlechtes« Verhalten bekannt war. In gleicher Weise wird jede Diskussion unter Fluglehrern über Befähigungen von Flugschülern unweigerlich Bezeichnungen wie »schwach«, »unbefriedigend« oder »schlecht« hervorlocken. Dieses scheinbare Dilemma kann jedoch gelöst werden.

Der Autor glaubt, daß das Gebiet der Transaktionsanalyse (TA) große Möglichkeiten für eine Verbesserung der Kommunikation in der Luftfahrt bietet, was der Flugsicherheit und einer wirksameren Ausbildung zugute käme. Der verstorbene Arzt und Psychiater Eric Berne beschrieb im Jahre 1961 erstmalig seine Methode in dem Buch »Transaktionsanalyse in der Psychotherapie« und 1964 noch detaillierter seine Theorie in einem Buch mit dem Titel »Spiele der Erwachsenen – Die Psychologie der menschlichen Beziehungen«.

Berne beschreibt drei wichtige Ich-Zustände, die sich bei allen Erwachsenen zeigen:

a) Solche, die dem elterlichen Charakter gleichen.

b) Solche, die in Beziehung stehen zu »objektiver Bewertung der Wirklichkeit«.

c) Solche, die tatsächlich »archaische Überreste . . .« sind, deren Wurzeln ». . . in früher Kindheit liegen«.

Er bezeichnet diese drei Zustände mit Eltern (EL), Erwachsene (ER) und Kind (K).

Berne sagt:

. . . jedes Individuum einer Gesellschaftsgruppe wird in bestimmten

Augenblicken einen Eltern-, Erwachsenen- oder Kind-Ich-Zustand an den Tag legen; Individuen können dabei mit unterschiedlichen Stufen der Bereitschaft von einem Zustand in einen anderen wechseln.

Seine Transaktionsanalyse beschreibend, sagt Berne folgendes:

Den Vorgang des sozialen Umgangs nennt man Transaktion. Wenn zwei oder mehrere Menschen sich in einer Gruppe begegnen, wird früher oder später einer von ihnen sprechen oder irgendeinen klaren Hinweis geben, daß er die Anwesenheit des anderen anerkennt. Dies nennt man den Transaktionsstimulus. Eine andere Person wird dann etwas sagen oder tun, das auf irgendeine Weise auf diesen Reiz eingeht, und das nennt man die Transaktions-Erwiderung. Einfache Transaktionsanalyse beschäftigt sich mit der Diagnose, welcher Ich-Zustand den Transaktionsreiz bewirkte und welcher die Erwiderung. Die einfachsten Transaktionen sind solche, wo sowohl der Reiz als auch die Erwiderung von dem Erwachsenen-Zustand der Beteiligten kommen. Der Chirurg, der aufgrund des Befundes glaubt, daß nun das Skalpell das richtige Instrument ist, streckt seine Hand aus. Der Reagierende deutet diese Bewegung richtig, schätzt die nötige Kraft und Entfernung ab und legt den Griff des Skalpells genau dahin, wo ihn der Chirurg erwartet. Als nächstes kommen Kind-Eltern-Transaktionen. Das fiebrige Kind bittet um ein Glas Wasser, und die sorgende Mutter bringt es.

Die Arten der oben beschriebenen Transaktionen ergänzen und verhalten sich, wie man es bei normalen, intakten menschlichen Beziehungen erwarten würde. Daher, so führt Berne aus, »ist die erste Regel, daß Kommunikation solange reibungslos verläuft, wie sich die Transaktionen ergänzen«. Kommunikation wird natürlich dann unterbrochen, wenn Transaktionen als schädlich oder entwürdigend erkannt werden.

An dieser Stelle muß darauf eingewiesen werden, daß Transaktionsanalyse eine Form von psychiatrischer Therapie und Analyse ist und deshalb nicht direkt übertragbar auf das Flugwesen ist. Vielmehr ist der Autor der Meinung, daß Fluglehrer für die Schüler oft den Platz eines Vorbilds einnehmen, und wenn das Lehrerverhalten nicht positiv ist, können sich die Ergebnisse – oft noch lange Zeit später – für den Schüler als nachteilig erweisen. Kurz, es wird für notwendig gehalten, überwachte Versuche und Nachweise unter Lehr- und Lernbedingungen vorzusehen, um die Hypothese zu prüfen, ob Kommunikationsverfahren sehr wohl eine hintergründige Unfallursache sein könnten, die bisher unerkannt geblieben ist.

Das Gebiet der Transaktionsanalyse ist hinsichtlich des Forschens und Experimentierens auf dem Schulungssektor der Luftfahrt vielversprechend. Es kann durchaus sein, daß die Forschung auf diesem Gebiet uns einmal in die Lage versetzen wird, eine sich entwickelnde rechnergestützte Ausbildung mit wirklichkeitsgetreuen Simulatoren zu verbinden, um so mit verstärkten Anstrengungen eine Null-Fehlerrate in der Unfallverhütung zu erreichen.

KAPITEL 3

Einsichts- und Urteilsvermögen des Piloten: Schulung und Erfolgskontrolle

R. S. Jensen

Eine Analyse von Flugunfallstatistiken deckt auf, daß über fünfzig Prozent aller von Piloten verursachten Unfälle mit tödlichem Ausgang in der Zivilluftfahrt das Ergebnis von falscher Beurteilung der Lage sind. Obwohl die amerikanische Luftaufsichtsbehörde beispielsweise den Prüfern vorschreibt, das Urteilsvermögen des Piloten zu bewerten, gibt es keine Definition oder Anleitung, an denen das Urteilsvermögen gemessen werden kann. Obwohl die Statistiken das Urteilsvermögen des Piloten mit vielen tödlichen Flugunfällen in Zusammenhang bringen, gibt es fast keine Versuche, dieses Urteilsvermögen den Piloten überhaupt beizubringen. Es ist eine milde Übertreibung zu sagen, daß der vorsichtige Pilot, dem das Fliegerglück hold ist, im Laufe von vielen Jahren der fliegerischen Erfahrung ein gesundes Urteilsvermögen lernt und entwickelt.

Dieses Kapitel untersucht einen Teil der Literatur über die Entscheidungsforschung und versucht, zum einen eine Definition des Begriffes »Pilotenurteilsvermögen« zu erarbeiten und zum anderen Möglichkeiten aufzuzeigen, wie Urteilsvermögen in der Zivilluftfahrt gelehrt und bewertet werden kann.

EINFÜHRUNG

Von Piloten wurde immer schon erwartet, daß sie für die Aufgabe des Führens eines Flugzeugs über eine ansehnliche Portion Urteilsvermögen verfügen. In den letzten Jahren haben jedoch verstärkte Forderungen unserer Gesellschaft nach Sicherheit, Zuverlässigkeit, Wirtschaftlichkeit, Leistungsfähigkeit und Verringerung des Energieverbrauchs die Kompliziertheit des zivilen und militärischen Flugbetriebs erhöht, was die Forderung nach gutem Urteilsvermögen vergrößerte. Darüber hinaus haben zwar technologische Fortschritte dem Piloten viel von der Last der präzisen Flugzeugsteuerung genommen, jedoch die durch den Entscheidungsvorgang bedingte Belastung nicht besonders erleichtert. In vielen Fällen haben diese Fortschritte nur zu noch höheren Anforderungen an das Können, Wissen und Urteilsvermögen der Piloten geführt, für die wenige ausgebildet waren; hinzu kommt, daß die Ausbildungskosten für das Vorbereiten der Piloten auf die veränderten Systeme allmählich untragbar werden.

Wenn es sich lediglich darum handelte, fliegerische Geschicklichkeit beizubringen, wäre das Ausbilden von Piloten zu sicheren Teilnehmern unseres komplexen Luftfahrtsystems eine erheblich leichtere Aufgabe, als sie tatsächlich ist. Leider entsprechen die wirklichen Gegebenheiten nie genau den Bedingungen, die bei der Entstehung von fliegerischen Vorschriften, Verfahren und Leistungsbegrenzungen zugrundegelegt wurden, so daß die sichere Flugdurchführung zu einem erheblichen Teil auch vom Bewerten und Interpretieren der vorherrschenden Bedingungen durch den Piloten abhängt.

Die bei der Erstellung der Flugleistungsdaten für einen bestimmten Flugzeugtyp vorhandenen Bedingungen mögen zum Beispiel ideal sein – einschließlich glatter Flugzeugoberflächen, neuem Triebwerk, neuem Propeller, einem sauberen Luftfilter und einem Testpiloten der Herstellerfirma. In Wirklichkeit muß der Pilot die unter idealen Verhältnissen gewonnenen Handbuchdaten mit den jeweiligen tatsächlichen Gegebenheiten vergleichen. Diese Wirklichkeit kann Dinge einschließen wie verschmutzte Flugzeugaußenhaut, etwas abgenutzte Motoren, einige Schlagkerben am Propeller, leicht verschmutzter Luftfilter und einen nicht ganz perfekten Piloten. Dann muß er noch viele andere Einzelheiten berücksichtigen wie Gesamtgewicht, Schwerpunkt, Wind, Temperatur, Feuchtigkeit, Höhe usw., um diese wiederum mit den Daten des Handbuches zu vergleichen und so seine erwartete Flugleistung zu bestimmen. Schließlich muß er noch das augenblickliche und vorhergesagte Wetter, das Gelände und die erwartete Verkehrsdichte prüfen und alles mit einer Einschätzung seiner eigenen Fähigkeit vergleichen, bevor er zu dem Entschluß kommt, daß sein Flug sicher oder auch nicht verlaufen wird. Beispiele wie diese, welche Entscheidungen auch bei nur unvollständiger Information erfordern, kann man auf allen Gebieten der Fliegerei finden.

Darüber hinaus wird jede Entscheidung des Piloten durch physiologische, psychologische und gesellschaftliche Zwänge beeinflußt, die praktisch unmöglich auf der Stelle abgewogen und entschieden werden können. So wie beispielsweise Zuschauer einer Sportveranstaltung eine Regelwidrigkeit oder ein Foul je nach Standort und Anhängerschaft unterschiedlich sehen können, so kann auch ein Pilot beeinflußt sein, die Wettervorhersage oder seine eigenen Fähigkeiten unterschiedlich zu sehen, je nach Bedeutung oder Wichtigkeit, die er einem bestimmten Flug zumißt. Einige Piloten mögen empfindlich auf gesellschaftliche Zwänge reagieren, was sich in einer nicht ganz vernunftgemäßen Urteilsfähigkeit äußert. Vernunftwidrige Pilotenentscheidungen gingen so riskanten Manövern voraus wie das Unterfliegen von Brücken, auf befahrenen Autobahnen landen, Versuche auf einem Fußballfeld zu landen und Formationsfliegen mit anderen ahnungslosen Piloten. Mögliche Quellen für soziale Zwänge, die zu dieser Art zu handeln führen können, sind Imponiergehabe, Versagensangst, Tadel von Vorgesetzten, den Familienmitgliedern und vieles andere mehr.

Das Problem

Teilt man die Unfallstatistiken nach Verhaltensarten der Piloten ein, so wird die ernste Bedeutung des Problems für die Zivilluftfahrt klar. Die meisten Untersuchungen von Flugunfallstatistiken haben ergeben, daß 80–85% dem Konto »Fehler des Piloten« – im weitesten Sinn – und der Rest technischen Fehlfunktionen zugeordnet werden können. Um zu ergründen, wie es zu unfallverursachendem Fehlverhalten von Piloten kommt, ist es hilfreich, wenn man die verschiedenen Pilotentätigkeiten in ihre Bestandteile zerlegt. Eine dieser Einteilungen (Roscoe, 1980) unterscheidet drei Kategorien dieser Tätigkeiten und Verhaltensmuster:

a) Verfahrensmäßige Tätigkeiten – Handhabung der Triebwerke, Kraftstoffsysteme, Bedienung von Auftriebshilfen und Fahrwerk, von Autopiloten und Navigationsgeräten, Überwachung von Anzeigegeräten und Durchführung des Funksprechverkehrs.

b) Wahrnehmungsabhängige Bewegungstätigkeiten – einschließlich Flugzeugsteuerung, Beurteilung von Entfernungen, Geschwindigkeit, Höhe und Abstand, Gefahrenerkennung und geographische Orientierung.

c) Entscheidungstätigkeiten – einschließlich der Selbsteinschätzung von Können, Wissen, physischen und psychischen Fähigkeiten, Bewertung der Möglichkeiten von Flugzeug- und Bodensystemen, Gefahreneinschätzung, Navigationsplanung und Vorrangeinstufungen während des Fluges.

Um von jeder einzelnen dieser Tätigkeiten die relative Wertigkeit für Unfälle in der Zivilluftfahrt bestimmen zu können, hatte man Statistiken des »National Transportation Safety Board (NTSB)«, und zwar das »Automatisierte Flugunfall- und Zwischenfallinformationssystem«, der Jahre 1970 bis 1974 in die oben genannten drei Verhaltenskategorien eingeteilt.

Dann wurde die Gesamtzahl der tödlichen und nicht-tödlichen Unfälle in diesen fünf Jahren nach den drei Kategorien unterteilt. Die Ergebnisse dieser Analysen werden in Tafel 3.1 gezeigt.

Eine Auswertung dieser Daten liefert wertvolle Hinweise auf mögliche Schwächen in gegenwärtigen Ausbildungsprogrammen der Zivilluftfahrt. Beispielsweise war die Mehrzahl der nicht-tödlichen, von Piloten verursachten Unfälle (56,3%) das Ergebnis von fehlerhaftem wahrnehmungsbezogenem Bewegungsverhalten. Die bedeutendsten Faktoren sind hier »Versagen beim Einhalten der Mindestfluggeschwindigkeit« und »falsche Beurteilung von Entfernung, Geschwindigkeit, Höhe oder Abstand« und kennzeichnen eine Art des Urteilsvermögen von Piloten. Andererseits war die Mehrzahl der tödlichen, von Piloten verursachten Unfälle (51,6%) das Ergebnis von fehlerhaftem Entscheidungsverhalten, einer weiteren Art von Pilotenurteilsvermögen. Die bedeutendsten Faktoren auf diesem Gebiet waren das altbekannte »bewußtes Weiterfliegen nach Sicht (VFR) in Schlechtwettergebiete« und »unzureichende Flugplanung oder -vorbereitung«.

Tafel 3.1 **Anzahl und Prozentanteil der Unfälle in der Allgemeinen Luftfahrt der USA zwischen 1970 und 1974, bei denen der Pilot als ein Ursachefaktor aufgeführt wird.**

	Tödlich		Ohne Todesfälle	
	Anz.	%	Anz.	%
Verfahrensfehler	264	4,6	2 230	8,6
Wahrnehmungsfehler	2 496	43,8	14 561	56,3
Entscheidungsfehler	2 940	51,6	9 087	35,1

Aus diesen Unfallstatistiken ergibt sich, daß beide Aspekte von Reaktions- und Entscheidungsprozessen für die sichere Flugdurchführung wichtig sind und möglicherweise unter der Vernachlässigung im gegenwärtigen Ausbildungs- und Prüfungsverfahren leiden. Weil es jedoch zu größeren Mißverständnissen darüber in Luftfahrerkreisen kommt, ist das Pilotenurteilsvermögen, wie es durch die allgemeinen Entscheidungsaktivitäten dargestellt wird, das besondere Thema dieses Beitrages hier. Obwohl auf diesem Gebiet des Urteilvermögens in den letzten Jahren bedeutende Forschungen getrieben worden sind, hat noch niemand dieses Problem im Hinblick auf die Piloten, Fluglehrer und Pilotenprüfer gezielt untersucht.

Drei größere Problemkreise scheinen der Lösung zu bedürfen, bevor bedeutende Verbesserungen in der Pilotenausbildung und -bewertung auf diesem Gebiet verwirklicht werden können. Zuerst gilt es eine allgemeingültige Definition des Begriffs »Beurteilungsvermögen« zu schaffen, die auf das Fliegen anwendbar ist. Obwohl der Begriff immer wieder in Luftfahrerkreisen gebraucht wird und FAA-Prüfer ihre Kandidaten auf dem Gebiet des Urteilsvermögens bewerten müssen, gibt es keine solche Definition.

Das zweite größere Problem ist die Entscheidung, ob das Pilotenurteilsvermögen anerzogen werden kann oder nicht, und wenn ja, wie man es am besten lehrt. Weil einige Aspekte des Pilotenurteilsvermögens sehr eng mit Persönlichkeitsmerkmalen verbunden sind, können diese nur schwer verändert werden. Es kann notwendig werden, Test- und Auswahlverfahren anzuwenden, um von diesen Standpunkten aus die Flugsicherheit und Wirksamkeit zu verbessern. Andere Aspekte des Pilotenurteilvermögens lassen sich leichter durch systematische Ausbildungsverfahren verändern.

Als drittes Hauptproblem ist zu klären, ob das Pilotenurteilsvermögen zuverlässig, aussagefähig und objektiv bewertet werden kann oder nicht. Weil Urteilsvermögen vor allem ein geistiger Prozeß ist, kann es schwierig werden, es auf zuverlässige Weise zu bewerten. Andererseits wurden Verhaltensabläufe häufig dazu benutzt, um geistige Aktivität nachzuweisen. Obwohl Persönlichkeitstests sich als einigermaßen unzuverlässig erwiesen haben, können Forschungsergebnisse aus der Anwendung dieser Mittel bei der Entwicklung von Geräten und Verfahren für das Bewerten und Voraussagen von Urteils- und Entscheidungsverhalten durchaus nützlich sein.

Definition des Einsichts- und Urteilsvermögens

Wie bereits erwähnt, ist das Wort »Urteilsvermögen« gewählt worden, um zwei unterschiedliche gedankliche Prozesse im Flugwesen zu beschreiben. Seine vielleicht gebräuchlichste Verwendung war es, die Gedankengänge zu beschreiben, die auf der Wahrnehmungs- und Bewegungsebene ablaufen. Die zweite beschreibt die gedanklichen Vorgänge beim Auswählen einer Handlungsweise unter mehreren Alternativen. Offensichtlich ist die zweite Verwendung des Begriffs der ersten darin ähnlich, daß es bei beiden um das Auswählen, das sogenannte Wahlverhalten, geht. Es gibt jedoch einen grundsätzlichen Unterschied.

Der erste gedankliche Prozeß bezieht sich auf in hohem Maße erlernte Wahrnehmungsreaktionen, die in sehr kurzer Zeit und in einigen Fällen fortlaufend erfolgen müssen. Der zweite bezieht sich auf kognitive Entscheidungen, für die man keine festen Verfahren und Muster entwickelt hat oder die in Vergessenheit geraten sind. Fluglehrer haben verschiedene Ausdrücke, um diese Art von Urteilsfähigkeit zu bezeichnen, wie »Kopfarbeit«, »Vorausdenken« und »dem Flugzeug stets gedanklich voraus sein«. Etwas allgemeiner ausgedrückt haben es die Piloten mit den Begriffen »Professionalität« oder »Umsicht und Übersicht wahren nach dem Motto: Alles im Griff«. Gewöhnlich steht zur Bewertung einer Situation mehr Zeit zur Verfügung, müssen mehrere Handlungsmöglichkeiten gegeneinander abgewogen werden, und es besteht eine größere Ungewißheit über die augenblickliche Situation und eventuelle Folgen als im Falle der reinen Wahrnehmungsbeurteilung. Aus diesen Gründen gab das kognitive Urteilsvermögen Anlaß für größere Mißverständnisse bei der Pilotenausbildung und ihrer Bewertung.

Diese zwei Aspekte des Urteilsvermögens können als die beiden Pole oder Säulen eines zusammenhängenden Funktionsablaufes gesehen werden, der auf der kognitiven Verflechtung und Entscheidungszeit basiert. Eine solche Darstellung gibt Abb. 3.1. Am einen Ende stehen die gewöhnlichen Wahrnehmungsbeurteilungen von Entfernung, Höhe, Geschwindigkeit und Abstand. Diese Wahrnehmungsbeurteilungen sind weniger komplex, weil sie weniger Teile (häufig nur eins) von ziemlich genauen Informationen beinhalten, wodurch Reaktionen mit gut Erlerntem ausgelöst werden. Sie können einfache Reaktionen, aber häufig auch unmittelbare Steuerbewegungen erforderlich machen.

Am anderen Ende der Skala befinden sich die kognitiven Beurteilungen. Wie schon bemerkt, sind diese Beurteilungen komplexer Natur, weil sie gewöhnlich eine große Zahl entsprechender Informationsteile mit hohem Wahrscheinlichkeitswert enthalten, weil sie gewöhnlich die Unterscheidung und Auswahl von mehreren Alternativen erfordern und weil sie häufig von Gefühlen, Wertbegriffen und sozialen Zwängen beeinflußt werden. Darüber hinaus erlauben kognitive Beurteilungen meist etwas Überlegung, bevor eine Steuerreaktion notwendig wird.

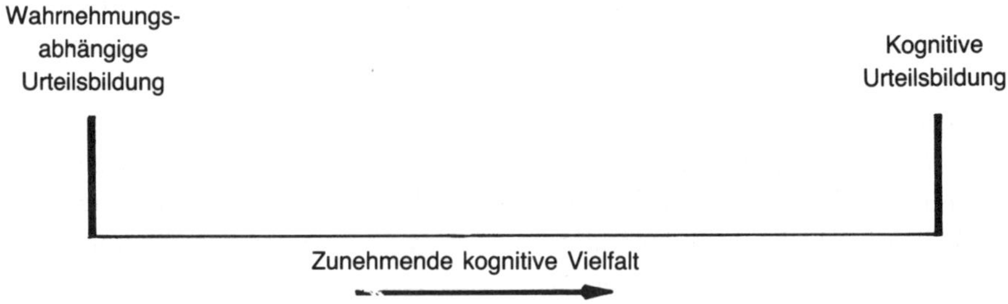

Abb. 3.1 Zusammenhänge des Beurteilungsvermögens des Piloten, basierend auf der kognitiven Vielfalt und dem Zeitfaktor.

Definition des Urteilsvermögens bei Flugzeugführeranwärtern

Unter Berücksichtigung dieser Faktoren lautet die Definition von kognitivem Urteilsvermögen bei Flugzeugführeranwärtern wie folgt:

a) Die Fähigkeit, hinsichtlich einer bestimmten vorgegebenen Situation nach jeder verfügbaren Information zu suchen und sie nach ihrer Bedeutung einzuordnen, alternative Handlungsweisen zu begründen und die erwarteten Folgen zu jeder Alternative vorauszubestimmen.

b) Die Motivation, eine geeignete Handlungsweise auszuwählen und konsequent durchzuführen, und zwar innerhalb des durch die Situation vorgegebenen Zeitrahmens, wobei »geeignet« heißt in Übereinstimmung mit den Normen der Fluggesellschaft, und »Aktion« bedeuten kann »keine Aktion«, »ein bißchen Aktion« oder »Aktion, um mehr Information zu erhalten«.

Der erste Teil der Definition bezieht sich auf intellektuelle oder unterscheidende Fähigkeiten. Er hängt von der menschlichen Befähigung ab, Informationen wahrzunehmen, zu speichern, wieder hervorzuholen und einzugliedern. Diese Funktion wird von Van Dam die »Unterscheidungsfähigkeit« bei Berufspiloten genannt. Dies entspricht der »Signalerkennbarkeit (d)« der »Signalerkennungstheorie«. Sie ist rein rational und könnte mathematisch bewiesen werden. Wenn es möglich wäre, diesen Teil des menschlichen Urteilsvermögens vom zweiten Teil zu trennen (was es nicht ist), könnten wir Probleme ganz wie ein Computer lösen. Das heißt nicht, daß unsere Entscheidungen damit fehlerfrei würden. Es wird eine probabilistische (wahrscheinliche) Information verwendet und ihre Ausführung hängt sowohl von der Menge, Art und Genauigkeit der gespeicherten Information als auch von angeborenen und erlernten Fähigkeiten ab, Informationen zu verarbeiten.

Der zweite Teil der Definition bezieht sich auf Motivationstendenzen. Der Schwerpunkt liegt in diesem Fall mehr auf dem Richtungsaspekt der Motivation als auf der Intensität. Sie besagt, daß ein Teil des menschlichen Urteilsvermögens auf Einflußfaktoren beruht (Kosten- und Nutzeneffekt) oder auf Tendenzen, für die Wahl der Handlungsweise weniger rationale Informationen (von der Gesellschaft definiert) zu verwenden. Die Gesellschaft würde wahrscheinlich die Verwendung von jeglicher Information, die nicht zur Beschreibung des Sicherheitsrisikos (z. B. Bequemlichkeit, finanzieller Gewinn, Gewinn an Selbstachtung, Abenteuersuche usw.) benötigt wird, als weniger vernunftgemäß betrachten. Dieser Teil des menschlichen Urteilsvermögens entspricht der Reaktionsvorliebe (B) in der »Signalerkennungstheorie«.

Dies hat Van Dam das »Reaktionsmuster« des Berufspiloten genannt. Bei richtiger Ausprägung würde dieser Teil des menschlichen Urteilsvermögens dazu neigen, die Information zu stoppen, die sich nicht direkt auf die Sicherheit des Fluges bezieht, und das Entscheidungsverhalten des Piloten auf rationale Prozesse lenken.

SCHULUNG DER EINSICHTS- UND URTEILSFÄHIGKEIT

Nach der Festschreibung der Definition ist eine der wichtigsten Fragen, ob die Urteilsfähigkeit des Piloten, wie definiert, durch Üben und Lernen verändert werden kann oder nicht. Das Fehlen von Ausbildungsrichtlinien über Urteilsfähigkeit in der Pilotenschulung und mangelnde Forschungsliteratur über dieses Thema läßt einen daran zweifeln, ob

Urteilsfähigkeit gelehrt und erlernt werden kann. Literatur wie das »Handbuch für Ausbilder« der FAA und Lehrpläne, die gewöhnlich in Fluglehrerkursen benutzt werden, enthalten umfangreiche Abschnitte über das Lehren von motorischer Geschicklichkeit beim Fliegen, aber sehr wenig darüber, wie man dem Piloten Urteilsvermögen und -fähigkeit beibringt. Der typische Privatpilotenkurs bietet eine Menge von Instruktionen über Verhaltensweisen auf den Gebieten des Vermeidens von Schlechtwetterzonen und der vom Triebwerk verursachten Luftnotlagen, aber keine systematische Ausbildung in der Entwicklung von Urteilsfähigkeit.

Es gibt jedoch in der Luftfahrt Hinweise darauf, daß zumindest eine Form der Ausbildung von Urteilsfähigkeit, nämlich das Festlegen von Verfahren für jede nur denkbare Notsituation, die entstehen könnte, erfolgreich sein kann. In der Militärluftfahrt nennt man sie die »fettgedruckten« Verfahren. Ähnliche Ausbildungsverfahren bei den Luftverkehrsgesellschaften waren sogar noch erfolgreicher als die der Militärs.

Schaut man sich außerhalb des Gebietes der Luftfahrt um, so findet man weitere Beweise, die aufzeigen, daß Urteilsvermögen gelernt werden kann. Obwohl die »Theorie der Signalerkennung (TSD)« nicht spezifisch entwickelt wurde, um sich mit den kognitiven Urteilen zu befassen, so können doch viele ihrer Methoden dazu dienen, das Pilotenverhalten bei Lagebeurteilungen zu erklären und vielleicht sogar zu verändern. TSD unterteilt das Entscheidungsverhalten eines Individuums in zwei Komponenten, die seine Empfindungsfähigkeit (d') und seine Reaktionsmerkmale oder Neigung (B) darstellen und ungefähr den zwei Aspekten unserer Definition des Urteilsvermögens entsprechen.

Die Empfindungsfähigkeit wird sowohl vom physikalischen Reizwert in der jeweiligen Situation (Signal gegen Hintergrundgeräusche) als auch von der Beschaffenheit der Sinnesorgane des Beobachters beeinflußt. Beim kognitiven Urteilsvermögen ist dies die intellektuelle Komponente. Sie bezieht sich sowohl auf die Gewichtigkeit der Gründe für eine bestimmte Alternative im Vergleich zu einer anderen als auch auf die Kenntnis und intellektuelle Fähigkeit eines Piloten, eine wirkungsvolle Taktik beim Sammeln und Verarbeiten dieser Gründe anzuwenden. Andererseits gilt in der Verteilung der »Störgeräusche« und Signale der Punkt als Kriterium für die Reaktion, an dem der Beobachter in der Lage ist, das »Signal« zu erkennen. Es handelt sich um die Menge an wichtiger Information, die in Gegenwart von unwichtiger oder störender Information benötigt wird, eine Entscheidung in die eine oder andere Richtung gehen zu lassen. Sie wird von der Motivation, von der Kenntnis über die Wahrscheinlichkeit des Ereignisses sowie von den Vor- und Nachteilen beeinflußt, die mit einer bestimmten Reaktion in Verbindung gebracht werden. Beim kognitiven Urteilsvermögen ist die Komponente der Motivation das Kriterium für die Reaktion.

Das Reaktionsmerkmal kann über einen weiten Bereich von Werten manipuliert werden, in dem Reizwahrscheinlichkeiten und Vor- und Nachteile angepaßt werden. Wir können aus der großen Menge psychophysischer Entscheidungsdaten folgern, daß kognitive Urteile in ähnlicher Weise verändert werden können. Entscheidungstendenzen wie persönliches Verhalten, Risikoneigungen, Überlegungen zur Passagiersicherheit und die Motivation des Piloten können von Fluglehrern entweder durch ihr Vorbild oder durch gezieltes Unterrichten auf allen Stufen der Pilotenausbildung vermittelt werden. Diese Neigungen und Tendenzen werden – vielleicht unbewußt – dadurch übertragen, daß der Lehrer die Aktionen des Schülers mit Reaktionswahrscheinlichkeiten (Handlungs-Ergebnis-Erwartungen) mit allen Vor- und Nachteilen belegt.

Obwohl die TSD besagt, daß die Komponente der Empfindungsfähigkeit einer Person recht stabil ist, zeigt doch ein – größer werdendes – wissenschaftliches Forschungsgebiet, daß die Empfindungsfähigkeit genauso verändert werden kann, wenn sie als intellektuelle Komponente des kognitiven Urteilsvermögens betrachtet wird.

Es sind zum Beispiel Versuche gemacht worden, um die vor sich gehenden gedanklichen Abläufe zu erkennen, wenn Sachverständige wie etwa Börsenmakler, Lebensversicherungsagenten und medizinische Diagnostiker ihre Entscheidungen fällen. Es besteht Grund zur Annahme, daß die von diesen Experten bei ihren Entscheidungen benutzten Denkmodelle dazu verwendet werden könnten, andere in der Anwendung ähnlicher Verfahren auszubilden, wenn diese Modelle verfügbar wären. Auf jedem der untersuchten Gebiete erfolgt die Ausbildung in der Fähigkeit zur Urteilsbildung üblicherweise während einer ziemlich langen Lehrzeit, indem der Auszubildende die Entscheidungsfindung bei einem Erfahrenen beobachten und durch dieses Beobachten lernen kann. In der Luftfahrt sind jedoch wegen der Vielfalt der für Entscheidungen benötigten Informationen Schulungsmethoden unzulänglich, die auf Beobachtung oder gar auf dem Prinzip »Versuche und Irrtum« beruhen. Forschungen über den Motivationsaspekt des kognitiven Urteilsvermögens weisen auch darauf hin, daß Training eine vorteilhafte Wirkung haben kann. Über die hauptsächlichen Bemühungen auf diesem Forschungsgebiet berichten Janis und Mann. Diese Autoren, die vom klinischen Standort aus sprechen, beginnen mit der Annahme, daß psychische Belastungen/Streß eine häufige Fehlerursache beim Entscheidungsprozeß sind. Sie sagen, daß Streß von mindestens zwei Quellen herrührt. Erstens ist der Entscheidende um die materiellen und gesellschaftlichen Verluste besorgt, die er je nach gewählter Handlungsweise erleiden könnte, was die Bürde, den früheren Lebensstandard eventuell nicht mehr halten zu können, einschließt. Zweitens erkennt er, daß sein Ruf und seine Selbstachtung als tüchtiger und zu Entscheidungen befähigter Mann auf dem Spiele stehen. Je gravierender die vorausgesehenen Verluste, desto größer die Belastung.

Janis und Mann haben ein Modell der »Konflikttheorie« für den Entscheidungsprozeß entwickelt, das davon ausgeht, daß die Art, wie wir eine schwierige Wahl treffen, durch das Vorhandensein oder Fehlen dreier Gegebenheiten bestimmt wird: »Bewußtsein über die eingeschlossenen Risiken«, »Hoffnung auf eine bessere Lösung« und »Verfügbare Zeit für den Entscheidungsprozeß«. Beide Verfasser haben einige klinische Verfahren zur Verbesserung des Entscheidungsvorganges entwickelt, welche Bezeichnungen tragen wie »Rationalisierungsbewußtsein«, »Emotionales Rollenspiel«, »Bilanzziehen« und »ergebnisorientiertes Psychodrama«. Sie berichten, daß diese Verfahren ihre Wirksamkeit in der Veränderung von Entscheidungstendenzen und des Verhaltens bewiesen haben.

Einige Lerngrundsätze

Wegen der in vielen Ausbildungsprogrammen üblicherweise falschen Anwendung einiger wohlbegründeter Lehrsätze ist eine Diskussion dieser Prinzipien, wie sie in der Pilotenausbildung zur Schulung des Urteilsvermögens benutzt werden sollen, angebracht. Der vielleicht bekannteste dieser Grundsätze ist die Vermutung, daß es der beste Weg zum Erlernen einer Tätigkeit ist, eben diese Tätigkeit zu üben. Diese Vermutung ist in einem Großteil der Literatur über Pädagogik enthalten und wird oft mit dem Schlagwort »Lernen durch Üben« gekennzeichnet. Gagne zeigt auf, daß es vielleicht auch eine Verallgemeinerung der Forschungen über die Konditionierung (bedingter Reflex) ist, wonach ein Lernvorgang, insbesondere bei Tierversuchen, anscheinend erst nach vorausgegangener Einübung von Reaktionen stattgefunden hat.

Gagne behauptet andererseits, daß das Üben für sich allein keine wirkungsvolle Schulungsmethode ist, und zwar nicht einmal für die Aneignung eines rein motorischen Könnens wie zum Beispiel das Artillerieschießen. Er sagt weiter, daß »Instruktionen über das korrekte Einstellen des Zielgerätes im Sinne von Leistungserhöhung wirksamer sind, als das Üben der Schießaufgabe selbst«. Wesentlich ist, daß in der Ausbildung der Schwerpunkt auf die entsprechenden Grundlagen und Verfahren (Denkprozesse) gelegt und das Üben darauf ausgerichtet werden sollte, aus diesen Grundsätzen Nutzen zu ziehen oder ihnen eine untergeordnete Rolle zuzuordnen. Wenn dies der richtige Schwerpunkt für das Vermitteln motorischen Könnens ist, so ist es für das Lehren der Urteilsfähigkeit, die noch tiefer in Denkprozessen verwurzelt ist, um so wichtiger.

Ein zweiter Lerngrundsatz, der unter Ausbildungssituationen häufig falsch angewendet wird, wird verschiedentlich mit Verstärkung, Rückkoppelung oder Lernen am Erfolg bezeichnet. Dieses Prinzip hat sich bei der Verhaltensauswahl (Wahlreaktionen) als höchst wirksam erwiesen. Gagne führt jedoch aus, daß einige Kunstgriffe, die während einer Übung die Rückkoppelung künstlich verbessern, keine eindeutig vorteilhaftere Übertragung auf das operationelle Umfeld zeigten, während andere, vielleicht wegen einer früher gelernten Abhängigkeit von künstlichen Hinweisen, einen negativen Transfer zeigten. Ganz offenbar spielt die Art der Rückkoppelung eine bedeutsame Rolle.

Jeder Flugschüler wird bestätigen, daß die gewöhnliche Rückkoppelungsinformation wie »Sie haben es richtig gemacht« oder »Sie haben es falsch gemacht« beinahe wertlos ist. Die Zeitspanne zwischen Versuch/Üben und Rückkoppelung kann zu lang sein, oft ist sie vollgestopft mit störender Information, und die Übungen selbst sind oft so komplex, daß der Schüler von einer solchen Äußerung seines Lehrers sehr wenig lernen dürfte. Tatsächlich muß der Schüler wissen, warum er etwas richtig oder falsch gemacht hat. Er muß wissen, welche Regeln er hätte befolgen sollen und wo er von diesen Regeln abgewichen war. Obwohl Üben und Richtig/Falsch-Arten der Rückkoppelung in einigen Trainingssituationen durchaus nützlich sein können, sollten sie weniger betont werden zugunsten dieser am Denkprozeß orientierten Lehrgrundsätze, und zwar in allen Zweigen der Pilotenschulung, besonders aber bei der Schulung der Urteilsfähigkeit.

Hilfsmittel zur Schulung von Einsichts- und Urteilsfähigkeit

Aufgrund der besonderen Natur des Lehrstoffes, der gelernt werden soll (also Berufseinstellung, Grundsätze und Motivation), muß die Hauptlast der Pilotenschulung auf dem Gebiet der Urteilsfähigkeit vom Fluglehrer getragen werden. Übungen und konventionelle Selbstlehrmethoden (z. B. Alleinflüge in einem Übungsgebiet) sind höchst unwirksame Methoden, um diese Begriffe den Piloten näherzubringen. Nachfolgend werden einige der vorgeschlagenen Hilfsmittel und Techniken zur Schulung der Urteilsfähigkeit, die bei der Pilotenausbildung in der Zivil- und Militärluftfahrt Anwendung finden könnten, besprochen.

Theoretische Ausbildung. Es gibt eine Reihe hervorragender Möglichkeiten, wie die Urteilsfähigkeit bei Piloten im üblichen Hörsaalbetrieb geschult werden könnte. Um der nötigen Gewichtung Nachdruck zu verleihen, wird angeregt, für die Schulung der Urteilsfähigkeit eine besondere Ausbildungsabteilung innerhalb der Theorieschulung zu bilden, die auf gleicher Ebene wie Meteorologie, Navigation und Allgemeine Flugvorschriften angesiedelt ist. Diese Abteilung könnte Unterrichte und/oder Diskussionen über Abläufe von Flugunfällen abhalten, in denen der Pilot die Ursache oder zumindest ein Unfallfaktor war; aufeinander abgestimmte Filme, Videobänder und Diapräsentationen könnten gezeigt werden, welche die Urteilsbildung der Schüler an kritischen Stellen eines Flugszenario herausfordern und sie zu selbständigem Studium der mit gutem Urteilsvermögen zusammenhängenden Grundsätze führen.

Zusätzlich sollte diese Theorieschulung Unterrichte über Informationsverknüpfung und subjektive Erfolgswahrscheinlichkeitsabschätzung aufnehmen. Das Urteilsverhalten von Sachverständigen ist durch »Klumpen« oder durch die Gruppierung von ganzen Bündeln von Reizmerkmalen und Reaktionsalternativen gekennzeichnet, was der Ökonomie des Denkprozesses dient. Im Theorieunterricht könnte Schülern gelehrt werden, diese Abläufe in ihrer Urteilsaktivität zu verwerten. Der Lehrer würde aufzeigen, wie verschiedene Arten probabilistischer (wahrscheinlicher) Information wie Wettervorhersagen, vorausgesagte Fehlerwahrscheinlichkeit von Flugzeugsystemen und von Flugsicherungsproblemen bei fliegerischen Entscheidungen miteinander verknüpft werden sollten.

Der Lehrer würde dem Schüler beibringen, wie man »vorausdenkt« oder Entscheidungen voraussieht, die als Ergebnis der augenblicklichen Aktionsauswahl eventuell später getroffen werden müssen. Eine solche Vorausschau erlaubt das Sammeln wichtiger Informationen zu Zeiten geringer Belastung, wo Fehler weniger häufig sind als zu einem späteren Zeitpunkt des Fluges, wenn die Reaktionszeit zur Entscheidung vielleicht zu einem fehlerverursachenden Faktor werden kann. Diese Abteilung in der Theorieschulung könnte auch eine Ausbildung in Entschlußfähigkeit vornehmen, indem die von Janis und Mann vorgeschlagenen Verfahren wie »Bilanzziehen« und »emotionales Rollenspiel« verwendet werden.

Rechnergestützte Instruktion. Eine Unterrichtstechnik, die in der Ausbildung und Bewertung des Urteilsvermögens von Piloten ungewöhnlich vielversprechend ist, heißt »Rechnergestützte Instruktion (CAI)«. Der große Vorteil von CAI-Systemen ist es, daß sie Lehrsätze vermitteln können und hernach dem Schüler erlauben, an Entscheidungsprozessen teilzunehmen, eine höchst wirkungsvolle Lernmethode. Der Nachteil dieser Systeme war in der Vergangenheit ihre eingeschränkte Verfügbarkeit und die hohen Kosten. Die Fortschritte der Technologie in neuerer Zeit haben jedoch erreicht, daß sie heute leichter und zu geringeren Kosten zu beschaffen sind. Obwohl CAI-Programme in mehreren Formen zur Verfügung stehen, weisen die Dialogsysteme, welche die Schüler-/Computer-Wechselbeziehung uneingeschänkt ohne vorbestimmte Reaktionsmöglichkeiten erlauben, die größten Anwendungsmöglichkeiten zur Erziehung zur Urteilsfähigkeit auf. Diese Systeme beruhen auf einer Reihe gespeicherter Algorithmen (methodischen Schritten folgenden Rechenvorgängen), die vom Computer benützt werden, um auf Fragen des Schülers eine Vielfalt von Antworten zu erzeugen. Darüber hinaus bleiben Reaktionen des Schülers nicht auf das genaue Kopieren der vorher eingegebenen und erwarteten Erwiderungen begrenzt. Das Programm erkennt die Vielfalt von Schülerreaktionen und ist in der Lage, entsprechend zu verfahren.

Obwohl Üben und Rückkoppeln häufig benutzte Konzepte in CAI-Programmen sind, könnten sie noch dadurch erweitert werden, daß die Grundsätze und Begründungen für das Verfolgen einer bestimmten Handlungsweise dargestellt werden. Im Rahmen der Schulung des Urteilsvermögens könnte der Schüler einer Flugsituation gegenübergestellt werden, die Urteilsvermögen verlangt. Er könnte dann aufgefordert werden zu reagieren, indem er jede seiner Alternativen und die sie beeinflussenden Faktoren aufführt. Er könnte sogar aufgefordert werden, die Erfolgswahrscheinlichkeit für jede Möglichkeit abzuschätzen.

Nachdem der Computer die (vorher eingegebenen) Daten der Flugerfahrung des Schülers und die Unfallstatistiken aus ähnlichen Vorkommnissen ausgewertet hat, würde er Kommentare über die Zweckmäßigkeit der Reaktionen des Schülers abgeben können, über Alternativen, die vielleicht übersehen wurden, und über Grundsätze, die bei der Entscheidung hätten befolgt werden müssen.

Das Programm könnte dann zu einer Aufgabe übergehen, deren Schwierigkeitsgrad so gestaltet würde, daß er dem Urteilsvermögen entspricht, das sich mit der Reaktion des Schülers bei der vorhergegangenen Aufgabe gezeigt hat.

Kompliziertheit, Wirklichkeitssinn und Zeitzwänge können in die Aufgabe der Urteilsfindung einbezogen werden, indem ein einfacher Steuerknüppel und ein Flugzeugsymbol in einer auf den Bildschirm projizierten Navigationskarte hinzugefügt werden. Der Zweck dieses Steuerknüppels wäre es, nicht etwa den Schüler in der Flugsteuerung zu üben, sondern ihm einen Eindruck über das Tempo der Annäherung zum Bestimmungsort und somit über die für eine Entscheidung zur Verfügung stehende Zeit zu verschaffen. CAI verfügt über viele Vorteile, die normalerweise von anderen Lernmitteln nicht erzielt werden. Der wichtigste Vorteil ist die individuelle Instruktion. Sie kann den besonderen Erfordernissen einer Person angepaßt werden und auf ihren augenblicklichen Befähigungsgrad eingehen.

Zweitens ist die Fähigkeit des CAI zu einer wertungsfreien Intensivschulung für Schüler von echtem Vorteil. Es ist unpersönlich und hat keine Hintergedanken, die mit denen des Schülers kollidieren könnten. Schüler wären nicht länger durch Lehrer benachteiligt, die Schwächen im Simulator überbewerten. Drittens erfordern CAI-Systeme nicht die Anwesenheit eines Lehrers, obwohl sie für gelegentliche Beratung vorteilhaft sein kann. Viertens erlauben sie die Standardisierung von Instruktionen über einen weiten Bereich. Ein zentraler Rechner könnte möglicherweise Computerstationen in jedem Pilotenausbildungszentrum der Vereinigten Staaten bei verhältnismäßig geringen Kosten versorgen. Fünftens könnten Daten, welche über Schülerreaktionen gesammelt wurden, entweder solange wie erforderlich gespeichert, zur Aktualisierung und Anpassung vorhandener Lehrprogramme genutzt oder zum Bewerten des individuellen Urteilsvermögens von Piloten verwendet werden.

Flugsimulation. In gewisser Weise ist das Training des Urteilsvermögens in einem Simulator beschwerlicher als in der Theorieschulung oder mit CAI, weil es – zumindest in der heutigen Praxis – davon abhängig ist, daß der Lehrer – hauptsächlich durch verbale Kommunikation – eine simulierte Flugsituation erzeugt. Dennoch verschafft das simulierte Flugumfeld eine zusätzliche Möglichkeit, Grundsätze der Entscheidungsfindung in einer – falls richtig angelegt – etwas wirklichkeitsnäheren Umgebung zu vermitteln, als sie Theorieschulung oder CAI bieten können.

Der wahrscheinlich beste Weg, Training des Urteilsvermögens im Simulator zu beginnen, ist die »Airline Methode«, also Verfahren zu lehren, die in jeder vom normalen Flug abweichenden Situation befolgt werden müssen. Dies schließt Bordsystemfehlererkennung ebenso ein wie das Bestimmen der Handlungsweise zum Korrigieren von Systemfehlern oder das Festlegen von Gegenmaßnahmen. Grundlagen hierfür sowie Korrekturverfahren würden nach dieser Methode gelehrt und geeignete Entscheidungsmaßnahmen entwickelt werden.

Die Simulatorausbildung könnte auch die Vorgabe von entscheidungsherausfordernden Situationen durch den Fluglehrer einschließen, die nicht Fehler von Bordsystemen zum Inhalt haben. Solche Situationen würden Entscheidungen verlangen, ob zum Beispiel ein Flug in sich verschlechterndem Wetter fortgesetzt wird oder nicht, Entscheidungen über die Landung auf einem anderen, nicht vertrauten Flugplatz auf Veranlassung eines Passagiers, Entscheidungen über Gewicht und Schwerpunkt unter Berücksichtigung von Landebedingungen, Luftdichtehöhe usw. In allen Fällen sollte der Lehrer den Schüler nach Ausweichmöglichkeiten und Alternativen fragen, über die er verfügt und welche er wählen würde. Diese Situationen könnten aus Unfallberichten des NTSB entwickelt werden und Teil des Ausbildungsmaterials für den Simulatorlehrer sein.

Das Flugzeug. Von allen verfügbaren Ausbildungsmedien ist wahrscheinlich das Flugzeug für direktes, systematisches Training des Urteilsvermögens am schwierigsten zu verwenden. Der Grund dafür ist, daß wegen der Sicherheit, Bequemlichkeit und Kosten die meisten Aufgaben abgebrochen werden müssen, bevor der Schüler die endgültigen Folgen seiner Entscheidungen sehen kann. Er muß häufig den Worten des Lehrers glauben, daß seine Entscheidung zu einer sicheren oder unsicheren Situation geführt hätte. Jedoch bietet das Flugzeug besondere Möglichkeiten für das Lehren von Entscheidungsvorgängen, denn das entsprechende Umfeld ist wirklichkeitsnäher, von nachhaltiger Wirkung, und es führt deshalb mit größerer Wahrscheinlichkeit zu einer bleibenden Verhaltensänderung des Schülers als andere Ausbildungsmedien.

Alles, was bisher über die Einstellung und Methodik der Lehrer im Zusammenhang mit der Schulung hinsichtlich der Entscheidungsfähigkeit gesagt wurde, verdient eher noch mehr Bedeutung, wenn tatsächlich auch geflogen wird. Wirksame Ausbildung des Beurteilungsvermögens im Flugzeug erfordert einen beständigen, disziplinierten Fluglehrer, der jederzeit die Vorschriften einhält, die auch vom Schüler erwartet werden, oder der eine gute Erklärung dafür hat, wenn er von ihnen abweicht. Es erfordert aber auch, daß der Lehrer den schon erwähnten Lerngrundsätzen folgt, daß Übung und Rückkoppelung also nur dann erfolgversprechend sind, wenn sie durch Anleitung und Erklärung ergänzt werden.

Entscheidungstraining im Flugzeug kann die Form von simulierten Situationen einnehmen, die vom Lehrer so gestaltet werden, daß Entscheidungsfähigkeit gefordert ist. Diese Maßnahmen können während des ganzen Flugausbildungsprogrammes eingestreut werden. Diese Ausbildung wird zu einem gewissen Grad bereits durchgeführt, indem simulierte Triebwerkausfälle, andere Systemfehler und alle Arten von Überziehmanövern geübt werden. Diese Übungen könnten so erweitert werden, daß viele der oben erwähnten hypothetischen Situationen einbezogen werden. Teile von solchen simulierten Situationen könnten zu einem Bestandteil eines jeden Übungsfluges werden.

Durch der Situation angepaßte Ausbildungsmaßnahmen vermögen Fluglehrer das Reaktionsverhalten ihrer Schüler zu verändern, indem sie ihnen beibringen, daß es nicht gesellschaftlich erniedrigend ist, einen Flug angesichts sich verschlechternder Bedingungen abzulehnen oder abzubrechen. Es ließe sich durchaus einrichten, daß sich solche Situationen mehrmals im Verlaufe des fliegerischen Ausbildungsprogramms ereignen. Es gibt bei vielen Piloten eine Neigung zu glauben, daß es notwendig ist, für sich selbst und seinen Beruf ein Bild der Verkörperung von Männlichkeit und Mannesmut abzugeben. Piloten haben oft ausgesagt, daß es beim erstenmal äußerst schwierig ist umzukehren. Folglich muß den Schülern beigebracht werden, wie man dem schlimmen gesellschaftlichen Druck entgeht, den eine Gruppe hochstehender Passagiere ausüben kann. Sie müssen lernen, wie man sich bei allen wichtigen Entscheidungen vor allzu unbedarften Passagieren, die vom

Fliegen nichts verstehen, abschirmt.

Schließlich ist die schwierigste Bewertung, die ein Pilot vorzunehmen hat, die Selbsteinschätzung seines eigenen Könnens, seines Wissens und seiner Urteilsfähigkeit im Hinblick auf einen beabsichtigten Flug. Obwohl noch Forschungsarbeiten notwendig sind, um Wege zu finden, die eigene Befähigung sicher zu beurteilen, können doch einige Richtlinien als Empfehlung aufgezeigt werden. Erstens sollte Piloten gelehrt werden, persönliche Grenzen in den Flugverfahren festzulegen, die auf der Einschätzung eigener Fähigkeiten beruhen. Zweitens sollten sie gelehrt werden, daß diese Grenzen bei allen Flügen einzuhalten sind, egal, wer die Passagiere sind oder wieviel sie für die riskantere Wahl zu zahlen bereit sind. Diese persönlichen Grenzen sollten in einem Augenblick der Vernunft fest eingeprägt werden, und die Entschlossenheit des Piloten sollte fest genug sein, dem sozialen Druck zu widerstehen, diese Grenzen vor oder während eines bestimmten Fluges zu überschreiten.

ERFOLGSKONTROLLE VON EINSICHTS- UND URTEILSFÄHIGKEIT

Der vielleicht schwierigste Teil bei jeder Untersuchung von Programmen für die Ausbildung der Urteilsfähigkeit ist die Bewertung der Leistungen des Schülers. Der Grund dafür ist, daß ein Großteil der zu bewertenden Leistung nicht direkt beobachtet werden kann, sondern von Beobachtungen anderer, in Beziehung stehender Verhaltensmerkmale abgeleitet werden muß. Aus Diskussionen mit Fluglehrern und Pilotenprüfpersonal geht eindeutig hervor, daß Urteilsfähigkeit heutzutage nicht wirkungsvoll bewertet wird.

Obwohl die von der FAA herausgegebenen Richtlinien für die Flugüberprüfung besonders erwähnen, daß Zivilpiloten bezüglich ihrer »Urteilsfähigkeiten« zu beurteilen sind, wird keine Definition des Begriffs Urteilsfähigkeit gegeben. Prüfer sind bei dieser Bewertung hauptsächlich vom Urteil der Fluglehrer abhängig, welche die Möglichkeit haben, die Entscheidungsfähigkeiten ihrer Schüler über ein breiteres Spektrum von unterschiedlichen Situationen zu überpüfen. Bei Interviews mit Fluglehrern fanden die Forscher Jensen und Benel jedoch nur einen, der zugab, daß ein Schüler allein wegen schlechten Urteilsvermögens durchfiel. Obwohl viele Lehrer angaben, daß sie schlechtes Urteilsvermögen feststellen konnten, fielen die Schüler dann wegen schwacher Leistungen auf anderen Gebieten durch, die wie etwa die Geschicklichkeit der Flugmanöverausführung klarer definiert waren.

Einige Gedanken zur Beurteilung des Urteilsvermögens stammen von Van Dam, der eine Flugschule leitet, die der Urteilsfähigkeit von Piloten große Bedeutung beimißt. Nach seiner Methode beginnt die Beurteilung mit psychologischen und Intelligenztests vor der Zulassung des Schülers zur Flugausbildung. Anfängliche Eindrücke aus diesen der Ausbildung vorangehenden Prüfungen werden durch andere subjektive Indikatoren der Urteilsfähigkeit ergänzt wie offensichtliche Anstrengung und aufmerksames Zuhören, Entspannungsvermögen, Aufmerksamkeitsteilung, Reaktionsverzögerung, Selbstvertrauen, Befähigung zur Problemlösung und Initiative. In der späteren Pilotenschulung wird die Entwicklung von Urteilsvermögen an Beurteilungsvermerken erkannt wie Lerneifer oder hohe Motivation, Lernfähigkeit, Anpassungsfähigkeit und Beweglichkeit, intuitives Einfühlungsvermögen im Denken und Entscheiden, eine Palette guter Auswahlfähigkeiten und Berücksichtigung von Spielräumen und Grenzsituationen.

Die Beurteilungserfordernisse für das Urteilsvermögen von Piloten sind sogar noch weiter gefaßt als diese. Die Öffentlichkeit erwartet von den Piloten, daß ihre Entscheidungen den Interessen der Passagiere und der Haltergesellschaft gerecht werden. Deshalb muß Urteilsfähigkeit auch in einem absoluten Sinn nach dieser schlecht definierten Skala bewertet werden. So gibt es drei Hauptgrößen, mit deren Hilfe Urteilsfähigkeit beurteilt werden kann und deren jede den Bewertenden vor eine außergewöhnliche Aufgabe stellt.

a) Die Feststellung des vorhandenen Urteilsvermögens und seiner Entwicklungsfähigkeit vor der Flugausbildung.

b) Die Bewertung der Ausbildungsergebnisse im Hinblick auf die Urteilsfähigkeit der Piloten.

c) Die Überprüfung, inwieweit das während der Schulung Erlernte später in das berufliche Umfeld des Piloten übertragen wurde.

Beurteilung vor Beginn der Schulung

Es ist sowohl vom Standpunkt der Sicherheit als auch von dem der Wirtschaftlichkeit aus wichtig, vor einer Flugausbildung diejenigen herauszufinden, die auf dem Gebiet der Urteilsfähigkeit Schwierigkeiten haben könnten. Wenn diese Personen erkannt werden, könnte man sie entweder von ihrer Flugschulungsabsicht abzubringen versuchen oder aber ihr Ausbildungsprogramm so abändern, daß diesem Mangel Rechnung getragen wird.

Leider ist die Erfolgsvorhersage solcher Beurteilungen auf der Basis heutiger psychologischer Tests nicht sehr gut. Psychologen und andere Fachleute haben zum Beispiel viele Versuche – mit geringem Erfolg – unternommen, die als »risikofreudig« bekannten Persönlichkeitsmerkmale herauszustellen und in eine Beziehung zur Unfallneigung zu bringen. Bei seinen Untersuchungen fand J. E. Shealy, daß der Vorhersagewert des Tests stark ansteigt, wenn man das Testgebiet auf bestimmte Situationen eingrenzt, wie zum Beispiel den Skiabfahrtslauf. Deshalb sollte man sich bei den Bemühungen, vor der Pilotenschulung hinsichtlich der Urteilsfähigkeit durchzuführende Vorhersagetests zu entwikkeln, vom begrenzten Aussagewert der allgemeinen Tests nicht entmudigen lassen. Statt dessen sollten Anstrengungen unternommen werden, einen luftfahrtspezifischen Test mit genügender Aussagekraft auf dem Gebiet der Urteilsfähigkeit zu entwickeln.

Beurteilungen der Urteilsfähigkeit von Pilotenanwärtern sind eine nützliche Ergänzung zum gesamten Ausbildungs- und Beurteilungsprozeß. Die Ergebnisse solcher Tests könnten von der Ausbildungsleitung dazu benutzt werden, ihre Programme anzupassen und die Ausbildung in jenen Bereichen zu verstärken, die sich in den Tests als mögliche Schwachstellen gezeigt haben. Fluglehrer könnten auf eventuelle Schwächen einzelner Schüler hingewiesen werden und ihre Ausbildung entsprechend anpassen. Tests, aus denen eine Neigung zum Risiko erkennbar wird, Tests, welche eine Neigung zu Unfällen aufzeigen, und situationsbezogene Tests sind in dieser Hinsicht möglicherweise sehr hilfreich.

Beurteilung während der Schulung

Der zweite wichtige Bewertungsmaßstab, mit dem die Urteilsfähigkeit des Piloten gemessen werden muß, ist das Ausmaß der Veränderung im Pilotenverhalten hinsichtlich der Urteilsfähigkeit als Folge der Schulung. Diese Veränderung ist ein Indikator für den Wert des Ausbildungsprogramms wie auch für den Fortschritt des jeweiligen Schülers.

Die Entwicklung klar definierter Beurteilungskriterien stellt auf dem

Wege zu wirkungsvoller Bewertung des Urteilsvermögens in jeder Phase der Pilotenausbildung das größte Problem dar. Um sicherzustellen, daß die Beurteilungsmaßstäbe entsprechend dem Fortschreiten der Ausbildung angepaßt werden, sollte die Erstellung dieser Kriterien auf vorher festgelegten Zielvorstellungen eines zu erwartenden Verhaltens gegründet sein. Zu den Beurteilungskriterien sollten gesicherte Aussagen über annehmbares Verhalten eines Piloten hinsichtlich der Urteilsfähigkeit zählen, und zwar für jeden Hauptabschnitt in der fliegerischen Ausbildung. Ähnliche Kriterien sollten für jedes wichtigere Flugmanöver entwickelt werden, das gelehrt wird. Sie könnten vom Fluglehrer nach jedem geübten Manöver, zusammen mit der Bewertung von Wissen und Können, als Maßstab angelegt werden.

In der Pilotenausbildung könnten für jede Stufe der Flugerfahrung gewisse Grade zu erreichender Urteilsfähigkeiten (Tüchtigkeitsstufen) konkret festgelegt werden. Der Lehrer oder Prüfer, der die Urteilsfähigkeit bewertet, hätte eine Bandbreite annehmbarer Leistungsmerkmale, ebenfalls konkret beschrieben, zur Verfügung. Das Bewerten der Urteilsfähigkeit des Piloten wäre eine Sache des Vergleichs der gezeigten Leistungen mit den Kriterien, die für sorgfältig strukturierte Situationen aufgestellt wurden.

Der kritische Punkt einer Bewertung des Urteilsvermögens im nationalen Bereich ist die Anwendung gleicher Kriterien sowohl durch jeden Beurteilenden als auch durch die Piloten selbst. Ein Weg, die Standardisierung dieser Bewertung sicherzustellen, ist, ein CAI-System landesweit einzusetzen und zu bestimmten Zeiten der Ausbildung eines jeden Schülers Tests abzunehmen. Ergebnisse solcher Tests könnten dazu dienen, die Ausbildung des jeweiligen Schülers entsprechend anzupassen oder das Ausbildungsprogramm als Ganzes zu ändern.

Bewertung der Übertragung des Erlernten in das Berufsumfeld

Die dritte und letzte Hauptgröße, mit der das Urteilsvermögen von Piloten bewertet werden muß, ist das Bestimmen der Größe desjenigen Ausbildungsanteils, der in die einsatzmäßige fliegerische Umgebung übertragen wird. Das heißt, daß Schüler mit einer Spezialausbildung auf dem Gebiet der Urteilsfähigkeit mit solchen, die keine derartige Ausbildung erhalten haben, verglichen werden, nachdem beide Gruppen in die einsatzmäßige fliegerische Umgebung versetzt wurden. Die Ergebnisse dieser Auswertung werden dazu verwendet, sowohl die Schülerauswahlkriterien (oder Vorauswahlprüfungen) anzupassen als auch Schwachstellen im Ausbildungsprogramm festzustellen.

Die Kriterien für diese Auswertungen sind im Grunde die gleichen, wie sie bei Ausbildungsbeurteilungen angewendet werden, jedoch mit der Ausnahme, daß sie viel stärker durch gesellschaftliche Zwänge und Anforderungen beeinflußt werden. Als Maß für die in die Praxis übertragene Schulung des Urteilsvermögens können die Anzahl der durch falsche Beurteilung des Piloten verursachten Unfälle oder Zwischenfälle gelten, welche für die betreffenden Gruppen gemeldet werden.

Erfolgskontrolle des Einsichts- und Urteilsvermögens von berufstätigen Piloten

Die Definition von Pilotenurteilsvermögen stützt sich auf zwei Teilbereiche: Unterscheidungsfähigkeit und Neigung zu Wahlreaktionen. Beide Bestandteile müssen bewertet werden; um sie in der Praxis in jeder beliebigen Ausbildungs- oder Prüfsituation anzuwenden, kann sich der Beurteilende vielleicht folgende Fragen stellen:

a) Zur Beurteilung der Unterscheidungsfähigkeit: Hat der zu Prüfende alle ihm zur Verfügung stehenden Alternativen beachtet? Hat er jede einschlägige Information berücksichtigt und jede Einzelheit entsprechend gewichtet? Hat er sachdienliche Informationen richtig eingeordnet, bevor er seine Wahl traf?

b) Bezüglich der Neigung zu Wahlreaktionen: Neigte der Schüler dazu, andere Faktoren als die Sicherheit (wie etwa Selbstachtung, Risikobereitschaft oder sozialen Zwang) bei der Auswahl seiner Reaktionen zu berücksichtigen? Neigte er stark dazu, weniger wichtige Faktoren wie finanziellen Gewinn oder Bequemlichkeit in Situationen zu verwenden, wo Sicherheit an erster Stelle hätte berücksichtigt werden sollen?

Der erste Schritt zu einer an der Praxis orientierten Bewertung des Urteilsvermögens erfahrener Piloten machte Flathers mit seiner Untersuchung neueren Datums an der Ohio State University, die von der NASA gefördert wurde. In der Studie wurden kombinierte Meßmethoden benutzt, um die Funktionswerte von vier Faktoren darzustellen, welche in einer Simulation »am grünen Tisch« bei einem angenommenen Generatorausfall unter Blindflugbedingungen die Entscheidung, den Ausweichflughafen einzufliegen, beeinflussen. Die vier Faktoren waren: Luftverkehrskontrolldienst (mit oder ohne Radarführung), Wetter am Bestimmungsflughafen (Wolkenuntergrenze 1000 oder 500 Fuß), Flugzeit zum Bestimmungsort (15 oder 30 Minuten), Landeanflughilfen (ILS oder ADF) am Ausweichflughafen.

Flathers berichtet, daß diese Methodik eindrucksvoll zwischen Luftverkehrspiloten und anderen Piloten mit Blindflugberechtigung hinsichtlich der Wertigkeit unterscheidet, die jeweils ganz bestimmten Faktoren unter diesen vier beigemessen wird. Ähnliche Unterschiede wurden als Funktion des Ausbildungswerdegangs gefunden, welche Art des Fliegens hauptsächlich ausgeübt wurde, und des Befähigungsgrades des Piloten, Störungen im Fluge zu erkennen, was zuvor mit einem gesonderten Test festgestellt worden war. All diese sind vor allem Maßstäbe für die Unterscheidungsfähigkeit des Urteilsvermögens.

Die Untersuchung bewertete auch, zu welcher Auswahlreaktion der Pilot neigte. Bei diesem Test wurden Piloten gebeten anzugeben, welche ihrer bevorzugten Flugplätze, die sie zuvor ausgewählt hatten, sie für eine riskantere Wahl eintauschen würden, wenn sie dort Wartungseinrichtungen in Anspruch nehmen könnten. Obwohl die Ergebnisse in diesem Fall nicht bemerkenswert waren, zeigen sie doch, daß Privat- und Geschäftsflieger eher bereit sind, ein größeres Risiko einzugehen als Verkehrspiloten.

Die Studie von Flathers zeigt, daß objektive Tests entwickelt werden können, um beide Aspekte des Urteilsvermögens von Piloten zu messen. Durch die Computer und Flugsimulatoren konnte offensichtlich größeres Vertrauen in die Testverfahren geschaffen werden. Obwohl die ersten Schritte getan sind, muß noch viel Forschung erfolgen, um diese Tests zu verfeinern und ihre Ergebnisse in der Praxis zu bestätigen.

Die richtige Bewertung des Urteilsvermögens von Piloten verlangt vom Bewerter mehr als nur einen gelegentlichen Blick aufs Instrumentenbrett. Es erfordert sorgfältige Zergliederung der – vielleicht hypothetischen – Situation und eine genaue Überprüfung der vom zu Prüfenden vorgenommenen Handlungen. Wahrscheinlich wird ein Gespräch zwischen Prüfling und Prüfer erforderlich sein, um festzustellen, was der Prüfling bei seiner Wahl tatsächlich berücksichtigt hat. Jede Bewertung muß auch als Ausbildungsmittel betrachtet werden, und als solches sollte eine Rückkoppelung auf den zu Prüfenden erfolgen, die alle Aspekte der dem Bewerter bekannten Entscheidungssituationen betrifft. Es ist erkannt, daß Bewertungen hohe Anforderungen an den

Fluglehrer stellen. Dennoch scheinen sie angesichts der hohen Zahl tödlicher Unfälle, die durch mangelhaftes Urteilsvermögen verursacht wurden, gerechtfertigt zu sein, zumal diesem Faktor unter den gegenwärtigen Verhältnissen kaum eine Bedeutung beigemessen wird.

DANK UND WÜRDIGUNG

Die Forschungsarbeiten für dieses Kapitel wurden vom Systems Research and Development Service der Federal Aviation Administration (FAA) gefördert. Patrick Russel war der für das Vertragswesen zuständige Beauftragte. Der Autor möchte Russ Benel, Jim Finnegan, Mike Kelley und Rob Durst danken für ihre Mithilfe an diesem Programm.

Kapitel 4

Automation im Cockpit: Aussichten und Probleme

E. L. Wiener und R. E. Curry

Wenn aber das Urteilsvermögen von Piloten ein Rätsel bleibt, inwieweit sollten dann Entscheidungen im Cockpit dem Piloten aus den Händen genommen werden?

Neuzeitliche Mikroprozessor-Technologie und Darstellungssysteme machen es durchaus möglich, viele der Cockpit-Funktionen zu automatisieren, die früher einmal manuell ausgeführt wurden. Aus der Automation kann vielerlei Nutzen gezogen werden; die Frage ist heutzutage nicht, ob eine Funktion automatisiert werden kann, sondern, ob sie automatisiert werden soll aufgrund verschiedener Fragen, die sich auf dem Gebiet des Faktors »Mensch« stellen. Es ist höchst fragwürdig, ob die Sicherheit des Gesamtsystems durch die Zuordnung von Funktionen an automatische Einrichtungen immer verbessert wird, und es gibt Gründe für die Ansicht, daß der Grad der Cockpit-Automation das Optimum bereits überschritten hat. Dies ist ein Dauerbrenner unter den Fragen im Fachgebiet der menschlichen Faktoren, wobei die dem Konstrukteur zur Verfügung stehenden Rahmenbedingungen eher unzureichend sind.

Dieses Kapitel untersucht die Rolle der menschlichen Faktoren in der Cockpit-Automation, zeigt eine Anzahl kritischer Problemgebiete auf und bietet eine breite Palette von Konstruktionsrichtlinien an. Einige Unfälle und Zwischenfälle, die mit der Automation in Zusammenhang zu bringen sind, werden als Beispiele für die Problematik des Faktors »Mensch« beim automatisierten Flug angesprochen.

EINFÜHRUNG

Untersuchungen dieser Art beginnen oft mit der fast zwangsläufigen Feststellung, daß in künftigen Anlagen automatische Geräte den Ablauf in Echtzeit ständig kontrollieren und der Mensch als Bediener auf den Platz des Überwachers und Entscheidungsträgers verwiesen wird, der auf Abweichungen und Fehler achtet und nur dann eingreift, wenn es erforderlich ist. Dieser Brauch beruht auf der Erkenntnis, daß seelenlose Kontrollorgane zwar die Echtzeitfunktion extrem gut wahrnehmen, aber im Falle eines Versagens oder eines anderen, unvorhergesehenen Ereignisses durch die außerordentliche Anpassungsfähigkeit des Menschen als Überwacher und Ersatzsteuermann unterstützt werden müssen.

Die zweite fast zwangsläufige Feststellung ist, daß der Mensch bei all seiner vermeintlichen Flexibilität für eine Überwachungsaufgabe nicht so gut geeignet ist und sehr leicht kritische Zeichen übersieht, wie er auch gelegentlich Übertragungsfehler begeht. Tatsächlich verführt der Realitätsgehalt der zweiten Feststellung, die von endlosen Unfall- und Zwischenfallberichten gestützt wird, die Konstrukteure dazu, »die menschlichen Fehlerquellen aus dem System hinauszuautomatisieren«. Die Verlockung ist in der Fliegerei besonders groß, wo die Kosten eines menschlichen Fehlers enorm hoch sein können.

Während die Verfasser die beiden grundlegenden Feststellungen nicht in Zweifel ziehen, muß die Behauptung in Frage gestellt werden, daß die Automation menschliche Fehler ausmerzt. Dieses Kapitel wird deshalb die Automatisierung von Cockpitfunktionen verständlich machen – die vermeintlichen Vorzüge und möglichen Fallstricke – und wird der Frage nachgehen, ob es möglich ist, daß die Automatisierung im Cockpit das Optimum bereits überschritten hat. Diese Untersuchung wird durch die raschen Weiterentwicklungen in der Mikroprozessor-Technologie und durch ihre zahlreichen Anwendungsmöglichkeiten im Cockpit der Gegenwart und der nahen Zukunft noch dringender gemacht. Die Frage ist nicht mehr, ob diese oder jene Funktion automatisiert werden kann, sondern vielmehr, ob sie überhaupt automatisiert werden sollte.

Vieles von dem, was über Automatisierung im Cockpit gesagt werden wird, kann genausogut auf andere, größere Anlagen übertragen werden (z. B. Luftverkehrskontrolle, Kernkraftwerke), und wir fordern den Leser sogar auf, dies zu tun. Ebenso könnte manches von dem, was über die Automatisierung auf anderen Gebieten geschrieben wurde, auf das Cockpit bezogen werden: zum Beispiel die hervorragenden Arbeiten über die Prozeßsteuerung von Edwards und Lees sowie die Übersicht von Shackel.

Gerade der Begriff »Automatisierung« ist geeignet, zumindest in der Vorstellung des technisch Ungebildeten, zwei recht gegensätzliche Bilder heraufzubeschwören, die sich beide letztlich als übertrieben, wenn nicht falsch, erweisen. Auf der negativen Seite wird die Automatisierung als eine Ansammlung tyrannischer, sich selbst bedienende Maschinen angesehen, die den Menschen abwerten, den Arbeitsaufwand reduzieren, riesige Arbeitslosigkeit hervorrufen und vielleicht noch schlimmer, einem technologischen Diktator Tür und Tor öffnen, die Macht an sich zu reißen und eine Gesellschaft aufzubauen, die von Dr. Seltsam angeführt und von oppurtunistischen, eiskalten Computerhirnen getragen wird. Der klassische Charlie-Chaplin-Film »Moderne Zeiten« schildert die Unterwerfung des Menschen des Industriezeitalters unter die Maschine und, in neuerer Zeit, die populären Romane und Filme von Michael Crichton (Westworld, Terminal Man), die näher eingehen auf die Gefahren einer falsch orientierten, computergläubigen Gesellschaft. Bis jetzt gibt es keine Anzeichen dafür, daß es so weit gekommen ist oder so weit kommen wird.

Ebenso trügerisch ist vielleicht das positive Bild der Automation: leise, unfehlbare, wirkungsvolle, absolut zuverlässige Maschinen, Diener des Menschen, die jeden Fehler des Menschen ausschließen und gegenüber menschlicher Schwäche und Launenhaftigkeit eine sichere und kostengünstige Alternative bieten. Es war schon immer der Traum der Ingenieure, das Problem der menschlichen Fehlhandlungen zu lösen, indem ihr Ursprung ausgemerzt wird. Hierbei ist anzumerken, daß die Öffentlichkeit genauso skeptisch der Unfehlbarkeit der Automation gegenübersteht, wie sie ihre Folgen fürchtet.

Deshalb werden die Verfasser kurz auf das eingehen, was allgemein »die gute Nachricht und die schlechte Nachricht« in der Cockpit-Automatisierung genannt wird, da es reichlich Beispiele für beides gibt. Wir werden sodann darangehen, versuchsweise Rahmenbedingungen für die Auslegung automatischer Einrichtungen im Flugzeug aufzuzeigen. Die Automatisierung menschlicher Funktionen in der Luftverkehrskontrolle (ATC), Wettervorhersage, Flugberatung und Wartung wird, wenngleich ebenso wichtig, hier nicht angesprochen werden.

Warum automatisieren?

Es ist fast überflüssig (und doch notwendig) zu sagen, daß Automatisierung im Cockpit ein ebenso zweifelhafter Segen sein kann wie anderswo. Es gibt bereits schwerwiegende Bedenken über die Auswirkungen der Automatisierung auf das Verhalten und die Arbeitsbelastung der Cockpitbesatzung und letztlich auf die Flugsicherheit.

Fragen entstanden durch Flugunfall- und Zwischenfallberichte (wie in dem Flugsicherheitsmeldesystem der NASA), in der Pilotenausbildung der Fluggesellschaften, in Simulatorstudien und bei unseren eigenen Befragungen des fliegenden Personals und von Flugleitern der Gesellschaften über Dinge wie Fehlererkennung, manuelle Steuerübernahme, Nachlassen des Könnens und sogar über Arbeitsbefriedigung und Selbstverständnis von Piloten und Flugingenieuren, die hochautomatisierte Geräte bedienen. Dies sind keine neuen Probleme, aber sie werden jetzt mit neuer Dringlichkeit und Offenheit angesprochen, angetrieben von der Entwicklung der Technologie, die eine Cockpit-Automatisierung – zumindest aus der Sicht der Elektromechanik – absolut möglich macht.

Eine Grundvoraussetzung

Von Zeit zu Zeit ist die Rede vom unbemannten Flugzeugobjekt. Obwohl die Verfasser dies für denkbar und auch für technisch machbar erachten, sind sie der Meinung, daß es – soweit man in die Zukunft sehen kann – gesellschaftlich und politisch unannehmbar wäre. Wenngleich die Vorstellung eines unbemannten Verkehrsflugzeuges nicht vollständig fallengelassen werden soll, ist diese Diskussion auf die Voraussetzung gegründet, daß Verkehrsflugzeuge von einer menschlichen Besatzung geführt werden.

Umfang, Funktion, Auswahl, Schulung und Motivation dieser Besatzung bleiben jedoch offene Fragen. Hier ist anzumerken, daß sogar die so oft vorausgesagte menschenleere Fabrik nie Wirklichkeit wurde.

Treibende Kräfte

Zunächst sei die Frage erlaubt, warum insbesondere die Automatisierung im Cockpit so vorangetrieben wird. Wir haben drei Faktoren herausgefunden.

Technologie: Das explosionsartige Wachstum der Mikroprozessor-Technologie wurde bereits erwähnt. Rasche Erhöhung der Leistung und Verringerung der Ausmaße, der Kosten und des Energiebedarfs der verschiedenen elektronischen Geräte, Sensoren und Anzeigen machen die Automatisierung vieler Cockpit- (ebenso wie bodengestützter) Systeme zu einer vernünftigen Alternative zur althergebrachten, manuellen Bedienung. Dieser Trend wird sich weit ins nächste Jahrhundert fortsetzen. Man sollte beachten, daß Technologie nicht ein Ziel (wie die nachfolgenden zwei Faktoren) ist, sondern vielmehr ein fördernder Faktor.

Sicherheit: Mehr als die Hälfte der Flugunfälle geht auf »Fehler des Menschen« zurück. Dieser Begriff kann etwas irreführend sein, denn man ist nie sicher, ob es sich um Fehler der Cockpitbesatzung handelt oder ob es sich auf anderes Personal wie Flugleiter, Wetterberater, Techniker und Flugabfertiger bezieht. Sei dem wie ihm wolle, es besteht reichlich Anlaß, die menschlichen Fehler im Cockpit zu verringern. Autopilot, Flugweganzeiger sowie Alarmierungs- und Warnsysteme sind Beispiele für automatische Anlagen, die eine vorteilhafte Wirkung auf die Arbeitsbelastung der Piloten und/oder auf die Sicherheitsspielräume gehabt haben. Das Bodenannäherungswarnsystem (GPWS: Ground Proximity Warning System) ist ein ausgezeichnetes Beispiel dafür. Seit seiner Einführung im Jahre 1974 durch eine Kongreßverordnung konnte ein dramatischer Rückgang von Unfällen infolge Bodenberührung verzeichnet werden, und zwar sowohl in den USA als auch weltweit. Es ist unermeßlich, wieviele Flugzeuge und Menschenleben durch dieses Gerät gerettet wurden. Trotzdem wird es von Piloten oft gerügt wegen des häufigen falschen Alarms, den es verursacht. Diese irrtümlichen Anzeigen sind ärgerlich und möglicherweise gefährlich, aber alles in allem muß man das GPWS schon als ein sehr vorteilhaftes Gerät sehen.

Wirtschaftlichkeit: Zweifellos kann Automation enorme Einsparungen beim Kraftstoffverbrauch erbringen, wenn die Gesamtflugzeit verringert und verbrauchgünstigere Steig- und Sinkflugprofile angewandt werden. Sowohl die Dollar-Rücklagen als auch die Auswirkungen auf den Gewinn der Luftverkehrsgesellschaft können kaum stark genug hervorgehoben werden, besonders angesichts ständig steigender Kraftstoffpreise. Im Jahre 1978 wurde eine Gallone (etwa 4 Liter) Düsenkraftstoff für etwa 38 Cents (U. S.) verkauft, Ende 1979 für 70 Cents und Anfang 1982 für mehr als einen Dollar. Eine neuere Untersuchung der Betriebskosten und Gewinne, durchgeführt von den größeren amerikanischen Fluggesellschaften, ergab, daß eine Kraftstoffeinsparung von 3% eine Erhöhung des Gewinns um 23% ergeben konnte. Automatisierung sowohl bei der Luftverkehrskontrolle als auch im Cockpit könnte leicht zu einer Kraftstoffersparnis von 3% führen; auf Kurzstrecken wie beispielsweise New York–Boston sind sogar noch höhere Einsparungen möglich. Es wurde berichtet, daß jeder Prozentpunkt einer Preiserhöhung bei Düsentreibstoff Western Airlines 4 Millionen Dollar kostet. Ebenso wird, so können wir annehmen, jeder Prozentpunkt an Treibstoffeinsparung der Gesellschaft etwa den gleichen Betrag einbringen. Eine Zusammenstellung von zwölf Methoden der Kraftstoffeinsparung führt zu dem Schluß, daß bei ihrer optimalen Anwendung Einsparungen von bis zu 12% möglich sind. Einsparungen von 5% waren bereits das Ergebnis einer nur teilweisen Anwendung. Die meisten der aufgeführten Methoden erfordern in einem gewissen Grad Automatisierung, um höchstmögliche Einsparungen zu erreichen.

Wie in anderen Industrien bilden die Beschäftigten und die Arbeitsstunden einen großen Bestandteil der Betriebskosten von Fluglinien. Wenngleich es fragwürdig ist, ob Automatisierung die Anzahl der Besatzungsmitglieder im Cockpit verringern kann (die Verfasser möchten nicht auf die Streitfrage »Zwei- oder Drei-Personen-Cockpit« eingehen), sollte dieser Gesichtspunkt dennoch nicht ganz außer acht gelassen werden. (Dieses Thema wird in Kapitel 10 besprochen.)

Darüber hinaus kann die Automatisierung die direkten Arbeitskosten etwas senken, indem durch effektivere Flächennavigation die Flugzeiten reduziert werden. Bei einer Wirtschaftlichkeitsberechnung muß man allerdings berücksichtigen, daß automatische Geräte nicht gerade billig zu haben sind. Den Fluggesellschaften werden enorme Kapitalkosten aufgebürdet, um die Ausrüstung zu beschaffen sowie die Betriebskosten für die Ausbildung und Wartung tragen zu können. Aber selbst wenn man die Frage der Sicherheit beiseite läßt und nur die Wirtschaftlichkeit betrachtet, scheint die Cockpit-Automatisierung eine sehr gute Investition zu sein, vor allem angesichts der nicht enden wollenden Kraftstoffpreisspirale, von einer möglichen Treibstoff-Mangelsituation gar nicht zu reden.

TYPISCHE FLUGUNFÄLLE UND -ZWISCHENFÄLLE

Soviel zu den Aussichten hinsichtlich einer Cockpit-Automatisierung. Nun wollen wir einige der damit verbundenen Probleme untersuchen, was am besten anhand der Schilderung von typischen Flugunfällen geschieht. Diese Berichte sind zwangläufig auf sehr kurze Zusammenfassungen und Kommentare beschränkt, obwohl normalerweise eine Kette sehr komplexer Ursachefaktoren mit hineinspielen. Die Verfasser möchten weder die Tatsache noch die kausalen Erklärungen dieser Unfälle allzusehr vereinfachen. Dem interessierten Leser wird durchaus empfohlen, sich in die ausführlichen Untersuchungsberichte zu vertiefen.

Versagen automatischer Ausrüstung

Eine der Sorgen beim Gebrauch automatischer Steuerungs- oder Überwachungsanlagen gilt der Befürchtung, daß sie nicht richtig arbeiten könnten. Betrachten wir die folgenden Zwischenfälle, die aus einem Informationsblatt für Cockpitbesatzungen stammen:

a) Während eines Anfluges mittels Autopilot-Steuerung verursachte ein Knick im Gleitpfad in 500 Fuß Höhe (150 m) über Grund eine sehr markante abwärts gerichtete Nickbewegung der Flugzeugnase, die zu einer übermäßigen Sinkrate führte. Obwohl der Pilot sich der Situation völlig bewußt war, reagierte er erst, als seine Lage bereits so kritisch war, daß er beim Abfangen sehr tief an den Boden herankam.

b) Die Höhenvorwahl (ein Gerät, um das Flugzeug in einer vorbestimmten Höhe in den Horizontalflug zu bringen) funktionierte nicht. Dies geschah unbemerkt vom Piloten, so daß die beachsichtigte Höhe erheblich unterschritten wurde.

c) Beim Übergang in den Horizontalflug mittels Höhenvorwahl und den Leistungshebeln auf Leerlaufstellung sank die Geschwindigkeit bis in die Nähe des Strömungsabrisses, bevor diese Situation erkannt und durch Leistungserhöhung der Triebwerke behoben wurde.

d) In der Betriebsart »Navigation« (der Autopilot steuert das Flugzeug auf einem vorgegebenen Kurs über Grund) kurvte das Flugzeug über einem Kontrollpunkt in falscher Richtung. Obwohl dies sofort bemerkt wurde, kurvte das Flugzeug mehr als 45 Grad, bevor der Pilot eingriff.

Diese Meldungen sind kurz, und wir Verfasser haben keinen Zugang zu weiteren Einzelheiten. Deshalb ist es schwierig zu beurteilen, inwieweit Gerätefehler, ungeeignete Bedienung und falsche Erwartungen vom Betrieb der Anlage zum Fehlverhalten beigetragen haben. Dennoch sind die Berichte typisch für die täglichen Probleme, denen Piloten gegenüberstehen.

Durch Automatisierung ausgelöste Fehler, verbunden mit Pilotenfehlern

Der folgende Flugunfall veranschaulicht eine der besonderen Gefahren der Automatisierung, von der viele Ingenieure lieber nichts hören möchten. In diesem Falle wurde die ursächliche Kette der Ereignisse durch ein Versagen der Automatik in Bewegung gesetzt, dann mit Pilotenfehlern verbunden, und endete mit Absturz. Eine Nord 262 der Swift Air Lines startete vom Los Angeles International Airport nach Westen; kurz nach dem Einfahren des Fahrwerks fuhr der rechte Propeller in Segelstellung. Diese Automatik bei der Propellerverstellung ist in fast allen neueren Propellerflugzeugen mit zwei Triebwerken vorhanden; sie mißt einen Leistungsverlust in einem Triebwerk und bringt den Propeller in Segelstellung (die Propellerblätter werden zur Verringerung des Luftwiderstandes in Flugrichtung gedreht), ohne menschliches Zutun. Diese Vorrichtung wird nur für Start und anschließenden Steigflug eingeschaltet. Ihr Zweck ist es, die Möglichkeit auszuschließen, daß die Cockpitbesatzung den falschen (funktionierenden) Motor im Falle eines Triebwerksausfalls beim Start abschaltet. Für die Besatzung bleibt zu tun, das defekte Triebwek zu sichern, die Leistung des anderen Motors zu erhöhen, Trimm- und Steuerungsanpassungen vorzunehmen und auf eine sichere Höhe weiterzusteigen, um zum Startplatz zurückzukehren.

Unmittelbar nachdem der rechte Propeller automatisch in Segelstellung gefahren war, stellte die Besatzung das linke (»gute«) Triebwerk ab, mit der Folge, daß die Besatzung im Pazifischen Ozean eine Wasserlandung versuchte, wobei sie den Tod fanden. Die Untersuchung des rechten Motors ergab, daß kein Versagen vorlag und der Propeller nur in Segelstellung fuhr, weil eine Hydraulikleitung in der Gebervorrichtung gebrochen war. Nähere Untersuchungen ergaben, daß das Problem (plötzliches Einfahren in Segelstellung) bereits früher aufgetreten war. So hat ein Gerät, das konzipiert war, menschliche Fehler automatisch auszuschließen, die fatale Kette der Ereignisse ausgelöst, verschlimmert durch einen Fehler des Menschen, den es eigentlich verhindern sollte.

Fehler der Besatzung bei der Gerätebedienung

Trägheitsnavigationsgeräte (INS: Inertial Navigation System) sind automatische Navigatoren. Sie werden auch gebraucht, um Autopiloten mit Positionsangaben zu versorgen, damit sie den vorgewählten Flugweg einhalten können (in der Betriebsart NAVIGATION). Die geographische Länge und Breite der Ausgangsposition des Flugzeugs und eine Reihe von Kontrollpunkten (oder Wendepunkten), welche den gewünschten Flugweg auf der Erdkugel bestimmen, werden vor dem Flug mit einer Tastatur in den INS-Computer eingegeben. Bei der ersten Eingabe der tatsächlichen Standortdaten lud die Besatzung vor Antritt des Fluges den Computer mit den nördlichen anstelle der südlichen Breitekoordinaten. Dieser Fehler wurde weder vom INS noch von der Besatzung entdeckt. Erst als das Flugzeug gestartet war, fiel der Fehler auf. Da das INS im Fluge nicht neu programmiert und korrigiert werden konnte, mußte das Flugzeug zum Ausgangspunkt zurückkehren.

Reaktion der Besatzung auf falschen Alarm

Eine weitere Form von durch die Automation induzierten Fehlern ist der falsche Alarm, der die Besatzung veranlaßt, korrigierende Maßnahmen einleiten zu müssen, obwohl tatsächlich das System einwandfrei funktioniert (außer daß es einen falschen Alarm auslöst). Ein solcher Fehler ereignete sich während des Starts einer DC 9 der Texas International in Denver. Als die Maschine auf die Rotationsgeschwindigkeit beschleunigte (bei der das Bugrad von der Startbahn abgehoben wird und das Flugzeug die Nase hochnimmt), etwa 150 Knoten (ca. 270 km/h) in diesem Falle, schaltete sich das Warngerät für einen bevorstehenden Strömungsabriß auf. Dies war ein Rüttler an der Steuersäule, ein fühlbares Warnsystem also, wobei das Steuer zu schütteln beginnt, aber auch ein klackendes Dauergeräusch hörbar ist. Im Glauben, daß ein Strömungsabriß unmittelbar bevorstand, und trotz normaler Geschwindigkeits- und Fluglageanzeigen entschloß sich die Besatzung zum Startabbruch, was damit endete, daß das Flugzeug über die Startbahn hinausrollte und schwer beschädigt wurde und einige Passagiere erhebliche Verletzungen erlitten. Interessanterweise hatten beide Piloten früher schon falsche Warnsignale dieser Art beim Start erlebt, aber wahrscheinlich konnten sie nicht umhin, sie diesmal als echt anzusehen.

In einem Bruchteil einer Sekunde ist die Besatzung mit der Wahl konfrontiert zwischen Startabbruch mit einem fast unvermeidbaren – wenn auch vielleicht nicht katastrophalen – Unfall und der Fortsetzung des Starts mit einem Fluggerät, das möglicherweise nicht flugfähig ist, was mit einem viel schlimmeren Unfall enden könnte. Es mag interessant sein, aber nicht einträglich, darüber zu spekulieren, was wohl passiert wäre, wenn diese Entscheidungsfunktion automatisiert gewesen wäre. Hier genügt es zu sagen, die Entscheidung zum Abbruch oder zur Fortsetzung des Starts, wie sie die Besatzung in jenem kritischen Augenblick während der Rotation zu treffen hatte, hätte in den Händen irgendeines, fern vom Schauplatz der Ereignisse tätigen, Software-Ingenieurprogrammierers gelegen. Wir überlassen es dem Leser zu entscheiden, ob dies ein beruhigender Gedanke ist.

Mißachtung von automatischem Alarm

Eine BAC 1-11 der Allegheny Airways befand sich im Landeanflug, jedoch mit überhöhter Geschwindigkeit. Während des Anfluges gab das Bodenannäherungswarngerät dreimal Alarm (einmal wegen überhöhter Sinkgeschwindigkeit, zweimal für weniger als 26 Grad Landeklappenstellung in Verbindung mit ausgefahrenem Fahrwerk und überhöhten Sinkraten). Anstatt ein Fehlanflugverfahren durchzuführen, setzte der Kapitän den Landeanflug fort und überflog die Landebahnschwelle mit einer Geschwindigkeit von 184 Knoten, 61 Knoten über der vorgeschriebenen Geschwindigkeit. Das Flugzeug landete etwa nach der ersten Hälfte der Landebahn und überrollte das Ende der Piste; eine Person wurde schwer verletzt. Das »National Transportation Safety Board« (NTSB) befand in seinem Bericht als wahrscheinliche Unfallursache den völligen Mangel an Aufmerksamkeit und Wachsamkeit des Kapitäns für Geschwindigkeit, Sinkgeschwindigkeit und Flugverhalten während Anflug und Landung. Ein beitragender Faktor war das Versäumnis des Kopiloten, die vorgeschriebenen Hinweise auf die Geschwindigkeitsabweichungen vorzunehmen. In seiner Untersuchung stellte das NTSB fest, daß die GPWS-Alarme (GPWS: Ground Proximity Warning System) der Besatzung hätten anzeigen müssen, daß der Anflug ungenau und somit ein Fehlanflugverfahren notwendig war. Es wird auch angemerkt, daß keine der Warnungen die Besatzung zu korrigierenden Maßnahmen veranlaßte, obwohl die Regeln der Fluggesellschaft dies ausnahmslos vorschreiben.

Überwachungsfehler

Diese Art von Problem kann mit Hilfe des Unfallbeispiels »gesteuerter Flug in den Boden« veranschaulicht werden, wo eine Besatzung ein voll steuerbares Flugzeug in den Boden (oder in das Wasser) fliegt, gewöhnlich ohne jedes vorheriges Realisieren des bevorstehenden Unglücks.

In einer klaren Nacht im Dezember 1972 befand sich eine Lockheed L-1011 »Tristar« der Eastern Air Lines im Anflug auf Miami. Während der Cockpit-Überprüfung vor der Landung stellte die Besatzung eine unsichere Fahrwerkanzeige fest (ein Licht leuchtete nicht auf). Die Anflugkontrollstelle schickte das Flugzeug auf westlichen Kurs in 2000 Fuß (über Meereshöhe), während die Besatzung das Problem abzuklären versuchte. Die Maschine wurde vom Autopiloten gesteuert. Die Besatzung war ganz in das vorliegende Problem vertieft (der Kapitän und Kopilot hatten die Lampen herausgeschraubt, um die Birne zu prüfen, und hatten Schwierigkeiten beim Hineinschrauben). Sie haben nicht bemerkt, daß sich der Autopilot abgeschaltet hatte und das Flugzeug in einen langsamen Kurvensinkflug übergegangen war. Sie flogen in den Boden, ohne je das Verlassen der Höhe bemerkt zu haben, trotz vollständiger Cockpit-Instrumentierung, trotz guter Außensichtbedingungen, einer Höhenwarnung mit C-Akkord, die ertönte (und vom Cockpit-Tonbandgerät aufgenommen wurde), und einer zweifelnden, der Klärung dienenden Nachfrage des Radarlotsen in Miami, der den Sinkflug anhand der alphanumerischen Anzeige auf seinem Bildschirm beobachtete und verfolgte.

Nachlassen der fliegerischen Fähigkeiten

Eine der Konsequenzen der Automatisierung, die man sich am leichtesten vorstellen kann, ist ein Nachlassen der Fähigkeiten des Bedienungspersonals. Obwohl es keinen spezifischen Flugunfall oder Zwischenfall gab, wo dies als beitragender Unfallfaktor aufgeführt wurde, haben doch Diskussionen mit den Verantwortlichen von Pilotenausbildungszentren ergeben, daß bei Piloten, die sich vorwiegend automatischer Geräte bedienen, ein erkennbares Nachlassen der fliegerischen Fähigkeiten festzustellen war.

Beispielsweise sammeln Kopiloten in Großraumflugzeugen, die über hochentwickelte automatische Systeme verfügen, genügend Dienstjahre an, um Kapitän in kleineren Passagierflugzeugen zu werden, die nicht diese modernen Autopilot/Autothrottle-Systeme haben (»Autothrottle« nennt man die automatische Anpassung der Triebwerkleistung entsprechend einer vorgewählten Geschwindigkeit; d. Ü.). Diejenigen, die ein Nachlassen des Könnens feststellen, sagen dazu, daß sie glauben, das Problem gelöst zu haben, indem sie Kopiloten vor der Umschulung zum Abschalten der Automatik auffordern, um ihre fliegerischen Fähigkeiten mit manuellen Systemen zurückzugewinnen. Wir haben festgestellt, daß viele Piloten von selbst darauf gekommen sind und regelmäßig den Autopiloten abschalten, um ihr manuelles fliegerisches Können wiederzuerlangen.

Neben dem möglichen Nachlassen des Könnens kann durch den Gebrauch der Automation eine Veränderung der inneren Einstellung induziert werden. Der folgende Briefauszug eines Flugausbildungsleiters spricht das Problem kurz und bündig an.:

»Ich war in allen Gebieten dieser Ausbildung tätig und konnte eine besorgniserregende Nebenwirkung der Automation feststellen, nämlich einen Hang zur Untätigkeit oder Gleichgültigkeit zu erzeugen. Sehr gewissenhafte überdurchschnittliche Kopiloten zum Beispiel, die nur 8–9 Monate auf der hochentwickelten und automatisierten Lockheed L-1011 »Tristar« geflogen waren, haben diese Untätigkeit oder Gleichgültigkeit gezeigt, als sie zur Kommandantenschulung auf die Boeing 707 kamen. Dieses Problem veranlaßte uns, für solche Kopiloten die Schulungszeit zu verlängern. In der Tat haben wir die für die Streckenschulung vorgesehene Zeit verdoppelt.«

ALLGEMEINE PROBLEMBEREICHE

Die vorangegangenen Erörterungen betrafen einige sehr spezifische Probleme beim Gebrauch automatisierter Geräte. Wir haben die oben angeführten Zwischenfälle – und viele andere – untersucht und den Versuch unternommen, die Problemstellung in einen allgemeinen Zusammenhang zu stellen.

Wir hoffen, daß dies interessierten Kreisen verschiedener Fachgebiete und Industriezweige hilft, in einer wirkungsvolleren Art und Weise und enger zusammenzuarbeiten.

Nachfolgend werden fünf allgemeine Problembereiche beschrieben und für jedes einige der Kernpunkte aufgeführt. Wie man erwarten muß, sind die Grenzen der Problembereiche unklar definiert, und viele Fragenkomplexe können folgerichtig in mehr als nur eine Kategorie eingeordnet werden.

Automatisierung von Steuerungsaufgaben

Dieses Problemgebiet hat in der Vergangenheit die meiste Aufmerksamkeit erfahren. Wenn Steuerungsaufgaben automatisiert werden, wird aus der Rolle des Bedieners die eines Überwachers und Aufsehers; daher drehen sich die Hauptpunkte um seine Fähigkeit zum Ausführen dieser Funktion, zumal die Steuerungsaufgabe fast immer von dem automatischen System zufriedenstellend bewältigt wird. Typische zu untersuchende Fragen sind folgende:

a) Unter welchen Bedingungen ist der Mensch als Überwacher ein besserer (oder schlechterer) Fehlerdetektor als der Mensch als aktiver Steuermann/Bediener?

b) Gibt es eine bedeutsame Anlaufverzögerung, wenn der Mensch von einem passiven Überwacher zu einem aktiven Bediener wird? Kann die Automation den Mann am Steuer einlullen, so daß seine Wachsamkeit weit absinkt, oder kann er in einen Zustand geraten, in dem er leicht durch unwichtige Ereignisse von der Überwachungsaufgabe abgelenkt wird?

c) Welcher Art sollte die Wechselwirkung zwischen dem Bediener und dem automatischen System sein? Wenn die automatische Anlage den Zustand des Systems verändert, sollte sie die Änderung automatisch vornehmen und den Bediener lediglich informieren, oder sollte sie die Änderung erst vornehmen, nachdem der Bediener zugestimmt hat? Sollte die Anlage anzeigen, warum sie die Veränderung vornimmt, oder auch nicht vornimmt?

d) Welche Auswirkungen haben unterschiedliche Zuverlässigkeitsstufen der Geräteausstattung auf die Fähigkeit des Bedieners, Fehlfunktionen bei manuellen und bei automatisch ablaufenden Aufgaben zu erkennen, zu bewerten und entsprechend zu handeln? Es erscheint einleuchtend, daß die Zuverlässigkeit der Ausrüstung ein wichtiger Faktor sein könnte. Wenn zum Beispiel die Ausrüstung sehr unzuverlässig ist, wird der Bediener Fehlfunktionen erwarten und zum Meister im Umgang mit ihnen werden. Wenn die Ausrüstung hingegen sehr zuverlässig ist, gibt es wenig Anlaß zur Fehlererkennung und -beurteilung durch den Bediener. Eine Zwischenstufe in der Zuverlässigkeit kann jedoch recht heimtückisch werden, da sie einen Eindruck hoher Zuverlässigkeit vorgibt, und der Bediener vielleicht nicht in der Lage ist, ein Versagen zu beurteilen und zu bewältigen, wenn dieser Fall eintritt.

Erwerb und Erhaltung des Könnens

Der Gebrauch der Automatik wird wahrscheinlich zu einer Verringerung des fliegerischen Könnens bezüglich ehemals gut beherrschter Tätigkeiten führen. Von praktischer Bedeutung ist das Verhältnis, in dem dieses Können abnimmt, und die möglichen Gegenmaßnahmen, um ein unannehmbares Nachlassen der Befähigung zu vermeiden. Andererseits sprechen Ausbildungsunterlagen davon, daß manueller Betrieb in Teilgebieten (mit dem anderen Teil in »Automatik«) zu Beginn der Einführungsphase ein wirksames Mittel ist, fliegerische Fähigkeiten gründlich zu erwerben. Daher lauten die wichtigeren offenenen Fragen bezüglich des anfänglichen Erwerbs, der Wiedergewinnung und des Erhaltens des fliegerischen Könnens wie folgt:

a) Wie rasch nimmt handwerkliches Können ab, wenn es nicht angewandt wird? Welche Faktoren beeinflussen den Grad des Abbaus?

b) Kann periodisches Üben ein Nachlassen der Fähigkeiten verhindern? Wenn ja, welche Wiederholungsperioden sind notwendig?

c) Gibt es Alternativen für das Üben mit dem tatsächlichen System, zum Beispiel Simulatoren für Teilaufgaben?

c) Welche Überwachungs- und Überprüfungsmethoden sind erforderlich, um die Beibehaltung des Könnens sicherzustellen?

e) Kann Automation verwendet werden, die Befähigung zu komplexen Tätigkeiten rascher zu erwerben, indem einige der untergeordneten Aufgaben automatisiert werden? Wird der Bediener, der auf diese Weise lernt, besser in die Lage versetzt, Unregelmäßigkeiten an anderen Stellen des Ablaufs zu erkennen? Wird die Notwendigkeit, das Bedienen der automatischen Ausrüstung zu erlernen (was für sich allein vielleicht schon ein kompliziertes Verfahren ist), irgendeinen von den durch Automatisierung von Unteraufgaben gewonnenen Vorteilen zunichtemachen?

Überwachen von komplexen Anlagen

Die experimentelle und theoretische Forschung über die Aufmerksamkeit befaßt sich vorwiegend mit dem menschlichen Wahrnehmungsprozeß; zum Beispiel mit dem Erkennen des Vorhandenseins eines Lichtes. Viele Systeme verlangen jedoch mehr Erkennungsvermögen zur Erfüllung der Überwachungsaufgabe. Zum Beispiel könnte das typische Prüfverfahren eines Piloten bezüglich seines Kraftstoffvorrates wie folgt ablaufen: Das Flugzeug bewegt sich mit einer Geschwindigkeit von 200 mph und ist 100 Meilen oder 100:200 = 0,5 Stunden vom Bestimmungsort entfernt; es verbraucht 100 Gallonen/Std. und benötigt deshalb $0{,}5 \times 100 = 50$ Gallonen, um zum Bestimmungsort zu gelangen; der Restkraftstoff beträgt jedoch 40 Gallonen, so daß dieser Landeplatz nicht erreicht werden kann.

Abgesehen von diesen sehr einfachen, aber sehr wirklichkeitsnahen Beispielen gibt es viele Situationen, die kognitve Fähigkeiten erfordern; logisches und mathematisches Denken zum Beispiel, das sich vielfältiger Informationsquellen bedient. Das wesentliche bei diesen komplizierten Überwachungsmaßnahmen beinhaltet das, mit dem sich Forscher auf dem Fachgebiet der Aufmerksamkeit schon beschäftigt haben, aber hinsichtlich der komplizierten Situationen bedürfen sie einer näheren Betrachtung:

a) Nimmt komplexe Überwachungsleistung im Laufe der Dienststunden ab? Wenn ja, erfolgt dieser Abbau beim Wahrnehmen, beim Beurteilen und Erkennen oder ist er ein Kriterium für das Reaktionsvermögen?

b) Welche Mittel und Möglichkeiten gibt es, die Wachsamkeit des Bedieners gegenüber ungewöhnlichen Zeichen und Signalen aufrechtzuerhalten? Werden künstliche Signale und Alarmzeichen die Effektivität der Überwachung verbessern oder verschlechtern? Wird zusätzliche Arbeitsbelastung, die zu komplexen Überwachungsaufgaben hinzukommt, die Leistung erhöhen oder vermindern?

c) Was macht ein automatisches System auswertungsfähiger, daß heißt, wie können Fehlfunktionen leichter erkannt und bewertet werden?

Alarm- und Warnsysteme

Das menschliche Verhalten im Zusammenhang mit Alarm- und Warnsystemen ist eines der faszinierendsten Themen auf dem Gebiet der Wechselwirkung von Mensch und Maschine. Auf diesem Gebiet erlebt man völlig unberechenbare Reaktionen. Zum Beispiel ist seit langem bekannt, daß Menschen einen Alarm ignorieren, wenn die Erfahrung ihnen gezeigt hat, daß er falsch sein kann; wir erleben in heutiger Zeit dasselbe Verhalten bei einigen Cockpitwarnungen. Zu den wichtigen Fragen bei der Erforschung von Alarm- und Warnsystemen gehören folgende:

a) Welches sind die Merkmale eines idealen (aber auch machbaren) Alarm- und Wachsystems?

b) Welche Kennzeichen beeinflussen die Häufigkeit des Auftretens eines falschen Alarms?

c) Warum bleiben Warnungen offensichtlich unbeachtet?

d) Unter welchen Bedingungen betrachtet Bedienungspersonal Alarm- und Warnsysteme eher als Primär- denn als Hilfsgerät?

e) Unter welchen Bedingungen wird Bedienungspersonal die Stichhaltigkeit eines Alarms prüfen?

f) Sollte dem Verantwortlichen der Alarm zunächst angekündigt und damit Gelegenheit zu korrigierenden Maßnahmen gegeben werden, bevor die anderen Besatzungsmitglieder alarmiert werden?

g) Übereinstimmung scheint zu bestehen, Alarm- und Warnsysteme zu entwickeln, die »intelligent« sind; unter anderem würden sie »offensichtlich« falschen Alarm verhindern und bei mehreren Warnungen Vorrangstufen schaffen. Die Logik dieser Systeme müßte wahrscheinlich übermäßig kompliziert sein. Ist diese Logik für Bediener zu kompliziert, um die Gültigkeit prüfen zu können, und daher geeignet, eine übersteigerte Systemzuverlässigkeit vorzutäuschen? Wird die Rangfolge der Warnungen *immer* angemessen sein? Wenn nicht, wird das Bedienungspersonal dies erkennen können?

Psychosoziale Aspekte der Automatisierung

Die psychosozialen Aspekte der Automatisierung dürften sich als die wichtigsten von allen erweisen, da sie die Grundeinstellung des Menschen zu seiner Aufgabe beeinflussen und, so nehmen wir an, seine Motivation, Anpassungfähigkeit, Ansprechbarkeit sowie Reizempfänglichkeit und Reaktion. Die Bedeutsamkeit dieser Fragen hängt nicht mit Massenarbeitslosigkeit aufgrund automatisierter Fließbänder zusammen, sondern mit den Auswirkungen der Automation auf den Rollenwechsel einiger weniger hochqualifizierter Fachleute und Bediener moderner Technik:

a) Wird die Automation die Zufriedenheit mit der Tätigkeit, Ansehen und Selbstverständnis (besonders in der Fliegerei) beeinflussen?

b) Falls es negative psychosoziale Folgen der Automation gibt, welche Vorsichtsmaßnahmen und/oder Gegenmittel werden wirksam, ohne daß die Anwendung der Automation verändert würde?

c) Was bedeutet erhöhte Automatisierung für die Auswahl des Bedienungspersonals? Gibt es klar definierte Eignungs- oder Persönlichkeitsmerkmale, die höhere Überwachungs- (oder handwerkliche) Effektivität erwarten lassen?

d) Wie sollten Schulungsprogramme geändert werden, damit sie möglichen psychosozialen Effekten Rechnung tragen? Würde ein Simulator helfen, die geistig-seelische Verfassung und Einstellung zu stützen? Wenn ja, welche Art von Simulation?

PLANUNGS- UND KONSTRUKTIONSENTSCHEIDUNGEN

Der Begriff »Cockpit-Automation« wird normalerweise so ausgelegt, daß damit der Autopilot, Flugweganzeiger und andere Geräte zur Steuerung des Flugwegs und der Kontrolle der Flugzeugsysteme gemeint ist. Die Interpretation, daß Automation die Bewältigung einer Aufgabe durch eine Maschine anstelle eines Menschen bedeutet, führt zu der Vorstellung, daß alle Alarm- und Warnanlagen im Cockpit ebenfalls Formen der Automatisierung sind, da sie Überwachungsfunktionen erfüllen. Automation in der Steuerung und Automation bei der Überwachung sind ganz unabhängig voneinander. Es ist möglich, innerhalb eines Sektors – unabhängig von dem anderen – verschiedene Stufen der Automatisierung zu haben (siehe Abb. 4.1). Automatisierung der Flugzeugsteuerung setzt voraus, daß der Pilot den Computer überwacht, wogegen Automatisierung bei den Überwachungsaufgaben bedeutet, daß der Computer den Piloten überwacht. Beide Sektoren werden im Zusammenhang mit den Konstruktionsentscheidungen untersucht, nachdem die übergeordneten Ziele des Systems besprochen wurden.

Zielsetzung

Beginnen wir mit der Frage, was der Nutzer von einem Bordsystem erwartet. Einige der Ziele des Systems sind:

a) Für einen Flug (einschließlich des Betriebs am Boden) mit unendlich geringer Unfallwahrscheinlichkeit zu sorgen.

Abb. 4.1 Zwei Größen der Automation: Steuerung und Überwachung. Das Führen eines Flugzeuges beinhaltet sowohl Steuerung als auch Überwachung bezüglich des Flugweges und der Flugzeugsubsysteme. Die Darstellung zeigt die Möglichkeit verschiedener Automationsstufen bei Steuer- und Überwachungstätigkeiten.

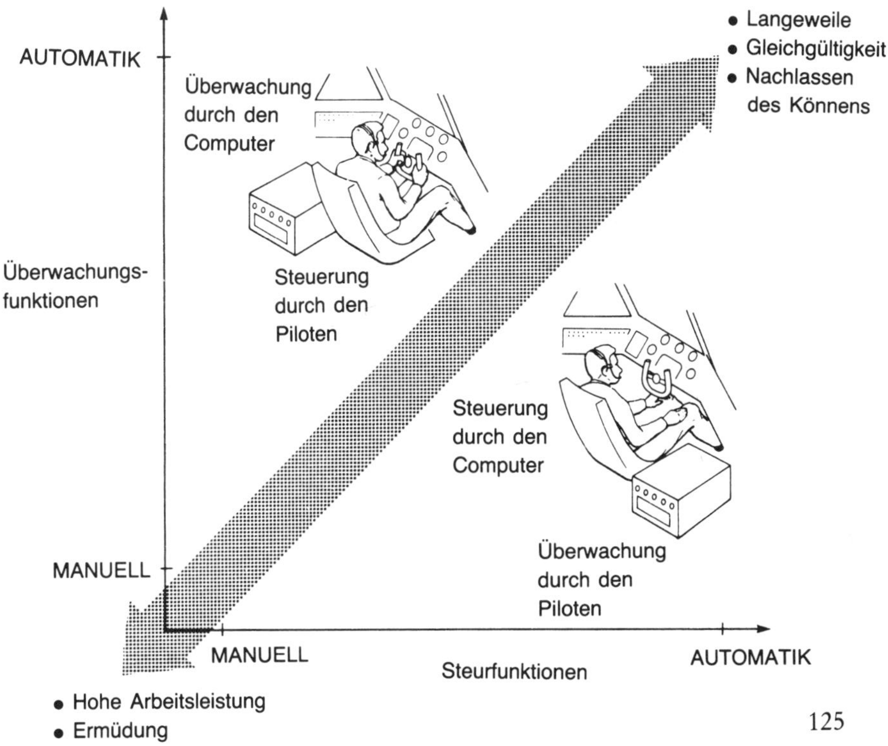

b) Den Passagieren zum allerruhigsten Flug zu verhelfen, der möglich ist (durch Umfliegen von Schlechtwetterzonen, Wahl turbulenzfreier Höhen, langsame Fluglage- und Höhenänderungen).

c) Den Flug so wirtschaftlich wie möglich durchzuführen; die Flugzeit, Verzögerungen am Boden, den Kraftstoffverbrauch und die Abnützung von Gerät so gering wie möglich zu halten.

d) Die negative Beeinflussung anderer Flugzeuge durch eigene Operationen auf ein Mindestmaß zu beschränken (z. B. durch Zusammenarbeit mit der Flugbereichskontrolle, indem Abflughöhen – nach Genehmigung – möglichst rasch für nachfolgende Flugzeuge freigemacht werden).

e) Für eine angenehme, sichere und gesunde Arbeitsplatzatmosphäre der Cockpitbesatzung zu sorgen.

Da nun die Ziele des Systems genannt sind, sollten einige Dinge klargestellt werden. Erstens, die Ziele gelten gleichermaßen, ob die Systeme nun automatisch oder manuell sind. Ob das automatisierte Cockpit dazu beitragen kann, diese Ziele zu erreichen, und ob es möglich und wirtschaftlich ist, dies zu tun, bleibt abzuwarten.

Zweitens, diese Ziele stehen zum überwiegenden Teil nicht im Widerspruch zueinander. Es gibt Ausnahmen, wie die Tatsache, daß b) sich im Widerspruch zu c) befindet. Die Lösung dieser Gegensätze liegt in der Bewertung der Nutzanwendung durch die Fluggesellschaft, in sich keine leichte Aufgabe. Wenn der Nutzen deutlich zutage tritt, könnte die Lösung heißen = Automatisieren. Man könnte zum Beispiel ein Bord-Flugführungssystem ins Auge fassen, welches die Nutzbringung zusätzlicher Kosten für einen Schlechtwetterumweg mit der Belästigung für die Passagiere vergleicht.

Das System würde dann – innerhalb gewisser Grenzen – das Flugzeug nach Kurs und Höhe mit größtmöglichem Nutzeffekt navigieren. Ebenso können b) und d) bisweilen im Widerspruch miteinander stehen, – ein sehr rascher Sinkflug würde der Flugbereichskontrolle helfen, Flughöhen für den übrigen Verkehr freizumachen, aber nachteilig für den Passagierkomfort und den Treibstoffverbrauch sein. Wiederum: Während dies nicht Probleme der Automation an sich sind, kann die Automatisierung im Cockpit (und anderswo) doch zu ihrer Lösung beitragen, indem der Konstrukteur gezwungen wird, sich die Frage der Nutzbringung vor Augen zu halten.

Absichten und Gedanken zur Entwicklung von Regelkreisen

Bis jetzt haben wir die Zielsetzung erläutert und zumindest eine Rechtfertigung für das Erwägen der Automation als Mittel zum Erreichen dieser Ziele – mit einigen Vorbehalten – ausgearbeitet. Wir müssen nun die Planungsgedanken betrachten, die sich um die Fragen des »Menschen im Regelkreis« drehen. Mit einfachen Worten gesagt, der Konstrukteur muß sich fragen, bis zu welchem Grad der Mensch überhaupt in den Regelkreis einbezogen werden sollte.

Dies bedeutet erheblich mehr als die Wiederholung der uralten, abgedroschenen Redensart, daß »der Mensch diese Dinge besser kann als Maschinen, aber Maschinen jenes besser können«, die in der ersten Zeit der Ergonomie so in Mode war. Da die Verfasser bereits davon ausgehen, daß es den unbemannten Luftverkehr nicht geben wird, muß die Frage neu gestellt werden, »unter welchen Bedingungen der Mensch Teil des Regelkreises sein sollte, und welcher Preis für das Einbeziehen oder Ausschließen des Menschen zu zahlen ist, wenn die Zielsetzung erreicht werden soll?«

Als Musterbeispiel mag jenes gelten, das gewöhnlich von Regelsystemingenieuren verfolgt wird: Miteinander verknüpfte Regelkreise mit inneren, hochaktiven Kreisen, wie die für die Fluglagensteuerung, und äußeren Kreisen mit geringerer Aktivität, wie die der Flugnavigation. Diese Regelkreise müssen entweder vom Piloten oder durch den Autopilot kontrolliert werden, die Wahl wird durch die jeweilige Betriebsart der benutzten automatischen Steuerung bestimmt.

Während des Reiseflugs, des am wenigstens kritischen Teils des Fluges, sind Konstrukteure wie Piloten nur zu gerne bereit, die Steuerung an den Autopilot zu übergeben, damit sich die Piloten anderen Dingen zuwenden können.

In anderen Flugphasen ist die Auf- oder Abschaltung des Autopiloten im großen und ganzen eine Sache des persönlichen Stils des Piloten.

Eine Steuerung durch den Autopilot beim Geradeausflug auf einer zugewiesenen Flughöhe wäre ausreichend, gäbe es nicht die Fälle, daß Autopiloten sich auf beruhigende Weise »taktvoll heimlich verabschieden« können, so taktvoll, daß ein Entkuppeln von der Besatzung solange überhaupt nicht bemerkt wird, bis sich das Fluggerät bereits weit außerhalb der Normallage befindet. Zwei interessante Beispiele können angeführt werden. Im ersten Fall erlebte die Besatzung einer Boeing 707 der Pan American Airways, die in 36 000 Fuß Höhe über dem

Atlantik flog, das »taktvolle« Abschalten des Autopiloten. Das Flugzeug ging in eine steile Sinkflugspirale über, bevor die Besatzung handelte, und verlor 30 000 Fuß bis zur Wiederherstellung der Normallage.

Ein zweiter Fall, der Absturz einer »Tristar« L-1011 in den Everglade-Sümpfen, wurde in diesem Kapitel bereits angesprochen.

Eine anspruchsvollere Aufgabe der Steuerung ist die Navigation beim Endanflug – lediglich eine besondere Art der lateralen und vertikalen Navigation, aber eine, die relativ große Bandbreite mit geringer Fehlertoleranz vereint. An dieser Stelle werden die Konstruktionsphilosophien mit dem »Menschen im Regelkreis« kontrovers. Ein ausgezeichnetes Beispiel für das Vordringen grundlegender Konstruktionsgedanken bis in den Geräteentwurf hinein ist der Meinungsstreit um das »Head-up Display (HUD)« (projizierte Frontscheibendarstellung). Die Streitfrage ist der Nutzwert des HUD für den Piloten bei einem Landeanflug mit niedriger Wolkenuntergrenze und geringer Sicht, unterhalb der für Flugzeuge mit herkömmlichem Instrumentenbrett erlaubten Minima, selbst wenn automatische Schubregelung und Flugweganzeiger vorhanden sind. Die beiden Anschauungen werden einmal in den Schriften von Naish und von Weiser verdeutlich, die sehr dafür sprechen, den Menschen im Regelkreis beizubehalten, indem ihm das HUD zur Verfügung gestellt wird, und zum anderen durch St. John, der den Menschen völlig aus dem Regelkreis eines Endanflugs entfernen und ihn durch intelligentere Geräte für eine automatische Landung ersetzen möchte.

Das Argument zugunsten des HUD ist, daß es einem der Piloten ermöglicht, den »Kopf oben« zu behalten, so daß beim Erkennen der Landebahn der Übergang vom Instrumentenflug auf äußere Bezugspunkte erleichtert wird. Der Pilot, der den »Kopf oben« hat, würde so fliegen, daß er das Landebahnsymbol des HUD nach Sicht der tatsächlichen Landebahn überlagert.

Andere glauben, daß das Eingreifen der Piloten beim automatischen Landeanflug nichts als Fehler bringt – sie ziehen es vor, die Leistungsfähigkeit von Autopilot/automatischer Schubregelung bis zur Landebahn voll auszuschöpfen, wobei die Piloten die Hände vom Steuer lassen und nur überwachen sollen (wie in Abb. 4.1 in der äußersten Ecke rechts unten). Der Mittelweg wäre ein automatischer Landeanflug, der auf einem »Head-up Display« überwacht wird. Dieses Verfahren findet immer mehr Anklang und wird gegenwärtig von einigen europäischen Luftverkehrsgesellschaften angewendet.

Der Leser sollte beachten, daß zumindest ein Gerät der Cockpit-Instrumentierung, der Flugweganzeiger, in direktem Gegensatz zu der ineinandergreifenden Regelkreisstruktur steht, die wir gerade beschrieben haben. Ein Flugweganzeiger trifft im wesentlichen Entscheidungen im äußeren Regelkreis auf dem Gebiet der Navigation und rechnet sie in Steuerbefehle für den Piloten (oder Autopiloten) um, wodurch diesem das Verarbeiten komplexer Informationen abgenommen wird.

Schließlich sollte man sich eine Vorstellung von den äußeren Regelkreisen machen, wo Steuerentscheidungen nur gelegentlich getroffen werden: Die anfängliche Flugplanung oder Streckenänderungen unterwegs (um Schlechtwetterzonen zu umfliegen, Umleitung zum Ausweichflughafen oder das Bewältigen kritischer Flugstörungen). Viele dieser Entscheidungen könnten automatisiert werden, aber gegenwärtig sind sie es nicht. Wir prophezeien, daß wirklich wesentliche Entscheidungen immer die Domäne des Piloten sein werden, und zwar aus verschiedenen Gründen: Wegen der Komplexität, der Kosten für das Entwickeln und Unterhalten der Software-Programme, der gesetzlichen Haftungsfrage und den sozialen Zwängen. Selbst in der rein automatischen Betriebsart würden die Geräte Informationen verarbeiten und dem Piloten Alternativen anbieten, der die Ergebnisse abwägen und die Führungsentscheidung treffen müßte. Die spannende Frage ergibt sich aus den vielen möglichen Formen der Wechselwirkung zwischen Besatzung und Computer. Berechnet zum Beispiel das automatische System lediglich Alternativen, oder sollte es dem Piloten eine »beste« Wahl vorschlagen? Welche Rolle könnte die Automation bei Entscheidungen mit mehreren Faktoren spielen? Nehmen wir die Wahl eines Ausweichflughafens als Beispiel für den Fall, daß eine Umleitung vom Zielflughafen erforderlich wird. Zweckdienliche Informationen über die zur Auswahl stehenden Flughäfen sind aktuelles Wetter, vorhergesagtes Wetter, die Art des verfügbaren Instrumentenanflugverfahrens, Passagiereinrichtungen, Wartungsmöglichkeiten, Landebahnlänge und -beschaffenheit, Betankungsmöglichkeit, umgebendes Gelände und vieles mehr. Automation oder nicht, der Kapitän muß letztlich Informationen von riesigem Ausmaß verarbeiten und die Entscheidung treffen, oft zwischen in Widerstreit stehenden Sachverhalten. Unsere Frage ist noch einmal, wie kann Automation den Piloten beim Treffen seiner Entscheidung unterstützen?

Absichten und Gedanken zur Entwicklung von Überwachungssystemen

Bis vor kurzem gab es wenig Zustimmung für andere Entwicklungsvorhaben automatischer Alarm- und Warnsystme, die abwichen vom üblichen Warngerättypus, der den Piloten vor den Bedingungen irgendeines früheren einmal passierten schweren Flugunfalles warnen soll. Dies und der Wunsch, alle Situationen mit Alarmen und Warnungen abzudecken, hat zu einer Ausuferung von selbständigen Warn- und Alarmgeräten geführt, die – so glauben viele – den Sättigungspunkt für das Informationsverarbeitungsvermögen von Piloten erreicht hat. Es gibt zum Beispiel 188 Warnungen und Alarme bei der Boeing 707, 455 in der Boeing 747, 172 in der DC-8 und 418 in der DC-10.

Die Luftfahrtindustrie ist der Ansicht, daß die Zeit reif ist für die Entwicklung integrierter Alarm- und Warnsysteme.

Es wurde gesagt, daß der Mensch ein schlechter Überwacher ist; für das Erkennen bestimmter Situationen jedoch (z. B. Kopflosigkeit oder geistige Verwirrung anderer Besatzungmitglieder) ist der Mensch ganz klar jedem automatischen Überwachungssystem überlegen. Wenn er in großen Verkehrsflugzeugen Überwachungsprobleme hat, so liegen diese wahrscheinlich darin begründet, weil er eine große Zahl von Systemen zu überwachen und gleichzeitig andere Aufgaben zu bewältigen hat. Trotz vieler Laborversuche, die eine Befähigung des Menschen zu paralleler Informationsverarbeitung aufzeigen, erledigen Piloten viele ihrer Aufgaben über den Einweg-Verarbeitungskanal, besonders wenn die Aufgabe etwas von der Norm abweicht. Es ist beispielsweise nicht ungewöhnlich, daß Piloten sich im Verlauf eines schwierigen Manövers der Radionavigation ganz auf die Flächennavigation konzentrieren und dabei die Geschwindigkeitskontrolle vernachlässigen.

Zusammenfassend kann gesagt werden, daß das »Einwegkanal«-Verhalten des Menschen und die zunehmende Zahl von Geräten und Anzeigen, die überwacht werden müssen, vorrangig die Notwendigkeit für eine Automatisierung von Überwachungsfunktionen begründen. Eine Erhöhung der Zahl individueller Alarme und Warnungen bedeutet jedoch keine vollständige Problemlösung, denn eine einzige Unregelmäßigkeit kann zu einer großen Zahl von Alarmierungen führen, von denen viele überflüssig oder – schlimmer noch – irreführend sind; deshalb legt die Industrie den Nachdruck auf integrierte Alarm- und Warnsysteme.

Tafel 4.1 Allgemeine Feststellungen der Vor- und Nachteile der Automatisierung des Systems „Mensch-Maschine“

Vorteile	Nachteile	Fragwürdig	Unbekannt
– Erhöhte Kapazität und Produktivität – Verringerung der manuellen Arbeit und Ermüdung – Entlastung von Routinearbeiten – Verhinderung geringfügiger Fehler – Genauere Abfertigung des Routinebetriebes – Wirtschaftliche Nutzung von Maschinen (z.B. Energiesparen) – Ausgleichen individueller Unterschiede (geringe Toleranzen)	– Wird als Entmenschlichung angesehen; geringere Zufriedenheit am Arbeitsplatz; Widerstände der Nutzer – Geringe Aufmerksamkeit des menschlichen Bedieners – Systeme sind intolerant gegenüber Fehlern – kann zu größeren Fehlern führen – „Stille“ Fehlfunktionen – Weniger Übung des Bedieners, falls manuelles Eingreifen nötig wird – Zu großes Vertrauen; Gleichgültigkeit; Bereitschaft zur unkritischen Akzeptanz von Ergebnissen – Falsche Alarme – Durch Automation bewirkte Fehler – Erhöhte geistige Arbeitsbelastung	– Gesamtarbeitslast verringert oder erhöht? – Betriebskosten verringert oder erhöht? – Ausbildungsanforderungen erhöht oder verringert? – Reduzierung des Cockpitpersonals?	– Kapitalinvestitionskosten – Anwendung gebräuchlicher „hardware“ (z. B. Standard-Computer-Hauptgeräte) – Wartungskosten – Ausmaß der Vielfachauslegungen notwendig und wünschenswert – Langzeitauswirkung auf die Sicherheit – Langzeitwirkung auf Bediener und anderes Personal (einschl. physischer und geistiger Gesundheit, Zufriedenheit am Arbeitsplatz, Selbstachtung, Berufsattraktivität für Außenstehende) – Langzeitwirkung auf Tarifverhandlungen – Auswirkungen auf die Zivilhaftung (z.B. Programmierungsfehler, der zu einem Unfall führt)

Stärken und Schwächen

Auf die Gefahr hin, der verlockenden Formulierung zu erliegen, daß »Menschen dieses und Maschinen jenes besser machen«, beenden die Verfasser diesen Abschnitt mit einer Zusammenfassung und Verallgemeinerung einiger der in Tafel 4.1 aufgeführten positiven und negativen Merkmale der Cockpit-Automatisierung. Die allgemeine Auflistung in der Tafel 4.1 trifft wahrscheinlich auf das Cockpit und vielleicht in gleichem Maße auf die Fabrikation, Luftverkehrskontrolle, Medizin, Fernmeldedienste, Energieerzeugung und viele hochautomatisierte Systeme außerhalb des Luftfahrtbereichs zu.

RAHMENBEDINGUNGEN FÜR DIE AUTOMATION

In diesem Abschnitt schlagen wir einige Rahmenbedingungen für die Konstruktion und Anwendungsmöglichkeiten automatischer Systeme vor. Diese Empfehlungen gehen über die gewöhnlichen Forderungen an anthropotechnische Konstruktionen hinaus und sollten sorgfältig betrachtet werden. Die Rahmenbedingungen sind nicht als technische Beschreibungen anzusehen, da die meisten für diesen Zweck zu wenige Einzelheiten enthalten und es Situationen gibt, in denen sie nicht zutreffen könnten. Darüber hinaus gibt es innerhalb dieser Empfehlungen viele miteinander in Widerspruch stehende Begriffe. Da wir versucht haben, sie verständlich zu machen, mögen einige dem Leser ganz einleuchtend erscheinen.

Steuerungsaufgaben

a) Der Betrieb eines Systems sollte für den Bediener leicht auslegbar oder verständlich sein, um das Erkennen eines fehlerhaften Betriebsablaufs und die Diagnose von Fehlfunktionen zu erleichtern.

b) Das automatische System ist so zu konstruieren, wie der Nutzer es haben möchte (in Übereinstimmung mit anderen Auflagen wie z. B. Sicherheit); dies mag bedeuten, daß der Nutzer über bestimmte Parameter die Kontrolle hat, wie auch über die Nutzung des Systems (siehe e)). Viele Nutzer automatischer Systeme finden heraus, daß die Systeme nicht in der gewünschten Weise funktionieren. So verursachen beispielsweise vor allem ältere Autopilottypen ein für Passagiere unangenehmes Flügelwackeln, wenn sie Flugwegkorrekturen anhand von bodengestützten Navigationshilfen vornehmen. Daher verwenden viele Verkehrspiloten dieses Gerät nicht, und zwar nicht einmal bei Nonstopflügen von Küste zu Küste.

c) Die Automatik muß so konstruiert sein, daß die Spitzen der Arbeitsbelastung nicht übermäßig hoch werden können (dies mag von Bediener zu Bediener variieren). Systemüberwachung ist nicht nur eine gesetzlich vorgeschriebene, sondern auch notwendige Tätigkeit des menschlichen Bedieners; sie nimmt jedoch gewöhnlich den zweiten Rang hinter anderen, ereignisabhängigen Aufgaben ein. Indem die Anforderungen im vernünftigen Rahmen gehalten werden, kann die Verwendung der übrigen Zeit für das Überwachen sichergestellt werden.

d) Bei den meisten der komplexen Systeme ist es für den Computer sehr schwierig zu erkennen, wann die Anforderungen für den Bediener zu hoch werden. Deshalb muß der Bediener so geschult und motiviert werden, die Automation als ein zusätzliches Hilfsmittel zu verwenden.

e) Wünsche und Forderungen nach Automation verändern sich mit der Zeit und je nach Bediener. Man sollte unterschiedliche »Arbeitsstile« (die Wahl der Automatik) von Bedienern berücksichtigen, sofern möglich.

f) Es ist sicherzustellen, daß die Gesamtfunktion des Systems unempfindlich gegenüber verschiedenen Optionen oder Betriebsmethoden ist. Zum Beispiel kann ein Pilot vom Autopilot entweder verlangen, daß er vom Piloten eingegebene Kurse fliegt oder einen Flugweg nach bodenständigen Funknavigationsstationen einhält.

g) Es müssen Mittel vorhanden sein, um die Grundeinstellungen und die Informationseingaben von automatischen Systemen zu überprüfen. Viele Versager in automatischen Systemen hat es gegeben und wird es weiterhin geben, weil die Grundeinstellung und Eingaben fehlerhaft waren und nicht weil Geräte versagten. Das automatische System selbst kann einen Teil der Eingaben und Einstellung prüfen, aber unabhängige, fehlersuchende Ausrüstung/Verfahren sollten gegebenenfalls zur Verfügung stehen.

h) Ausgiebige Schulung des Bedienungspersonals, das mit automatischen Geräten arbeitet, ist notwendig, und zwar nicht nur zur Sicherstellung richtiger Bedienung und Einstellung, sondern auch um Kenntnisse über korrekten Betrieb (Fehlererkennung) und Notverfahren (Fehlerdiagnose und -behebung) zu vermitteln.

Überwachungsaufgaben

i) Bedienungspersonal sollte dahingehend geschult, motiviert und beurteilt werden, daß es eine wirkungsvolle Überwachung durchführen kann.

j) Falls die Automation die Anforderungen an eine Aufgabe mindert, ist für eine sinnvolle Tätigkeit zu sorgen, um den Bediener beschäftigt zu halten und ihn gegen Ablenkung abzuschirmen. Viele haben empfohlen, Zusatzaufgaben zu schaffen, aber es ist äußerst wichtig, zusätzliche Aufgaben sinnvoll zu gestalten (nicht etwa als »Beschäftigungstherapie«) und sie direkt auf die Hauptaufgabe auszurichten.

k) Die Häufigkeit von falschem Alarm muß in annehmbaren Grenzen gehalten werden (man denke nur an die Wirkung von falschem Alarm auf das Verhalten des Menschen).

l) Bei Alarmen mit mehr als einer Bedeutung oder mit mehr als einem Zustand, durch welchen der Alarm ausgelöst werden kann, muß klar aufgezeigt werden, welcher Zustand für die Alarmauslösung verantwortlich ist.

m) Wenn die Reaktionszeit nicht kritisch ist, werden die meisten Bediener versuchen, die Richtigkeit des Alarms zu prüfen. Informationen sollten in geeigneter Form zur Verfügung gestellt werden, damit die Stichhaltigkeit rasch und genau geprüft werden kann und nicht Ursache für Ablenkung wird. Der Bediener sollte auch über Informationen und Möglichkeiten verfügen, das automatische System und die Funktion des Warnsystems zu beurteilen. Einige sollten als leichter Schnelltest für Sensoren und Anzeigen ausgelegt sein (wie die bekannten Drucktests der Glühlampen); größere Anlagen müßten über logische Tests verfügen.

n) Das Format der Alarmanzeige sollte den Rang der Notsituation anzeigen. Mehrere Dringlichkeitsstufen des gleichen Zustandes können vorteilhaft sein.

o) Man muß Schulungsmethoden und möglicherweise Ausbildungsgerät erfinden (einschließlich Simulatoren für die Teilaufgabe oder die ganze Aufgabe), um sicherzustellen, daß Besatzungen allen Alarmarten und vielen möglichen Alarmkombinationen ausgesetzt sind und daß sie verstehen, mit ihnen umzugehen.

SCHLUSSFOLGERUNGEN

Es gibt viele potentielle sicherheitsmäßige und wirtschaftliche Vorteile, die erst durch das Automatisieren von Cockpitfunktionen verwirklicht werden können, aber das hohe Tempo der Automation läßt unsere Fähigkeit, sämtliche Auswirkungen auf die Leistung der Besatzung zu erfassen, weit hinter sich. Es ist unrealistisch, die Cockpit-Automatisierung stoppen zu wollen, bevor ihre Qualitäten und Auswirkungen vollständig verstanden sind. Wir rufen jedoch jene auf, die automatische Systeme konstruieren, analysieren und im Cockpit installieren, dies sorgfältig zu machen; die Auswirkungen der Automatisierung auf die Verhaltensweise im Auge zu behalten; sich der gegenwärtigen und künftigen Rahmenbedingungen und Richtlinien zu bedienen; und wachsam gegenüber Symptomen zu sein, die bei der Ausbildung oder im Einsatzbetrieb in Erscheinung treten könnten. Die ergonomische Natur dieser Probleme legt nahe, daß andere Sektoren des Flugwesens und in der Tat auch andere Industriebereiche denselben Problemen gegenüberstehen oder gegenüberstehen werden: Denn niemand ist dagegen gefeit.

DANK UND WÜRDIGUNG

Dieses Kapitel wurde am Sitz der Man-Vehicle Systems Research Division, dem Ames Research Center der NASA geschrieben, als der erstgenannte Verfasser von der University of Miami beurlaubt war. Die Verfasser anerkennen und würdigen dankbar die Hilfe vieler Mitarbeiter dieser Forschungseinrichtung und vieler anderer Angehöriger des Ames Research Center. Dieses Kapitel wurde erstmalig von der NASA veröffentlicht und erschien dann in der Fachzeitschrift »Ergonomics«, 1980, Vol. 23, N. 10.

KAPITEL 5

Unfälle durch kontrollierten Flug in den Boden: Vom Gesamtsystem induzierte Fehler

E. L. Wiener

Es wird behauptet, daß im Streben nach Sicherheit ein völliges Verlassen auf automatische Systeme genauso voller Fallgruben sein kann wie absolutes Vertrauen in die menschlichen Fähigkeiten. Dieses Kapitel beleuchtet einige der Konfliktgebiete dieser Schnittstelle und verwendet als Rahmen das periodisch wiederkehrende Phänomen, wo Flugzeuge unter voller Kontrolle in den Boden oder in das Wasser geflogen wurden, ohne daß vorher der Besatzung von dem bevorstehenden Unglück etwas ins Bewußtsein gedrungen wäre.

Der Verfasser untersucht solche Flugunfälle, die er als das Ergebnis von Fehlern betrachtet, welche durch ein komplexes Luftverkehrskontrollsystem mit reichlichen, systembedingten Fehlergelegenheiten erzeugt wurden. Probleme wie die Kommunikation zwischen Pilot und Fluglotsen, Arbeitsbelastung im Cockpit, Lärmbekämpfungvorschriften, staatliche Vorschriften, visuelle Wahrnehmungen, Täuschungen sowie Cockpit- und Bodenradar-Warnvorrichtungen werden besprochen und noch einmal diesbezügliche Unfälle geschildert. Es ist offensichtlich, daß die Fachleute, die sich dem Gebiet der menschlichen Ursachefaktoren widmen, eine bedeutendere Rolle spielen könnten, nicht nur bei der Lösung von solch spezifischen Problemen, sondern darüber hinaus auch von jenen des gesamten Luftverkehrskomplexes.

Es gibt eine alte Fliegergeschichte, die vielleicht gut erfunden sein mag, aber überliefert, daß in den Jahren der sich ausweitenden »Army Air Forces« vor dem Zweiten Weltkrieg General Arnold, beunruhigt über die hohe Flugunfallrate, ein Komitee zur Untersuchung des Problems eingesetzt hatte. Wie man sich erzählt, wählte er im Interesse der Unparteilichkeit einen Kavallerieoffizier als Vorsitzenden des Komitees. Nach Beeindigung der Untersuchung meldete das Komitee, daß die Hauptursache für militärische Flugunfälle das Aufschlagen der Flugzeuge am Boden war. Heute scheint der Witz etwas abgedroschen, aber so lustig war er gar nicht, selbst als er aktuell war.

Aber heutzutage gibt es eine ironische, überraschende Wendung der Geschichte: Die amerikanische Zivilluftfahrt, trotz all ihrer ganz unglaublichen Sicherheitsstatistik, mußte eine Welle von Unfällen erleben, wo Verkehrsflugzeuge buchstäblich in den Boden geflogen wurden. Zwei spektakuläre Unfälle, Eastern Airlines, Flug Nr. 401, eine L 1011 »Tristar«, die ihre zugewiesene Höhe von 2000 Fuß (etwa 610 m) verließ und langsam bis in die Sümpfe der Everglades westlich von Miami hinabflog, und Eastern Airlines, Flug Nr. 212, eine DC 9, die 5,3 km vor der Landebahn in Charlotte aufschlug, entfachten einen beträchtlichen Meinungsstreit, führten zum Verlust des Vertrauens der Bevölkerung in die Verkehrsfliegerei und zu Kritik an der FAA. Am 1. Dezember 1974 flog TWA 514, eine Boeing 727, beim Anflug auf Dulles gegen einen Berg, nachdem das Flugzeug vorzeitig seine sichere Reiseflughöhe aufgegeben hatte; der Grund waren Unklarheiten im Funksprechverkehr zwischen Pilot und Fluglotse sowie fehlerhafte Navigationskarten. Dieser Unfall war letzter auslösender Funke, vielleicht eines jener entscheidenen Ereignisse, wie der Zusammenstoß im Grand Canyon (TWA und United), die eines Tages als Wendepunkt in der Geschichte der Luftverkehrskontrolle angesehen werden. Zyniker mögen behaupten, daß dieser Unfall nur deshalb so ausschlaggebend war, weil er sich in der Nähe von Washington ereignete – daran mag tatsächlich etwas Wahres sein. Aber er folgte auch dem Absturz bei Charlotte genau auf den Fersen und zufälligerweise zu einer Zeit, als die FAA »rotierte« infolge der Kritik wegen ihrer angeblichen Fehlleistungen im Zusammenhang mit dem Defekt an der DC 10-Frachttür, der zum Absturz einer türkischen Maschine im März 1984 bei Paris geführt hatte. Schließlich muß auch gesagt werden, daß es für die Öffentlichkeit, die sie repräsentierenden Politiker und Chefredakteure unbegreiflich war, wie Luftverkehrsvorschriften und ihre Terminologie so unklar sein konnten, daß Piloten und Fluglotsen sich über ihre Bedeutung uneinig waren. Der Streit zwischen der Pilotenvereinigung (ALPA) und der Berufsvereinigung der Fluglosten (PATCO) war nicht gerade der Sache förderlich.

Es ist schwierig, die Bestürzung und Erbitterung auszudrücken, die der Unfall der TWA 514 erzeugt hat. Als Beweis dient die Tatsache, daß die öffentliche Anhörung von normalerweise etwa drei Tagen Dauer sich über vier Wochen hinzog.

TWA 514 und andere CFIT-Unfälle (CFIT: »Controlled Flight Into Terrain«) können als Versager bei der Informationsverarbeitung betrachtet werden. Dies ist im wesentlichen die Absicht dieses Kapitels: Die CFIT-Abstürze als »systeminduzierte« Fehler herauszustellen, von denen die meisten durch vernünftige Betrachtung der menschlichen Fehlerfaktoren hätten vermieden werden können. Die sich dem Faktor »Mensch« widmenden Fachleute haben seit langem das Problem »systeminduzierter« Fehler erkannt. Dieses Kapitel erweitert lediglich den Problemkreis auf ein großmaßstäbliches System, dessen Hauptbestandteile Luftfahrzeuge, Verkehrskontrolle und Flugplatzeinrichtungen sind. Diese drei Bestandteile sind in zwei weiteren Komponenten verankert: Vorschriftenlage und Wetterfaktoren.

Die Vorstellung eines systemerzeugten CFIT-Unfalles kann vielleicht am besten mit einem Beispiel verständlich gemacht werden, dem Aufschlag der Delta Air Lines, Flug Nr. 723, einer DC 9, im Jahre 1973 kurz vor der Landebahnschwelle des Flughafens Boston. Der NTSB-Bericht liest sich auszugsweise folgendermaßen:

Das NTSB legt als wahrscheinliche Unfallursache fest: Versagen der Besatzung, die Höhe zu überwachen und das Passieren der Entscheidungshöhe zu erkennen, als ein unsteter Präzisionslandeanflug unter rasch wechselnden meteorologischen Bedingungen durchgeführt wurde. Das Unstete im Landeanflug wurde anfangs verursacht durch den Überflug des »Outer Marker« (»Outer Marker«: Funkbake bei einem Instrumentenanflugverfahren (ILS); d. Ü.), oberhalb des Gleitpfads mit überhöhter Geschwindigkeit, und wurde hernach verstärkt durch die Inanspruchnahme der Besatzung, die fragwürdigen Informationen, dargestellt durch das Flugweganzeigesystem, abzuklären. Der mangelhafte Ansatz des Endanfluges beruhte teilweise darauf, daß die Flugsicherungskontrollstellen sich nicht weisungsgemäßer Kontrollverfahren bedienten.

Was der Bericht nicht erklärt, ist der Grund für die nicht der Norm entsprechende Freigabe der Luftverkehrskontrolle, welche die Besatzung – und ihr Flugzeug – über ihr Leistungsvermögen hinaus getrieben hat, einen stabilisierten Landeanflug zu erreichen sowie die Tatsache, daß der Fluglotse selbst durch ein mögliches Zusammentreffen zweier weiterer Flugzeuge in Bedrängnis geraten war. Auf diese Weise trafen die Grenzen des Mensch-Maschine-Systems zu Lande und zur Luft aufeinander und führten zu diesem Unfall.

CFIT-FLUGUNFÄLLE

Mit wachsender Besorgnis der Amtsorgane wurde im Jahre 1974 ein neuer Begriff geboren: »Kontrollierter Flug in den Boden«. Die Unfälle waren nicht neu, lediglich die Terminologie. Eine genaue Definition ist nicht möglich, jedoch verbirgt sich unter dem Begriff die Vorstellung, daß ein Flugzeug im normalen Flugzustand, ohne Notsituation und ohne Vorwarnung der Besatzung über drohendes Ungemach, auf dem Boden (oder Wasser) und außerhalb der Landebahn aufschlägt. Hierin ist eine Vielzahl sehr unterschiedlicher Situationen eingeschlossen: Ein Flugzeug, das kurz vor dem Aufsetzpunkt der Landebahn aufschlägt (bekannt als sogenannter »Kurzlande«-Unfall) wie im Falle der PAA 806 (Boeing 707) in Pago-Pago und Delta 723 in Boston.

Flugzeuge, die in beträchtlicher Entfernung vor der Landebahn Bodenberührung bekommen, zum Beispiel der EAL 212; der ziemlich bizarre Fall der EAL 401, die überhaupt keinen Sinkflug vornehmen sollte; oder TWA 514, die 37 km vom Flughafen Dulles entfernt gegen einen Berg flog. Die Definition könnte auch aufsteigende Flugzeuge einschließen, obwohl dies ungewöhnlich ist (wie im Falle der Sierra Pacific 802). Ein Beispiel für einen auszuschließenden Unfall wäre das Unglück der EAL 66, einer Boeing 727, die am 24. Juni 1975 in die Anflugbefeuerung des John.-F.-Kennedy-Flughafens stürzte. Der Unfall wurde hauptsächlich dem sehr schlechten Wetter beim Endanflug zugeschrieben, weshalb sich das Flugzeug nicht – per definitionem – in »kontrolliertem Flugzustand« befand.

Probleme im Hinblick auf Umsicht und Aufmerksamkeit

Als der Verfasser seine Abhandlung über menschliche Umsicht und Aufmerksamkeit schrieb, zitierte er zwei Berichte (des damaligen CAB) über Unfälle, die sich am gleichen Tag des Jahres 1959 ereigneten und die eindeutig Fälle von Unaufmerksamkeit der Besatzung waren. Was heutzutage ein CFIT-Unfall genannt wird, ereignete sich mit einer Lockheed »Elektra« der American Airlines, der ersten einer Strähne von verunglückten »Elektras«, als die Maschine, auf dem Landekursgeber/-zeiger im normalen Sinkflugzustand fliegend, mehr als eine Meile vor der Landebahn von La Guardia/New York auf dem Wasser aufschlug. Nur wenige Stunden vorher war es geschehen, daß sich in einer Boeing 707 der Panamerican Airways über dem Atlantik der Autopilot abgeschaltet hatte und das Flugzeug ohne irgendein Eingreifen der Besatzung in einen spiralförmigen Sinkflug übergegangen war, wobei insgesamt 9140 m Höhe verloren wurden, bis ein Abfangmanöver nur knapp 1830 m über dem Ozean gelang.

Seit damals ähnelte eine alarmierende Zahl von CFIT-Unfällen diesen Vorkommnissen und veranlaßte den Verfasser und vielleicht viele andere auch, über all die Jahre von Untersuchungen über die menschliche Aufmerksamkeit einmal nachzudenken. Es wird hier, vielleicht etwas willkürlich, unterschieden zwischen dem typischen »Kurzlande«-Unfall, bei dem das Flugzeug zu tief gerät und vielleicht einen oder zwei Kilometer vor der Landebahn aufschlägt, und jenen Unfällen, wo das Flugzeug in beträchtlicher Entfernung vom Flughafen Bodenberührung bekommt.

Es scheint aber, daß sich der Kurzlande-Unfall wie bei der PAA 806 (1,2 km zu kurz) und DAL 723 (0,9 km zu kurz) – flugbetrieblich gesehen – vom Unfall der EAL 212 unterscheidet, die 5,3 km zu kurz aufschlug. Während vielleicht alle Vorfälle auf das Konto »Unaufmerksamkeit der Besatzung« gingen, waren jedoch die ersten beiden Flugzeuge während des größten Teils ihres Landeanflugs – zumindest annäherungsweise, wenngleich nicht in Übereinstimmung – mit dem vorgeschriebenen Flugverfahren. Im Falle der EAL 212 war der Anflug zu keinem Zeitpunkt korrekt – es gab eine Serie von Navigationsfehlern und unrichtiger Höhen, und etwas, was man als totale Mißachtung des weiteren Flugverfahrens bezeichnen könnte (ALPA läßt diesen Gesichtspunkt jedoch nicht gelten). Überlebende Passagiere berichten, daß sie Bäume und Gelände vor dem Aufschlag gesehen haben. Die Handlungen des Piloten weisen nicht auf solches Erkennen hin, mit Ausnahme des Handelns in der buchstäblich letzten Sekunde.

Noch interessanter bezüglich menschlicher Aufmerksamkeit war der Flug EAL 401. Um den Leser ganz kurz zu erinnern: Die »Tristar« Lockheed 1011 begann einen ostwärtigen Landeanflug nach Miami, als die Besatzung eine unsichere Bugfahrwerksanzeige entdeckte (eine

Warnlampe leuchtete nicht auf), den Anflug abbrach und mit Flugsicherungsgenehmigung nach Westen in 2000 Fuß Höhe (etwa 610 m) über die Everglades flog, um den Fehler zu untersuchen. Der Flugingenieur und ein als Bordgast im Cockpit mitfliegender Flugzeugmechaniker stiegen in das »Höllenloch« unter dem Cockpit, um eine Sichtinspektion des Fahrwerks vorzunehmen, während Pilot und Kopilot die Warnleuchte auseinandernahmen, um die Glühbirne zu wechseln. Das Flugzeug begann langsam eine Sinkflugkurve. Die beiden Besatzungsmitglieder im Cockpit verfügten über volle Instrumentierung wie auch Bezugspunkte außerhalb des Cockpits (die bei Nacht sehr täuschen können, aber sicherlich besser als keine sind), und doch haben sie den Flugverlauf völlig vernachlässigt, während sie sich mit der Glühbirnenhalterung beschäftigten. Es muß die Tatsache kurz erwähnt werden, daß, obwohl der vorzeitige Sinkflug von der Radarleitstelle bemerkt worden war, menschliche Kommunikationsprobleme und Behördenvorschriften entsprechendes Eingreifen verhinderten; wiederum also ein vom System hervorgerufenes, induziertes Problem.

Einige derartiger Unfälle werden nun unter dem Gesichtspunkt von Gesamtsystemfehlern untersucht und mögliche Gegenmaßnahmen aufgezeigt werden, einschließlich so vertrauter ergonomischer Konzepte wie Arbeitsplatzauslegung, Arbeitsbelastung des Betriebspersonals, Kommunikation zwischen Pilot und Fluglotse, Vertrauen in automatische Warngeräte und visuelle Wahrnehmungstäuschungen.

SYSTEMFEHLER

Kommunikation zwischen Pilot und Fluglotsen

Es scheint kaum notwendig zu sein, vor der Torheit einer Betrachtung von Teilaspekten der Konstruktion und Analyse zu warnen. Das Hauptanliegen dieses Kapitels ist, daß CFIT nicht durch einzelne Ursachen zustande kommen, sondern durch das Gesamtsystem an sich verursacht werden. Dieser Gesichtspunkt kann vielleicht am besten mittels einer Untersuchung der Kommunikationsabläufe zwischen Pilot und Verkehrslotse erfaßt werden.

In den letzten zehn Jahren fanden feine Veränderungen in den Beziehungen zwischen Piloten und Fluglotsen statt, welche – so behauptet der Verfasser – zu einer Verschlechterung des Gesamtsystems geführt haben. Erstens sind die Fluglotsen, die früher aus den Reihen ehemaliger Piloten des Zweiten Weltkriegs und des Koreakriegs sowie militärischer Fluglotsen kamen, heute jünger und weniger cockpitorientiert und in einer weniger autoritären Zeit aufgewachsen. Viele wurden »von der Straße weg« angeheuert (Ein Ausdruck der Lotsen, nicht des Verfassers). Zweitens ist beim Luftverkehrskontrollpersonal eine wachsende Streitlust und die Schaffung einer Berufsvereinigung (PATCO) zu verzeichnen, was zu Störungen im Arbeitsbetrieb führte. Ein größerer Streik der PATCO-Mitglieder, der zu Entlassungen und erheblichen Störungen führte, begann im August 1981. Siehe auch Kapitel 10. Und schließlich ist da schlichter wirtschaftlicher Neid, weil ein Lotse etwa ein Drittel bis ein Viertel des Gehalts eines Flugkapitäns erhält, bei nicht geringerer – vielleicht sogar höherer – Verantwortung und Anforderung. Nehmen wir ein gefährlicheres Moment hinzu, das typische Selbstverständnis des Piloten als »rauhbeiniger Individualist«, dessen Widerwillen gegen jede Behörde oder Person, die ihm vorschreibt, was zu tun ist, sogar den eines Ölmagnaten aus Texas oder eines Doktors der Medizin übertrifft. Mehr darüber wird in der Abhandlung über Lärmverhinderungsverfahren gesagt werden.

All diese Faktoren haben dazu verholfen, daß das Verhältnis zwischen Piloten und Fluglotsen mit der einst die Luftfahrt kennzeichnenden Kameradschaft demontiert und gegenseitiges Mißtrauen gesät wurde, was zwangsläufig seinen Tribut von der Leistungsfähigkeit des Gesamtsystems fordert. Falls dies jemand anzweifelt, so sollte er einige Zeit im Cockpit oder in Luftverkehrsleitstellen verbringen. Ein Satz, den der Verfasser an beiden Orten immer wieder hörte, lautete: »Diese Burschen (Lotsen, wenn ein Pilot es sagt und umgekehrt) verstehen einfach nicht die technischen Grenzen unserer Geräte.« Bemerkenswert ist, daß der jeweilige Sprecher die Ausrüstung und die Geräte als den einschränkenden Faktor empfindet, nicht aber den Menschen.

Das menschliche Kommunikationsproblem könnte nirgendwo besser anschaulich gemacht werden als im Sprechverkehr zwischen Pilot und Fluglotse im Falle des Eastern-Airline-Flugs Nr. 401. Das Flugzeug begann einen langsamen Sinkflug von der zugewiesenen Höhe von 2000 Fuß (etwa 610 m). In 275 m wurde die Höhe durch den Lotsen auf seinem ARTS-3-Radargerät bemerkt (eine fortschrittliche Radaranzeige, welche die mittels Funk übermittelte Flugzeughöhe entschlüsselt und zusammen mit anderen Informationen eine computererzeugte Höhenangabe samt erläuterndem Begleittext des Radarzieles auswirft).

Folgende Konversation entwickelte sich:
Lotse von Miami-Anflugkontrolle:
»Eastern 401, wie kommt ihr da draußen voran?«
Pilot: »O. k., wir möchten gerne umkehren und wieder landen.«

Achtunddreißig Sekunden später schlug das Flugzeug am Boden auf. Warum sagte der Lotse nichts über die Höhe? Betrachten wir zunächst die Behördenvorschrift: Das ARTS-3-Handbuch besagt, daß die Höhenangabe im Begleittext des Radarzieles dem Lotsen lediglich zur Staffelung des Verkehrs dient und daß der Lotse keine Verantwortung für die Einhaltung der Flughöhe trägt. An diesem Punkt kann man hautnah die Gegenwart von Juristen fühlen – eine nicht zu ignorierende Gruppe bei der Betrachtung des Gesamtsytems. Dennoch, wenn 175 Menschen und ein 20-Millionen-Dollar-Flugzeug auf dem Spiele stehen, was hatte der Lotse eigentlich zu verlieren durch Ansprechen des Piloten und Hinweisen auf die Höhenabweichung? Wahrscheinlich ist die Antwort im psychosozialen Rollenverständnis von Pilot und Lotse zu suchen. Die Erfahrung aus der Vergangenheit hat den mit niedrigerem Status und sicherlich geringerer Bezahlung versehenen Lotsen gelehrt, daß er leicht »eine gewischt» bekommen hätte (oder genauer gesagt, eine spitze Bemerkung zu hören bekommen hätte), hätte er dem Piloten gegenüber die Höhe erwähnt.

Dies entspricht dem Verhalten einer Krankenschwester, die einen offensichtlichen Fehler beobachtet und überlegt, ob sie es wagen kann, darauf aufmerksam zu machen. Übrigens gibt es genau dasselbe Problem zwischen Piloten und Kopiloten, in der Militärluftfahrt vielleicht mehr als in der Zivilluftfahrt. Wie hätte der Lotse diesen Konflikt lösen können? Vielleicht durch Zurückgreifen auf die große amerikanische Tradition, Maschinen die Schuld zu geben, um damit die Schneide der Kritik stumpf zu machen. Er hätte die Tragödie verhindern und sich selbst absichern können, indem er gesagt hätte: »Eastern 401, Miami-Anflugkontrolle, unser ARTS-3 zeigt, daß Sie die zugewiesene Höhe 2000 (etwa 610 m) verlassen haben und sinken.«

Diese Konversation zeigt auf, daß sozialer und beruflicher Status und seine Wechselbeziehungen ein lebenswichtiger, wenngleich schwer erfaßbarer Teil des Mensch-Maschine-Komplexes ist und Wissenschaftler dieses Gebiets sich der schwierigen Probleme annehmen müssen. Offensichtlich muß irgendein Weg gefunden werden, Mitarbeitern niederen Status den Freiraum gegenüber denen mit höherem Status einzuräumen, Fehler aufzuzeigen. Sie in das Gesamtsystem einzubinden, gilt es in der Tat. Vielleicht wird die wachsende Militanz jener Leute aus einer Reihe von Berufszweigen und Industriebereichen, welche nicht an der Spitze der Erfolgsleiter stehen, zum Gewinn in puncto Sicherheit beitragen.

Und wenn der Widerstreit noch nicht genügt, werden Juristen zugunsten der Lotsen ihre Stimme erheben. Nach jedem Unfall nehmen Vorschriften an Umfang und Vielfalt, jedoch nicht gerade an Klarheit zu. Es ist nur folgerichtig, daß die Berufsorganisation PATCO sich an ihre Anwälte wendet, um der Haftung oder Bestrafung durch die Behörden zu entgehen. Es sollte einen nicht überraschen, eines Tages den folgenden Funkspruch vom Lotsen an den Pilot zu hören: »National vier-eins-vier, Albuquerque Center: Auf Anraten des Rechtsberaters kann Flugfläche drei-neun-null nicht genehmigt werden.«

Bevor wir dieses Thema verlassen, sollten zwei Punkte erwähnt werden. Erstens tauchten in der Untersuchung des Absturzes der EAL 212 in Charlotte, weniger als zwei Jahre nach EAL 401, ähnliche Streitfragen auf. Zwei ARTS-3-Lotsen bekannten, daß sie die Höhenangabe gegen Ende des Fluges nicht beobachtet hatten. Zweitens hat die FAA nach dem Unfall der TWA 514 ihre ARTS-3-Verfahren dahingehend geändert, daß der Lotse Höhenabweichungen beim Piloten durchsetzen soll, wenn es zweckdienlich ist.

Wiederum sind hier zwei Probleme, welche die Systemwissenschaftler auf diesem Gebiet interessieren sollten:

a) Erlaubt die Arbeitsbelastung des ARTS-3-Lotsen, daß er die Flughöhe nicht nur zum Zwecke der Höhenstaffelung überwacht?

b) Bis zu welchem Grad wird die Sicherheit des Systems durch die Furcht vor einer Haftbarmachung eher beeinträchtigt als erhöht?

Anflugverfahren zur Minderung des Fluglärms

Das Problem der Lärmbelastung durch Düsenflugzeuge in der Nähe von Flughäfen könnte künftig auch bei CFIT-Unfällen mit hineinspielen, und daher werden Planungen der Kommunen und Behördenvorschriften zu Faktoren in der systembedingten Verursachung von Fehlern. Während bis heute kein Unfall den Lärmverhinderungsverfahren zugeschrieben werden kann (ihre Rolle in dem Unfall der TWA 701 bei

Los Angeles (ohne Todesopfer) ist umstritten), behaupten Piloten, daß jede Abweichung von der optimalen Flugführung des Luftfahrzeugs ein Kompromiß mit der Flugsicherheit sei. Es ist schwer, dieses Argument zu widerlegen, aber andererseits muß man beachten, daß es für jede Art von Interessengruppen sehr leicht ist, die Belastungen des eigenen Umfelds gering zu schätzen, sich aber dann auf die Sicherheit berufen, sobald die Belastungen nicht entsprechend gewürdigt werden. Die Ansicht der Piloten, daß sie gezwungen werden, die Rechnung für schlechte Planung der Kommunen zu begleichen, ist bis zu einem gewissen Punkt zutreffend. Lärmbekämpfung spielt in verschiedener Hinsicht im Problemkreis CFIT eine Rolle: Bevorzugte Startbahnen, die keine Präzisionsnavigations- oder -anflughilfen haben, oder sogar Rückenwindlandungen, wie beispielsweise in Los Angeles nach der »magischen Stunde« von 23 Uhr.

Ein ganz anderes Problem ist der vorgeschlagene Zwei-Phasen-Anflug, der einen raschen Sinkflug (etwa 427 m pro Minute) erfordert mit einem Gleitpfad von etwa 6°, bevor dieser in etwa 245 m über Grund und weniger als 5 km vom Aufsetzpunkt in einen normalen 3°-Gleitpfad übergeht. Dieses Verfahren befindet sich noch in der Erprobung, aber die Einstellung der Piloten ist verständlicherweise negativ. Der Verfasser ist nicht bereit, Partei in diesem Streit zu ergreifen, sondern weist lediglich darauf hin, daß vielleicht der Boden für eine völlig neue CFIT-Unfallart bereitet wird: Das Versagen, vom steilen zum normalen Sinkflug überzugehen, mit der Folge der Bodenberührung etwa 2,4 km vor der Landebahn. Das hätte gerade noch gefehlt: Eine neue Form von einem durch das Gesamtsystem erzeugten Fehler! Niemand kann behaupten, daß der Zwei-Phasen-Landeanflug nicht machbar oder sogar höchst gefährlich wäre, aber der Gedanke an drastische Steuerkorrekturen um die Querachse und Änderungen der Triebwerkleistung in Bodennähe, zu einer Zeit der höchsten Arbeitsbelastung im Cockpit und auch der Ermüdung, ist beunruhigend.

Arbeitsbelastung im Cockpit

Das Thema wendet sich nun der Cockpitauslegung zu, einst das Herzstück für alle Ergonomiker und Anthropotechniker und den damit verwandten Themen, die Arbeitsbelastung und Zusammenarbeit der Besatzung. Selbst wenn man berücksichtigt, daß Unfälle mehrere Ursachen haben und oft systembedingt sind, ist die Feststellung unvermeidlich, daß die meisten Unfälle auf Besatzung/Cockpitprobleme zurückzuführen sind. Dieses Kapitel vermeidet den Begriff »Fehler des Piloten«, dieses verurteilende Überbleibsel aus dem Zweiten Weltkrieg, das vorausgehende Situationen ebenso ignoriert wie gerade den Begriff konstruktionsbedingten Fehlverhaltens. Trotzdem enthalten NTSB-Unfallberichte überwiegend Bezeichnungen wie »Mangel an Aufmerksamkeit«, »Vernachlässigung der Überwachung der Fluginstrumente«, »Versagen bei der Höhenüberwachung«, »absichtliches Unterfliegen der Mindesthöhe«, »der Pilot erkannte nicht die Notwendigkeit zur Korrektur der übermäßigen Sinkgeschwindigkeit«, »Versagen der Ausübung genauester Flugüberwachung«, und viele andere.

Beginnen wir mit der Annahme, daß die Flugzeugbesatzungen gut ausgebildet wurden und qualifiziert waren und nicht den Wunsch hatten zu sterben. Wenngleich der Gedanke einer unterschwelligen Todessehnsucht nicht unbekannt ist, scheint es weit hergeholt, damit scheinbar unerklärliche Unfälle erklären zu wollen, zumal in Flugzeugen mit mehrköpfiger Besatzung. Es soll die Aussage genügen, daß die übrigen Besatzungsmitglieder einem Piloten genau auf die Finger schauen würden, hätten sie bei ihm einen bewußten oder unbewußten Hang zur Selbstzerstörung festgestellt. (Siehe Vorfall bei Japan Airlines, Kapitel 10).

Die Frage ist, was die Fachwissenschaften zur Vermeidung künftiger Vorkommnisse tun können? Betrachten wir zunächst die Arbeitsbelastung im Cockpit. Der Verfasser kann an dieser Stelle leicht jeden, zweier widersprüchlicher Standorte einnehmen: Daß Fliegen zu leicht geworden, und, daß Fliegen zu schwierig geworden ist. Das erste ist das Ergebnis verbesserter Cockpitinstrumentierung, Navigatonsgeräte, automatischer Steuersysteme und Funkgeräte. Hinsichtich der Cockpiteinrichtung bestehen nur wenig Zweifel, daß Fliegen in den letzten Jahren viel einfacher geworden ist. Auf einem kürzlichen Flug in einer Boeing 747 betrat der Verfasser etwa eine Stunde vor dem Start das Cockpit und traf den Kopiloten an, der die Koordinaten der Wegstrecke in das Trägheitsnavigationssystem (INS) eingab. (Die Tatsache, daß dies eine schlechte Methode der Eingabe von Standarddaten in ein Speichergerät ist, könnte Stoff für ein weiteres Kapitel abgeben.) Das INS, verbunden mit dem Autopilot des Flugzeugs, könnte das Flugzeug vom Start bis zum Endanflug (Miami nach New York) mit minimalem Eingriff des Menschen dirigieren und durch einfaches Umlegen eines Schalters Informationen liefern wie augenblickliche Geschwindigkeit über Grund, Winkel der Windtrift, Flugzeit und Entfernung zu jedem Punkt der Wegstrecke sowie zum Bestimmungsort. In Verbindung mit einem automatischen Instrumentenlandeanflug könnte man mit Hilfe des Trägheitsnavigationssystems den Flug tatsächlich vom Start bis zum Landevorgang vorprogrammieren. Dies bedeutet eine unglaubliche Verringerung der Arbeitsbelastung im Cockpit; in der Welt der Fachwissenschaften muß man allerdings darauf gefaßt sein, daß damit immer eine Preisfrage verbunden ist. Obwohl es der Verfasser nicht mit festen Daten untermauern kann, ist er nach fünfzehnjährigem Studium der menschlichen Aufmerksamkeit und der »Unter«-Belastung von Bedienungspersonal zu der Überzeugung gekommen, daß die Überautomatisierung von Kontroll- und Steuerfunktionen sich nachhaltig auf die menschliche Leistung auswirkt. Zu großes Vertrauen in automatische Geräte und Unterbeschäftigung des Betreibers kann gerade zum kritischen Zeitpunkt, wenn Urteilsvermögen und Eingreifen des Menschen gefordert sind, zu Gleichgültigkeit und Fehlern führen. Für eine Berufsgruppe (dem Fliegen oder dem Ursachenfaktor Mensch verschrieben), die sich gewöhnlich mit der Überbelastung des Bedieners befaßt, ist dies eine völlig unterschiedliche Form von systemverursachtem Fehler, und zudem einem, mit dem man überaus schwer fertig wird. Es wird immer notwendiger, sich mit Gelangweiltsein, Unaufmerksamkeit, Mangel an Aufmerksamkeit – man nenne es wie man will – zu beschäftigen, solange Systeme zunehmend »automatisch« gemacht werden. Die brennende Frage der nahen Zukunft lautet nicht, »wieviel« Arbeitslast der Mensch sicher bewältigen kann, sondern »wie wenig«.

Nehmen wir für einen Augenblick die entgegengesetzte Seite ein, so kann man gute Argumente vorbringen, daß mit der Einführung zusätzlicher, hochentwickelter, arbeitssparender Cockpitausrüstung gleichzeitig das Fliegen aus einer Reihe von systemerzeugten Gründen komplizierter wurde. Erstens wachsen die staatlichen und fluggesellschaftlichen Vorschriften jedes Jahr sowohl an Zahl als auch an Vielfalt. Der altbekannte Ausspruch, daß man beim Fliegen Rechtsanwalt sein muß, mag leicht übertrieben sein, aber er trifft den Kern eines wachsenden Problems. Luftverkehrskontrollverfahren, Lärmverhinderungsvorschriften, örtliche Flughafenregeln, vorgeschriebene Verfahren im Cockpit, Papierkrieg der Verkehrsgesellschaft und auch die Furcht vor kriminellen Angriffen während des Fluges haben – zusammen mit wirtschaftlichen Zwängen und Treibstoffsparmaßnahmen – bewirkt, daß ein

Großteil der Arbeitslast im Cockpit weniger wie Fliegen aussieht, sondern eher wie ein Katz-und-Maus-Spiel zwischen der Besatzung und dem anderen Teil des Systems. Gewisse Forderungen und Bedingungen können direkt mit bestimmten Flugkatastrophen in Verbindung gebracht werden. Zum Beispiel war die Geschwindigkeitsbegrenzung von 250 Knoten unterhalb 10 000 Fuß (etwa 3050 m) Höhe die Folge der Kollision zwischen einem TWA- und einem UAL-Flugzeug über Staten Island. Diese Vorschrift wiederum erzeugte Verfahren wie eine Meldevorschrift in 11 000 Fuß (etwa 3350 m) Höhe zur Ankündigung des Sinkflugs. Mehr Vorschriften und höhere Arbeitsbelastung im Cockpit können mehr oder auch weniger Gelegenheiten für systemerzeugte Fehler geben, es ist schwer zu sagen. Worum es hier geht ist jedoch eindeutig – es ist an der Zeit, das Problem der Arbeitsbelastung im Cockpit, der Verfahren und der Ermüdung erneut zu untersuchen. Übrigens trifft dieselbe Frage, ob zu schwierig oder zu leicht, mutatis mutandis, auf die Arbeit der Luftverkehrslotsen zu, nachdem sie strahlend neue Ausrüstungen und ihre unvermeidlichen Weggenossen in Form von endlosen Vorschriften erhalten hatten. Das Anwachsen staatlicher Vorschriften im allgemeinen läßt sich anhand folgender Zahlen erkennen. 1936 enthielt das Bundesgesetzblatt, welches die Vorschriften veröffentlicht, 2411 Seiten! 1970 waren es 20 000 und fünf Jahre später über 60 000 Seiten. In den achtziger Jahren hörten die Zyniker auf, Seiten zu zählen, sondern gaben nur noch das Gewicht des Papiers an.

Zusammenarbeit der Besatzung

Mit dem Problem der Arbeitsbelastung im Cockpit eng verbunden ist das der Zusammenarbeit der Besatzung.

Dies umfaßt einige sehr strittige Gebiete wie Arbeitsteilung, Verantwortlichkeit des Kommandanten, während der Kopilot das Flugzeug führt, und die ganz heikle Frage der Verantwortung des Kopiloten, wenn er ein Abweichen des Kapitäns von sicheren oder legalen Verfahren beobachtet, wie beispielsweis im Falle der Delta 516, einer DC 9, die in Chattanooga abstürzte. Der übliche Weg, diese Probleme anzugehen, lief über die Ausbildung, Standardisierung, Vorschriften und das Abfassen von Verfahren. Aber irgendwie haben alle die Erwartungen nicht erfüllt. Die Cockpit-Stimmaufzeichnung (CVR = Cockpit Voice Recorder), ein unschätzbares Gerät bei Unfalluntersuchungen, hat eine beunruhigende Gleichgültigkeit im Cockpit aufgedeckt, deren extremster Fall, soweit dem Verfasser bekannt, der Absturz der EAL 212 bei Charlotte war (NTSB-Bericht, Ziffer 20 und Anhang E). Die ALPA stimmte ihm nicht zu. CFIT-Unfälle haben zu einer Reihe von Vorschlägen geführt, die, verglichen mit den bisherigen Methoden der »crew coordination«, ziemlich einschneidend waren. Sie umfaßten vertrauliche Pilotenmeldungen von Beobachtungen über andere Piloten sowie die Verwendung von CVR-Tonbändern und von Flugschreiberdaten nach normal verlaufenden Flügen zur Beurteilung der Besatzung; Vorschläge, die verständlicherweise eine lautstarke Verurteilung durch die Pilotengewerkschaften zur Folge hatten. Ob diese Schritte sich als wirksame Maßnahmen zur Qualitätskontrolle erweisen werden, ist noch schwer zu sagen.

Aber es soll sich niemand, ob Pilot, Passagier, Fachmann oder Wissenschaftler über eine Tatsache täuschen: Wenn die Besorgnis und Empörung der Öffentlichkeit über CFIT-Unfälle (besonders jene, die *scheinbar* das Ergebnis von Nachlässigkeiten im Cockpit sind) so weitergeht, wird der Gesetzgeber noch strengere Maßnahmen ergreifen. Das Gebiet systemerzeugter Fehler ist zu komplex oder zu schwierig, um von einer aufgeschreckten Öffentlichkeit oder ihren gewählten Vertretern begriffen zu werden. Die Tage, wo der Pilot absoluter Herrscher im Cockpit war, dürften gezählt sein, und – das sollte man in aller Fairneß hinzufügen – ob es gut oder schlecht ist, das wird die Zukunft zeigen.

Warngeräte im Cockpit

Eine fast verführerische Lösung der Wachsamkeits- und Aufmerksamkeitsprobleme, wenngleich vielleicht etwas vereinfacht, ist der Einbau von Warngeräten, die man für geradezu aufmerksamkeitserfordernd hält. Man muß erkennen, was sie von Anfang an waren: Eine Form der Reizung von Sinnesorganen, indem sie eine andere ersetzen oder verstärken. Das Ausmaß ihrer Nützlichkeit wird hauptsächlich durch ihren Neuheitswert bestimmt. Es gibt nie eine Garantie, daß irgendein Reiz, ungeachtet seiner psychophysischen Dimensionen, korrekt beachtet wird; »korrekt« deshalb, weil einer der üblichen Wege, mit Warngeräten umzugehen, vor allem bei Audiowarnungen, aus dem einfachen Abschalten besteht. Bodenannäherungswarnsysteme (GPWS) im Cockpit mögen wohl in bester Absicht entwickelt worden sein, und sie haben tatsächlich auch einige CFIT-Unfälle verhindert, aber die Spezialisten auf dem Gebiet menschlicher Ursachefaktoren wären gut beraten, diese Warnsysteme mit einer gewissen Skepsis zu betrachten. Höhenwarnsysteme sind nicht neu, so konnte man bei dem EAL-401-Flugunfall das »Glockenspiel« der Warnung, das eine Höhenabweichung von 76 m signalisierte, deutlich in der Cockpitstimmaufzeichnung hören; dennoch vermochte es nicht, die mit anderen Dingen beschäftigte Besatzung zu alarmieren. Teil des Problems mit den technischen Neuerungen ist, daß es bereits zu viele Warnsignale gibt. Betrachten Sie die folgende Aussage in einer öffentlichen Verhandlung über den Flugunfall mit der EAL 212:

Frage *(Untersuchungsausschuß):*
Wird die Nützlichkeit des Höhenwarnsystems durch zu häufiges Ansprechen beeinträchtigt?
Antwort *(überlebender Kopilot):*
Jawohl
Frage: *Gilt dies auch für die Geländehinderniswarnungen?*
Antwort: *Jawohl*

(Die Zitate aus der Vernehmung des überlebenden Kopiloten der EAL 212 stammen aus den Notizen des Verfassers, der die öffentliche Verhandlung besuchte, und nicht von einer offiziellen Niederschrift.)

Man beachte, daß in diesem Flugzeug (DC 9) ein Höhenwarnlicht bei 1228 m über einer geplanten Höhe (im Sinkflug) aufleuchtet und anbleibt bis 76 m darüber, wo zusätzlich ein Warnton ertönt, und in 30 m (über Grund) eine Lampe mit der Schrift »ALT« (Höhe) aufleuchtet sowie der Warnton ertönt. Anthropotechniker und Ergonomiker, die »Knöpfe und Skalen« belächeln und abwerten, sollten diesen Unfall studieren. Die Zeugenaussage des überlebenden Piloten ist reichlich versehen mit Beispielen von Konfusion beim Ablesen und Interpretieren der verschiedenen Höhenmesser.

Im Dezember 1975 führte die FAA in Atlanta Anhörungen durch, wobei es um den Lizenzentzug von James Daniels, des überlebenden Kopiloten der EAL 212, ging.

Als wesentlichen Punkt seiner Verteidigungsrede stellte Daniels die mangelhafte Auslegung und Konstruktion des Höhenanzeigers mit Trommel und Zeiger heraus, den man leicht um 1000 Fuß (305 m) falsch ablesen könnte. Dies ist im wesentlichen auch die Ansicht der

ALPA, die in Abrede stellte, daß der Flug auf unfachmännische Weise durchgeführt wurde, und das NTSB aufforderte, entweder die wahrscheinliche Ursache abzuändern oder die Untersuchung wieder zu eröffnen (Brief von J. J. O'Donnell, Präsident der ALPA, an NTSB am 21. Mai 1976). Die nachfolgende Feststellung in der Eingabe dürfte den Leser interessieren: »... wir wiederholen unsere Besorgnis, daß die menschlichen Faktoren im Zusammenhang mit diesem und vielen anderen Unfällen eine gewichtige Bedeutung haben, die in der Vergangenheit vom NTSB stets nicht zur Kenntnis genommen wurden. Wenn wir weiterhin dieses genannte Gebiet übergehen, werden wir uns ganz sicher einer Wiederholung von Tragödien wie dieser ausgesetzt sehen.«

Warngeräte im Flugsicherungskontrolldienst (Radarführung und -überwachung)

In der Folge der Unfälle mit der EAL 401, EAL 212 und TWA 514 wurde die Verantworung des ARTS-3-Radarlotsen für die Höhenüberwachung durch die FAA überprüft. Ein neues Gerät wurde vorgeschlagen, das im wesentlichen eine Umkehrung des GPWS im Cockpit darstellte. Die Radarüberdeckung ist in 3,2 km große Quadrate unterteilt, und Daten über die Sicherheitsmindesthöhe für jedes Quadrat sind im Computer des ARTS-3 gespeichert. Falls sich irgendein Flugzeug unterhalb einer erlaubten Toleranzschwelle befindet, blinkt die Datenmarke am Radarecho und ein Warnhorn ertönt. Darüber hinaus wird der künftige Flugweg des Flugzeugs für 30 Sekunden vorausberechnet und mit ähnlichen Warnungen versehen. Dies mag ganz hilfreich als Unterstützung der Verkehrslotsen in ihrer zunehmenden Verantwortung bei der Höhenüberwachung sein. Es ist aber reine Mutmaßung, ob es irgendeinen der bekannten CFIT-Unfälle verhindert haben könnte, vielleicht mit Ausnahme des der TWA 514. Lotsen, die vom Verfasser befragt wurden, waren äußerst skeptisch und glaubten, daß es übermäßig viele falsche Warnungen gibt. Es ist bemerkenswert, daß bei der Alarmauslösung im Kontrollturm Logan, als die DAL 723 die Anflugbefeuerung beschädigte, wegen häufiger falscher Alarme in der Vergangenheit die Kontrollturmbesatzung den Alarm gar nicht beachtete.

Visuelle Wahrnehmungstäuschungen

(Siehe auch Stanley Roscoe, »Über die Psychologie des Sehens«, in Kapitel 8.)

Viel wurde über visuelle Wahrnehmungstäuschungen im Fluge, besonders im Landeanflug, geschrieben, wo Piloten ihre Lage anhand eines gespeicherten Modells beurteilen, wie der Landebahn-Trapezoid oder die Anflugbefeuerung aussehen sollten. Dieses Bild unterliegt Verzerrungen der optischen Wahrnehmung infolge von Umweltfaktoren wie Dunkelheit, Regen oder Dunst, oder in Verbindung mit dem umgebenden Gelände, Schnee am Boden oder Beschaffenheit von Anflug und Landebahn.

Die Flugplatzeinrichtungen können ebenso wie die oben genannten Faktoren zu systembedingten Fehlern beitragen. Zum Beispiel hat ein Meinungsstreit den »Visual Approach Slope Indicator« (VASI) begleitet, der dem Piloten durch visuelle Anzeigen im Endanflug eine Höhenabschätzung anbietet. Der VASI bietet in zwei sehr unterschiedlichen Anwendungsbereichen eine Hilfe:

a) Während des Übergangs vom Instrumentenlandesystem (ILS) zu äußeren Bezugspunkten im Endteil eines Präzisionsanfluges, ein Punkt, an dem sich gern CFIT-Unfälle im Nahbereich ereignen (siehe Delta 516 und PAA 806);

b) Als Primärquelle für vertikale Fluglageinformationen bei gewöhnlichen Instrumentenanflügen oder auf Flugplätzen, die über keine Instrumentenanflughilfen verfügen.

Als Konsequenz der Unfälle der Iberian Airlines (DC 10) und DAL 516 empfahl das NTSB der FAA, daß VASIs an Landebahnen mit Präzisionsanflugeinrichtung installiert werden sollten, um die gefährliche Endphase zu entschärfen. Die Antwort der FAA lautete, daß sie die Absicht hatte, ihre begrenzten Mittel für VASI auf Landebahnen ohne Präzisionsanflugeinrichtungen einzusetzen (dieser Brief befindet sich im Anhang zum NTSB-Bericht über den Unfall der DAL 516). Dies ist ein Problem der Mittelaufteilung nach Art von »Operations Research«: Ob man viel in teilweise überflüssige Geräte für sehr stark benutzte Landebahnen investiert oder ob man die Geräte auf schlecht ausgerüsteten, wenig benutzten Landebahnen installiert.

Man kann auch darüber streiten, ob der Übergang vom ILS zum VASI eine wünschenswerte fliegerische Technik bei Präzisionsanflügen ist – es gibt eine ganze Reihe von Pilotenmeinungen zu dieser Frage. Aber der Kernpunkt ist, daß eine weitere Möglichkeit für systembedingte Fehler geschaffen wird, wenn wegen unzureichender, vernachlässigter oder ignorierter Instrumentenanzeigen im Cockpit die äußeren Sichtbezugspunkte während der Endphase des Landeanfluges vorgezogen werden.

Die Entwicklung der Kategorie-III-Landeanflüge, bei denen das Flugzeug elektronisch bis herunter zum Abfangmanöver geführt wird, mag dieses Problem entschärfen, aber Vorsicht ist für jeden geboten, der dieses Argument vertritt. Erstens werden Kategorie-III-Anflüge noch über Jahre hinaus auf wenige Flughäfen mit hoher Flugdichte begrenzt bleiben. Wenn VASIs, die relativ billig sind und kaum der Wartung bedürfen, ein Problem der Mittelzuteilung darstellen, kann man sich schwerlich viele Flughäfen – oder mehr als eine Landebahn darin – vorstellen, die mit der für Kategorie III nötigen Elektronik ausgestattet sind. Und zweitens sollte man allmählich gelernt haben, daß man Probleme nicht »wegelektronisieren« kann. Mit teurer Ausrüstung tauscht man gewöhnlich ein Problem des Faktors »Mensch« gegen ein anderes ein, und visuelle Wahrnehmungstäuschungen im Fluge werden ein Problem sein, solange es visuelle Eindrücke zu verarbeiten gilt.

Verwirrende Sprechfunkverfahren und Karten

Gibt es einen besseren Weg, systembedingte Fehlerquellen zu schaffen, als Sprechfunkverfahren und gedruckte Informationen zu haben, die sogar für hoch qualifiziertes Personal mißverständlich sind?

Um noch einmal darauf hinzuweisen, der Verfasser sieht das Problem weniger in den staatlichen Vorschriften, sondern im Bereich der Ergonomik und Anthropotechnik. Die amerikanische Luftwaffe verlor einst eine C-124 »Globemaster« bei einem Fehlanflugverfahren wegen gegensätzlicher Interpretationen der Anweisung »take off power« (»Triebwerkleistung drosseln« anstatt »Triebwerkleistung auf Startleistung erhöhen«)·(»Take off« bedeutet: Start eines Flugzeugs; d. Ü.) Die Untersuchung des Unfalles der TWA 514 legt offen, daß die gleiche Verwirrung in der Sprechfunktterminologie, die zu diesem Absturzt führte, bereits früher vorkam und auch gemeldet wurde. Es erscheint unglaublich, daß Piloten und Fluglotsen unterschiedliche Interpretationen des Begriffes »cleared for an approach« haben könnten, insbesondere ob er bedeutet, daß das Flugzeug sofort auf bestimmte Mindesthöhen heruntergehen darf. Und es war für viele überraschend, daß Fluglotsen und Piloten auf ihren Karten unterschiedliche Informationen haben konnten. Aber für den Verfasser ebenso unglaublich ist die Tatsache, daß die mit dem Faktor Mensch befaßte Berufsgruppe nicht herangezogen wurde, um mit ihren besonderen Kenntnissen auf dem Gebiet der menschlichen Informationsverarbeitung auf dieses Problem einzugehen. Der NTSB-Bericht über den TWA-514-Unfall kann als Lehrbuch für systemerzeugte Fehler gelten.

SCHLUSSFOLGERUNGEN

Ein so schwerfälliges Gesamtsystem von Luftfahrzeugen, Luftverkehrskontrollen und Flugplatzeinrichtungen ist als Ergebnis von Stückwerkplanung zum Vorschein gekommen, und dieses System wird weiterhin CFIT-Unfälle erzeugen. Idealerweise wäre es gut, man würde das System niederreißen und von Grund auf neu bauen, aber das ist nicht die Art, wie in einer demokratischen Gesellschaft Probleme beseitigt werden. Wäre dem so, könnte man den roten Teppich für zahllose Systeme ausrollen, die abgerissen und neu aufgebaut werden müßten. Daher muß die Luftverkehrskontrolle auf dieselbe Weise verbessert werden wie sie geschaffen wurde, als Flickwerk. Überall im System findet man eine schreiende Notwendigkeit für Abhilfe – selbst als Flickwerk – durch Fachleute auf dem Gebiet der menschlichen Faktoren. Der Berufszweig »Faktor Mensch« entstand nur deshalb, weil sogar einfachere Systeme im Flugwesen zu komplex für den sie bedienenden Menschen wurden, hatte jedoch seine unvermeidlichen Schwierigkeiten, voll akzeptiert zu werden. Die Fairneß gegenüber allen Bereichen der Industrie gebietet es, das Problem der Flugzeugkatastrophen im richtigen Licht und Verhältnis zu sehen. Das Fliegen mit Verkehrsflugzeugen ist und bleibt heute eine der sichersten Methoden, um von einem Ort zum anderen zu gelangen.

Absicht dieses Kapitels war es nicht, die Verantwortung für CFIT-Unfälle zu untersuchen – es gibt genug Vorwürfe darum herum. Nehmen wir die Pilotenvereinigung ALPA, die erklärtermaßen nicht bereit ist, die Vorstellung zu akzeptieren, daß Verkehrspiloten Unfälle verursachen können. Betrachten wir dann die Bundesaufsichtsbehörde FAA, die in der Politik versumpft, träge und offensichtlich unfähig ist, Änderungen durchzuführen und gefährliche Situationen zu erkennen, bis Unfälle und der daraus resultierende politische Druck sie dazu zwingen; und das »National Transportation Safety Board» (NTSB), dessen sogenannte »Faktor-Mensch«-Abteilungen in der Unfalluntersuchung rein medizinisch orientiert sind und ziemlich schmeichelhafte Berichte über die Überlebensmöglichkeiten beim Unfall und die physische Verfassung der Besatzung abgeben, mit geringer oder keiner Würdigung der Mensch-Maschine-Beziehung oder der Aspekte der Informationsverarbeitung des Menschen, welche die Unfälle möglicherweise hätten vermeiden können. Offen gesagt, die Bedeutung, welche das NTSB dem Begriff »Faktor Mensch« zumißt, hat wenig zu tun mit den Aktivitäten und der Sachkenntnis der Gesellschaft gleichen Namens. Und gleichermaßen liegt es am NTSB nachzuhaken, etwas genauer die Probleme beim Informationsaustausch anläßlich ihrer öffentlichen Anhörungen zu betrachten. Der Verfasser war schockiert über die mangelhafte Anhörung beim EAL-212-Unfall, und sogar der »Charlotte Observer« widmete der Durchführung einen Leitartikel. Und schließlich könnten alle, die sich dem »Faktor Mensch« verschrieben haben, von einer Selbstprüfung bezüglich einer herablassenden Haltung gegenüber genau der Art praktischer Probleme profitieren, die diesen Beruf überhaupt erst entstehen ließ, eine Einstellung, die durch die herabsetzende Bezeichnung »Knöpfe und Skalen« gekennzeichnet ist, welche den Glauben zu vermitteln scheint, daß Überlegungen zur Arbeitsplatzauslegung, Arbeitsbelastung und Instrumentierung irgendwie unter ihrer Würde sind.

DANK UND WÜRDIGUNG

Der Verfasser ist vielen Personen, Piloten wie Flugingenieuren, FAA-Fluglotsen und anderen in der Luftfahrt und der Regierung, die zur Vorbereitung dieses Kapitels befragt wurden, zu Dank verpflichtet. Dank geziemt auch der Universität von Nordkarolina in Chapel Hill sowie der Universität von Südkalifornien, wo der Verfasser die Erstfassung dieses Kapitels während seines Urlaubs vom Lehramt schrieb.

Dieses Kapitel ist der Zeitschrift »Human Factors«, 1977, Vol. 19, pp. 171–81, entnommen. Das Urheberrecht (1977) liegt bei der »Human Factors Society Inc.«, die das Abdruckrecht erteilte.

KAPITEL 6

Zusammenstöße von Flugzeugen in der Luft: Die Unfälle, das Flugsicherungssystems und die Realpolitik

E. L. Wiener

Es besteht die Notwendigkeit, die menschlich bedingten Einflüsse stärker zu gewichten. Auf einem hohen Niveau siedelt Earl L. Wiener seine Vorschläge darüber in diesem, dem ersten von zwei Kapiteln an, die sich mit einigen Unzulänglichkeiten des Flugsicherungssystems beschäftigen.

Der folgenschwerste Zusammenstoß zweier Flugzeuge in der menschlichen Geschichte ereignete sich am 10. September 1976 über Zagreb in Jugoslawien. Dabei fanden 176 Menschen den Tod. Im Jahre 1977 stießen zwei »Jumbojets« auf der Startbahn des Flughafens von Teneriffa auf den Kanarischen Inseln zusammen. Ein Jahr später ereigneten sich zwei weitere Zusammenstöße in der Luft, einer bei Memphis und kurz danach einer über San Diego. Diese Unfälle haben die Zuverlässigkeit der Flugverkehrskontrollsysteme in Frage gestellt und gleichzeitig zahllose Unzulänglichkeiten in diesen Systemen, die menschliche Fehler nach sich ziehen können, offenbart. Nach dem Zusammenstoß über San Diego, im September 1978, bei dem eine Boeing 727-Verkehrsmaschine und ein Kleinflugzeug des Typs Cessna 172 betroffen waren, wurde in der Öffentlichkeit die Forderung aufgestellt, Maßnahmen zu ergreifen, um derartige Unfälle zukünftig zu vermeiden. Unter den vielen angepriesenen Lösungen befanden sich auch die beiden Vorschläge, die eine vermehrte Verkehrslenkung der nach Sichtflugregeln fliegenden Luftfahrzeuge und eine Ausdehnung des kontrollierten Luftraumes vorsahen. Dadurch wurde ein politisches Tauziehen zwi-

schen den Verbänden und der Allgemeinen Luftfahrt, der Bundesluftfahrtbehörde und des amerikanischen Kongresses in Gang gesetzt. Der Druck der Öffentlichkeit führte dazu, daß die Untersuchungen der Zusammenstöße unter subjektiven Gesichtspunkten geführt wurden. Diese Unfälle wurden als Auswüchse eines Flugüberwachungs- und Kontrollsystems angesehen, das die Gliederung des Luftraumes besonders anstrebt und Wert auf politische Kompromisse legt, anstatt sich unmittelbar mit der Vielfältigkeit der Probleme zu beschäftigen, denen sich die im nationalen Luftraum operierenden Piloten und Flutlotsen gegenübersehen.

Nichts erregt die amerikanische Öffentlichkeit mehr als ein Flugzeugabsturz. Wurde dieser durch einen Zusammenstoß verursacht, erfährt diese Erregung eine enorme Steigerung. Die Presse hat ihre Sensation. Die Verfasser von Gruselromanen durchstreifen das mit Leichenteilen übersäte Gelände, obwohl die Untersuchungskommission des National Transportation Safety Board (NTSB) noch »in dem Blech herumstöbert«.

Rechtsanwälte als Vertreter von Klägern erscheinen nach einer so kurzen Zeit am Ort des Geschehens, daß die Vermutung erlaubt ist, sie würden über hellseherische Fähigkeiten verfügen.

Auch Politiker sind nicht frei von Emotionen. Im Sog eines jeden größeren Verkehrsflugzeugunglücks pflegt der Kongreß fast hektische Aktivitäten zu entwickeln. Nach dem Absturz der DC 10 von American Airlines in Chikago im Mai 1979 meldeten innerhalb von Tagen nicht weniger als fünf Kongreßausschüsse ihre Absicht an, Anhörungen über den Unfall vorzunehmen, über die Lufttüchtigkeit der DC 10, über die Luftaufsicht durch die Bundesluftfahrtbehörde (FAA) sowie die Zulassungsverfahren.

Die Besorgnis des Kongresses über die etwa 200 Menschen, die jedes Jahr bei Abstürzen amerikanischer Verkehrsflugzeuge ums Leben kommen, steht im Widerspruch mit seiner Einstellung gegenüber dem Tabak, der für den Tod von jährlich 300 000 Amerikanern verantwortlich ist. Bei Flugunfällen veranstaltet der Kongreß Anhörungen; beim Tabak gewährt er Subventionen.

Dieses Kapitel beschreibt zwei Zusammenstöße in der Luft aus dem Jahre 1978 – einer bei Memphis, der andere bei San Diego – und unterzieht das Flugsicherungssystem und die zum Zeitpunkt der Unfälle angewandten Verfahren sowie die Bedeutung der menschlichen Faktoren und die politischen Nachwirkungen einer Untersuchung.

Statistische Angaben über Zusammenstöße in der Luft

So tragisch und schrecklich die Unfälle auch sein mögen, so sind Flugzeugzusammenstöße statistisch gesehen kein merkliches Sicherheitsrisiko für den Fluglinienbetrieb. Das Kollisionsrisiko kann nicht annähernd mit den Unfällen »kontrollierter Flug in den Boden« verglichen werden. In den 21 Jahren, die durch die Untersuchung der NTSB 1957–1977 abgedeckt werden, gab es 24 Zusammenstöße mit amerikanischen Verkehrsflugzeugen (siehe Tafel 6.1). Viele verliefen ohne Todesopfer unter Passagieren und Besatzungen. In den zehn Jahren vor 1978 gab es zwölf Zusammenstöße in der Luft mit amerikanischen Verkehrsflugzeugen, und nur sechs von diesen hatten Todesopfer unter den Insassen gefordert.

Tafel 6.1 **Zusammenstöße in der Luft 1957–77, nach Luftfahrtbereichen gegliedert** (Angaben vom Verfasser aus NTSB-Berichten entnommen). Die Aufstellung beruht auf 528 Unfällen mit insgesamt 286 Todesopfern.

	Luftfahrtbereich		
	Verkehrsluftfahrt	Allgemeine Luftfahrt	Militärische Luftfahrt
Verkehrsflugzeuge	2	17	5
Allgemeine Luftfahrt		465	39
Militärische Luftfahrt			+

+ Unfälle, die nur militärische Flugzeuge betreffen, werden nicht vom NTSB untersucht.

Obwohl die Flugzeuge der Allgemeinen Luftfahrt weit häufiger in Luftzusammenstöße verwickelt sind, stellen diese Unfälle den kleineren Teil des Sicherheitsproblems dar. Im Jahre 1977 gab es in der Allgemeinen Luftfahrt 4286 Unfälle: Nur 34 davon waren Luftzusammenstöße. Die Unfallrate der Allgemeinen Luftfahrt betrug insgesamt 11,0 Unfälle auf 100 000 Flugstunden, aber nur 0,088 Unfälle auf 100 000 Flugstunden für Luftzusammenstöße. Bei der US-Luftwaffe machten Zusammenstöße in der Luft, wobei auch Zusammenstöße beim Verbandsflug eingeschlossen sind, 3,5% aller Flugunfälle aus, wie es Zeller über einen Zeitraum von drei Jahren beobachten konnte.

Aus diesen Daten sollte jedoch nicht abgeleitet werden, daß das Gesamtsystem gut funktioniert, sondern lediglich, daß Zusammenstöße irgendwie verhütet werden. Unterlagen über Beinahezusammenstöße (NMACs: »Near Mid-Air Collisions«), die später noch vorgestellt werden, zeigen, daß es mehr gefährliche Begegnungen gibt, als man sich vorstellen würde. Glücklicherweise enden nur wenige in einem Unfall.

DIE UNFÄLLE

Und was kam nach Teneriffa?

Der Bodenunfall auf Teneriffa (Kanarische Inseln), im März 1977, war der Wirklichkeit gewordene Alptraum, ein Zusammenstoß zweier voll beladenen »Jumbo-Jets« (Boeing 747). Der interessierte Leser hat die Wahl zwischen drei sich widersprechenden Versionen desselben Unfalles:

a) Der offizielle Bericht der spanischen Regierung, deren Untersuchung durch das NTSB unterstützt wurde (Spanisches Verkehrsministerium, 1978);

b) Eine Version der Gewerkschaft der Verkehrspiloten (ALPA);

c) Die niederländische Version, welche vieles von dem, was im offiziellen Text erschien, anzweifelte (Niederländischer Unfalluntersuchungsausschuß, 1979).

Weitere Untersuchungen über unerlaubte Manöver auf Start- und Landebahnen haben Billings und O'Hara angestellt.

Memphis – Radar alleine reicht nicht aus

So kurz wie möglich sollen die Geschehnisse beim Unfall von Memphis geschildert werden. Ein Düsenflugzeug vom Typ »Falcon«, Kennzeichen N 121 GW, startete in Memphis (MEM) zu einem Übungsflug unter Instrumentenflugregeln (IFR), blieb jedoch im Platzverkehr von Memphis, um Instrumentenanflüge zu üben. Nach zwei Stunden Flugzeit begann der tödliche Abschnitt. Die »Falcon 21 GW« startete von der Landebahn 17 R durch, mit einer Freigabe zum Steigflug auf 2000 Fuß Höhe und zu einer Rechtskurve auf Kurs 320 Grad für den Gegenanflug zur Landebahn 17 R (siehe Abb. 6.1). Zu dieser Zeit kehrte eine Cessna 150, Kennzeichen N 6423K, unter Sichtflugregeln fliegend, von einem Ausbildungsflug im westlichen Raum nach Memphis zurück. Die örtliche Verkehrskontrolle innerhalb eines Radius von 5 nautischen Meilen (etwa 9 km) um Memphis teilten sich zwei Fluglotsen im Kontrollraum: LC 1 führte den Verkehr im östlichen und westlichen Segment, LC 2 den im Norden und Süden. Die Lotsen konnten direkt miteinander sprechen und sie hatten im Kontrollraum zwei BRITE-Ra-

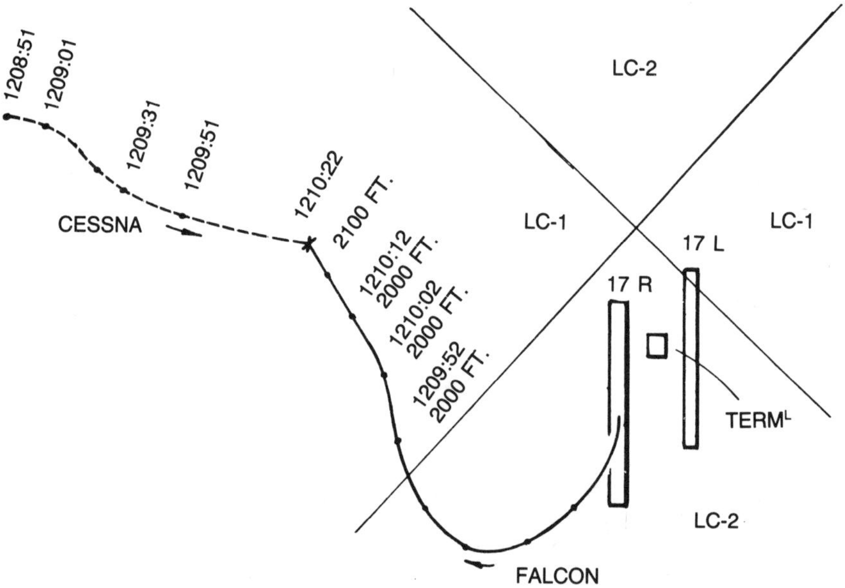

Abb. 6.1 Kurs der Flugzeuge über Grund vor der Kollision bei Memphis. (Vom Verfasser dem NTSB-Bericht entnommen und nachgezeichnet).

darschirme zur Verfügung. Da es sich um eine Flughafenzone mit Radarüberwachung (Terminal Radar Service Area – TRSA) handelte, erfolgte eine Radarführung durch die Anflugkontrolle von Memphis, deren Lotsen hier mit AR 2 und AR 6 bezeichnet werden.

Die »Falcon 21 GW« befand sich unter der Kontrolle von AR 6 und LC 2 (Nord-Süd), während sie die Übungsflüge durchführte. Nach dem Durchstarten erteilte LC 2 die Freigabe, prüfte sein Radarbild und übergab die Kontrolle an AR 6, nachdem er im Westen keinen Verkehr gesehen hatte. Zu dieser Zeit befand sich die »Falcon« westlich des Platzes im Sektor von LC 1. AR 6 wußte nichts von der anfliegenden Cessna. Nun kommt der entscheidende Schritt: als LC 1 die Kontrolle der »Falcon« an AR 6 übergab, unternahm er nichts, um sich mit LC 1 abzusprechen; lediglich »visuelle Koordination« nahm er durch einen Blick auf das Radar vor, wobei er das Radarecho der Cessna nicht sah. AR 6 nahm an, daß die erforderliche Abstimmung erfolgt war.

Unterdessen rief AR 2, welcher die Cessna betreut hatte, den LC 2 und übergab dieses Flugzeug an ihn. LC 1 erteilte Instruktionen für den Einflug und wendete seine Aufmerksamkeit einem anderen Flugzeug innerhalb seines östlichen Sektors zu. Als er die Cessna übernahm, prüfte er das Radarbild und sah im Westen keine anderen Flugzeuge.

Später bezeugte er, daß er nichts von der Anwesenheit der »Falcon« in seinem Sektor wußte. Seine Aufmerksamkeit wurde abrupt auf seinen Westsektor zurückgelenkt, als LC 2 ihn fragte, ob er im Westen Flugzeuge habe. LC 1 sah zum Radar, bemerkte die Zielobjekte 1–2 nautische Meilen auseinander und versuchte, der »Cessna 23 K« eine Anweisung zu geben. Noch während er seine Anweisung durchgab, beobachtete er im Westen einen Feuerball.

Welches waren bei diesem Unfall die herausragenden Punkte hinsichtlich der menschlichen Faktoren? Einige wenige sollen genannt werden:

a) *Wachsamkeit.* Wenigstens drei Fluglotsen überprüften ihre Radarschirme und sahen nicht »noch andere« Flugzeuge, sondern nur das eine, das sie kontrollierten. Auch hatten die Piloten jede Möglichkeit, gegenseitig Sichtkontakt zu halten.

b) *Arbeitsbelastung und Arbeitsplatzgestaltung.* Die Lotsen im Kontrollturm versäumten, einander die Position ihrer jeweiligen Flugzeuge mitzuteilen, obwohl ihre Arbeitsplätze nur drei Meter auseinanderlagen. Der NTSB-Bericht enthält eine Meinungsverschiedenheit darüber, ob die Arbeitsbelastung zum damaligen Zeitpunkt mittelmäßig oder hoch war. Eine dritte Arbeitsposition (CC), deren Aufgabe es war, zwischen den Lotsen zu koordinieren, war nicht besetzt. Der Lotse hatte seinen Platz verlassen, was ihm während der Zeit geringen Verkehrsaufkommens erlaubt war.

c) *Radarberatungsdienst.* In einer Flughafen-Radarüberwachungszone (TRSA) kann dieser trügerisch sein. Während er im Idealfall für die Reihenfolge, die Beratungen und – in einigen Fällen – für den nötigen Abstand sorgen sollte, sind heutige, vom Menschen zu bedienende Radarsysteme einfach nicht in der Lage, diese Aufgaben zuverlässig zu erfüllen (der Unfall spricht für sich selbst). Es ist immer noch vorgeschrieben, daß Piloten – egal bei welcher Art von Flugfreigabe – auf Flügen unter Sichtflugbedingungen (VMC) sich nach der Devise »sehen und gesehen werden« halten. Gerade dieses Konzept ist an sich schon fragwürdig, weil es so viele Einschränkungen für das Sehvermögen der Piloten gibt, wie auch hohe Arbeitsbelastung im Cockpit das Aus-dem-Fenster-Schauen zu einer nachrangigen Angelegenheit machen kann. Darüber hinaus enthält der Flugbetrieb im radarüberwachten Gebiet eine eigene Gefahr: Die Annahme der Besatzungen, daß sie in den Genuß einer makellosen, radargestützten Staffelung kommen und daher ihre wachsame Ausschau vernachlässigen können.

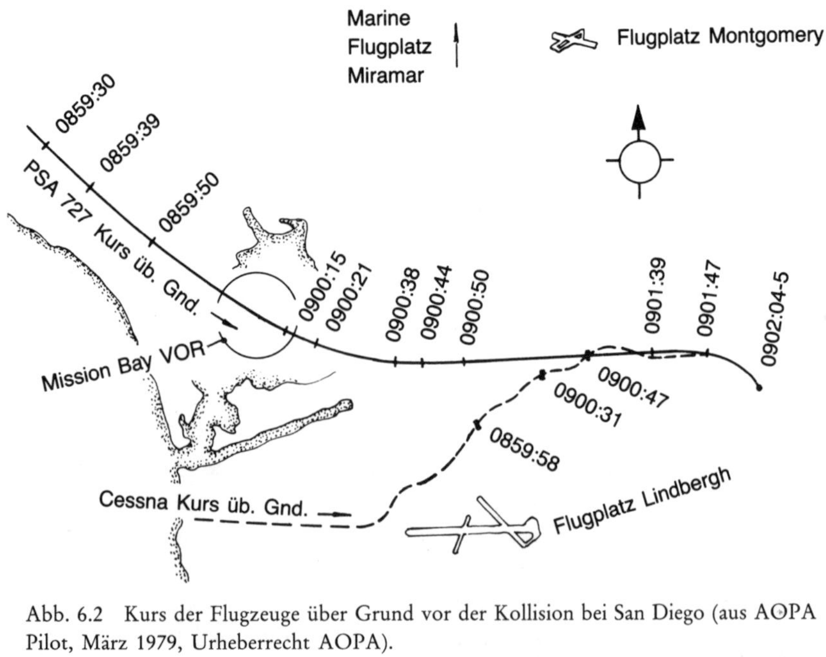

Abb. 6.2 Kurs der Flugzeuge über Grund vor der Kollision bei San Diego (aus AOPA Pilot, März 1979, Urheberrecht AOPA).

Genau diese Fragen der Kommunikation zwischen den Fluglotsen, des Grundsatzes vom »sehen und gesehen werden« und der lokkeren Ausübung der Wachsamkeit in einer radarkontrollierten Flughafenzone (TRSA) sollten vier Monate später am Himmel über San Diego erneut auftauchen.

San Diego: »Ich glaube, er ist rechts an uns vorbei.«

An dem fatalen Vormittag startete eine Cessna 172, Kennzeichen N7711G, vom Flugplatz Montgomery (MGY) unter Sichtflugregeln (VFR) gen Südwesten zum Flugplatz Lindbergh bei San Diego (SAN), um Anflüge nach dem Instrumentenlandesystem (ILS) zu üben. Das Flugfeld Lindbergh liegt unterhalb der Radarzone (TRSA) San Diego, deren Untergrenze sich in 4000 Fuß (ca. 1200 m) Höhe befindet. Flugzeuge in diesem Gebiet erhalten eine Radarüberwachung der Stufe II, was bedeutet, daß den betreffenden Piloten die zeitliche Staffelung mitgeteilt wurde und ein Radarberatungsdienst zur Verfügung stand, nicht jedoch eine Abstandskontrolle mit Staffelung zum übrigen Verkehr. Der in der Nähe befindliche Marineflugplatz Miramar verfügte über eine vollständige TRSA der Stufe III.

Der Wind war schwach, die zu benutzende Landebahn 27, die Bahn mit Instrumentenlandesystem war jedoch 09, so daß die Cessna ihre Übungsanflüge in Richtung Osten durchführte (siehe Abb. 6.2). Nach dem zweiten Übungsanflug auf Landebahn 09 flog die Cessna in nordöstlicher Richtung ab und erhielt Anweisungen vom Kontrollturm San Diego, die in Miramar befindliche Anflugkontrolle anzurufen. Dies ist um 08.59:50 Uhr, zwei Minuten vor dem Zusammenstoß, erfolgt, worauf die Anflugkontrolle (APC) die Freigabe erteilte, nach Sichtflugregeln (VFR) mit einem Kurs von 070 Grad zu steigen und eine Höhe von 3500 Fuß (ca. 1050 m) nicht zu überschreiten.

Die PSA 182, eine Boeing 727, befand sich, von Los Angeles kommend, unter Instrumentenflugregeln (IFR) fliegend auf südlichem Kurs mit dem Ziel San Diego. Um 08.53 Uhr meldete sich die Maschine bei der Anflugkontrolle aus einer Höhe von 11 000 Fuß (ca. 3300 m) und erhielt die Erlaubnis, auf 7000 Fuß (ca. 2100 m) zu sinken. Um 08.57 meldete sich PSA 182 in 9500 Fuß Höhe, auf 7000 Fuß weitersinkend, mit Sichtverbindung zum Bestimmungsflughafen. Die Anflugkontrolle (APC) machte nun den entscheidenden Schritt, indem sie PSA 182 einen Sichtanflug auf Landebahn 27 genehmigte. So lautete in der Tat die Anweisung. Die Luftverkehrskontrolle (ATC) autorisiert einen unter Instrumentenflugregeln durchzuführenden Flug, den Flughafen anzufliegen, als ob es sich um einen Flug nach Sichtflugregeln handelte – Richtungs- und Höhenänderungen nach Wunsch, nicht auf Weisung der Luftverkehrskontrolle. Mit solch einer Freigabe ist normalerweise beabsichtigt, sowohl am Boden als auch im Cockpit die Arbeitsbelastung zu verringern. An der Verminderung der Arbeitslast für den Fluglotsen kann nur wenig Zweifel bestehen, die Arbeitslast im Cockpit jedoch dürfte sich überhaupt nicht verringern, wenn die Besatzung tatsächlich die geforderte visuelle Überwachung des Luftraums durchführt. In Wirklichkeit geschieht jede Reduzierung der Arbeitsbelastung wahrscheinlich auf Kosten der Luftraumüberwachung. Darüber hinaus machen die Bundesluftfahrtvorschriften (FAR) deutlich, daß die Piloten für das »Sehen und Vermeiden« anderer Flugzeuge verantwortlich sind, wenn sie unter Sichtflugbedingungen (VMC) fliegen, und zwar ungeachtet der Art ihres Flugplanes. Kurz, die Luftverkehrskontrolle ist immer für die Einhaltung ausreichender Abstände zwischen nach IFR fliegenden Flugzeugen verantwortlich und in einer Flughafenkontrollzone genauso bei VFR-Flügen. In einer TRSA jedoch sind die betrieblichen Erfordernisse unklar, wenn auch die Vorschriften vielleicht eindeutig sind. Es mag beiläufig hinzugefügt werden, daß es bedauerlich ist zu sehen, wie wenig Gedankenaustausch zwischen Erstellern von Vorschriften und Fachleuten auf dem Gebiet der menschlichen Faktoren herrscht. Immer wieder können Unfälle auf einen Mangel an Verständnis für das, was eine Vorschrift dem Bediener abverlangt, zurückgeführt werden. Kurz gesagt, das Verfassen von Vorschriften sollte als ein Unternehmen betrachtet werden, das genauso wie das Konstruieren von Geräten eine Beteiligung des Faktor-Mensch-Bereichs absolut verdient.

Um 08.59:39, als sich die Cessna nach ihrem letzten ILS-Anflug im Steigflug befand, erteilte die Anflugkontrolle (APC) die erste von drei Warnungen über die Cessna, welche die Boeing 727 erhalten sollte. Damit der Leser voll verstehen kann, was sich während der letzten zwei Minuten abspielte, werden nachstehend einige (nicht alle) der Funkmeldungen und Gespräche vom Cockpitstimmenaufzeichnungsgerät (Cockpit Voice Recorder, CVR) wiedergegeben:

08.59:30 Anflugkontrolle (APC) an 182 (Boeing 727): »Flugobjekt in Zwölf-Uhr-Position, eine Meile entfernt, Kurs Nord.«

08.59:35	182 an APC: »Wir suchen.«
08.59:39	APC an 182: »PSA 182, weiteres Ziel in Zwölf-Uhr-Position, hm, drei Meilen entfernt, knapp nördlich des Flugplatzes, Kurs Nordost, eine Cessna 172 im Steigflug nach Sichtflugregeln aus einer Höhe von 1400 Fuß.«
08.59:50	182 an APC: »O. k., wir haben die andere in zwölf Uhr in Sicht.«
08.59	APC an Cessna, Erteilung einer Freigabe
09.00	APC an 182: »PSA 182, Ziel in zwölf Uhr, drei Meilen, aus 1700 Fuß steigend.«
09.00:22	182 an APC: »Ziel in Sicht.«

Dies war die fatale Meldung. Die Boeing näherte sich der Cessna, und die Anflugkontrolle wurde in dem Glauben belassen, die Boeing-Besatzung hätte sie in Sicht. Bei einer Sichtflugfreigabe ist es eindeutig die Verpflichtung des überholenden Flugzeuges, das langsamere Flugobjekt in Sicht zu behalten und bei Verlust der Sichtverbindung die Luftverkehrskontrolle zu informieren. Die Antwort von APC: »Okay, Sir, halten Sie Abstand nach Sicht und schalten Sie um zum Kontrollturm Lindbergh.« Um 9.00:38 erhielt PSA 182 seine vierte und letzte Warnung, diesmal vom Kontrollturm.

09.00.38	SAN DIEGO an 182: »PSA 182, hier Lindbergh Tower, Objekt in zwölf Uhr, eine Meile, eine Cessna.«
09.00:44	182 an SAN DIEGO: »Okay, da hatten wir sie schon vor einer Minute.«
09.00:50	182 an SAN DIEGO: »Ich glaube, er ist rechts an uns vorbei.«
09.00:42	Cockpitaufzeichnung »Ist das der, den wir suchen?« »Ja, aber ich sehe ihn gerade nicht.«
09.00:52	»Er war genau da drüben vor einer Minute.«

09.01:11	»Haben wir genügend Abstand von der Cessna?«
09.01:11	»Kann man annehmen.«
09.01:11	»Ich nehm's an.«
09.01:11	»Ich hoffe.«
09.01:21	»Oh, ja, bevor wir zum Gegenanflug kurvten, sah ich sie in Ein-Uhr-Position, wahrscheinlich jetzt hinter uns.«
09.01:38	»Da ist einer unter uns.«
09.01:47	Geräusch des Zusammenpralls.

Kurz vor der Meldung um 09.00:38 verließ die PSA die APC-Frequenz und schaltete auf die Kontrollturm-Frequenz von Lindbergh. Um 09.01:38 (19 Sekunden vor dem Zusammenstoß) ertönte das Alarmsignal der Radarleitstelle in Miramar. Dies ist ein rechnergestütztes System, das Flug- und Höhendaten des Flugzeugkennungsgerätes dazu verwendet, einen zylindrischen Raum mit einem Radius von 2,5 nautischen Meilen (ca. 4,5 km) um jedes Flugzeug zu errechnen. Falls der Luftraum um ein Flugzeug einen anderen innerhalb von zwei Minuten voraussehbar zu stören droht, wird im Radarzentrum ein Alarm ausgelöst. Der Lotse muß dann eine Konfliktlösung finden und einen der Piloten oder einen anderen Lotsen warnen. Dem Lotsen der Anflugkontrolle wurde gesagt, daß die Boeing die Cessna bereits in Sicht hätte, und nebenbei, daß er die Boeing nur über den Kontrollturm Lindbergh erreichen könnte. Er erteilte an die Cessna eine ironische und nutzlose Warnung zu einem sehr denkwürdigen Zeitpunkt – 09.01:47: »Der andere Verkehrsteilnehmer ist in Ihrer Nähe, ein PSA-Jet, hat Sie in Sicht.«

Als er um 09.01:47 seine Funkmeldung begann, nahm das Stimmaufzeichnungsgerät (CVR) an Bord der PSA-Maschine das Geräusch des Zusammenpralls auf. Ein ausgefeiltes Netz von Mensch und Maschine hatte versagt.

DIE SYSTEME UND DIE »REALPOLITIK«

Die Nachwirkungen von San Diego – Beschuldigung des Opfers

Kaum war das Wrack von den Straßen von San Diego geräumt, als jeder bereits die Antwort wußte: Haltet »kleine Flugzeuge« aus den

Flughafenzonen heraus. Ungeachtet der Tatsache, daß die Cessna genau getan hatte, was sie tun sollte, als sie gerammt wurde. Man kann endlos spitzfindige Haarspaltereien über die mögliche Rolle einer Reihe von Fehlern betreiben, die dem Absturz vorausgingen. Eine Minute vor dem Zusammenstoß war die Cessna 20° nach rechts (auf 090°) von ihrem zugewiesenen Kurs gekurvt: Die Anflugkontrolle hatte versäumt, das Durchflugverbot von 4000 Fuß querab von Montgomery zu beachten, und der örtliche Fluglotse auf dem Kontrollturm von Lindbergh hatte seine vorgeschriebene Brille nicht auf.

Was sich nach dem Unfall zeigte, als zahlreiche Gegenmaßnahmen vorgeschlagen wurden, war ein klassisches Beispiel dafür, was man »Beschuldigen des Opfers« nennt. Während der öffentliche Aufschrei und der politische Opportunismus vorhersehbar waren, dürfte die schlechte Qualität der Presseberichte nicht vorauszusehen gewesen sein. Der Beispiele gibt es mehr als genug. Die gewöhnlich ausgezeichnete »Los Angeles Times« schrieb, «Es wird berichtet, daß das kleinere Flugzeug gegen die rechte Fläche des Jet schlug« (in gewisser Weise richtig – siehe NTSB-Bericht). Ergänzt wurde der Zeitungsbericht durch eine Situationsskizze eines Zeichners, wie es geschehen sein könnte, mit einem Bildtext, der sich so las, »Cessna 172 rammte die rechte Tragflächenspitze der Boeing 727« (diesmal nicht, »wie gemeldet wurde«). Ein populäres Luftfahrtmagazin berichtete (der Verfasser kann sich hierfür nicht verbürgen), daß ein Fernsehkommentator, der offensichtlich dem Cessna-Piloten die Schuld an dem Unfall gab, vor der Kamera die Anwendung einer Fensterblende im Cockpit für die Instrumentenflugausbildung demonstrierte. Er befestigte die Blende seitenverkehrt und lugte mit der Kamera durch die Löcher der Verstelleinrichtung. Das Magazin »Newsweek« brachte eine ziemlich genaue dreidimensionale Darstellung der Flugwege und erwähnte sogar, daß die Boeing die Cessna überholte; in einem Nebenbild jedoch, das die Kollision selbst zeigte, erhielt der Leser genau den entgegengesetzten Eindruck. Auf dieser Abbildung schien es, daß die Cessna in die rechte Fläche der Boeing von hinten rechts hineinflog.

Die FAA – Der Initiativantrag NPRM 78-19

Die Räder der Politik begannen sich zu drehen. Beinahe unverzüglich stand die FAA im Kreuzfeuer der Kritik von der Öffentlichkeit, dem Kongreß, den Verkehrspiloten und der Luftfahrtindustrie. Dem Opfer die Schuld zu geben, wurde zur Parole des Tages. Bis Dezember hatte die FAA eine Reihe von Beschränkungen für das nationale Luftraumsystem (National Airspace System – NAS) vorgeschlagen, wie auch ein Absenken der Untergrenze des kontrollierten Luftraumes von 18 000 auf 12 500 Fuß (ca. 3750 m) westlich des Mississippi und auf 10 000 Fuß (ca. 3000 m) im Osten sowie im größeren Teil von Kalifornien. Flugzeuge, die zwischen 12 500 und 18 000 Fuß nach Sichtflugregeln (VFR) fliegen, würden als »kontrollierter Verkehr« behandelt und hätten sich nach den Freigaben der Flugsicherung ähnlich denen für Instrumentenflüge zu richten. Im Dezember 1978 veröffentlichte die FAA ihr umstrittenes Dokument »Notice of Proposed Rule Making (NPRM)« (Initiativantrag für eine Gesetzesvorlage), welche die neuen NAS-Pläne und darüber hinaus ihre Absicht, die Zahl der Flughafenkontrollzonen (Terminal Control Area – TCA) bis 1983 von 21 auf 65 sowie die Flughafenzonen mit Radardiensten (Termial Radar Service Area – TRSA) von 67 auf 147 zu erhöhen, genauer erläutert. Drei Wochen nach dem Unfall hatte das National Transport Safety Board (NTSB) empfohlen, San Diego auf die höchste Stufe III einer TRSA anzuheben. Die FAA ging noch einen Schritt weiter – die NPRM 78-19 schlug vor, San Diego ebenso wie Memphis zu einer Flughafenkontrollzone zu machen. Damit war der Pilot der Allgemeinen Luftfahrt im Würgegriff.

Die Berechnungswerte für die Wahl, welche Flughafenzonen TRSA und TCA werden würden, ließen keinen Zweifel darüber, wer zu schützen war. Die Auswahlkriterien orientierten sich nicht am Flugverkehrs-, sondern am Passagieraufkommen. Jede Flughafenzone mit einem Aufkommen von 0,25 Prozent aller Flugpassagiere eines Jahres würde TCA werden. Zuvor hatte die Zahl 1 Prozent gelautet. Nun würden 97% aller Flugpassagiere »geschützt« werden. Dieser Entscheidungsmaßstab verwirrt wahrscheinlich diejenigen, die Erfahrung in der Auslegung und Gestaltung von Systemen haben. Zwar kann die Prozentzahl von Passagieren grob in Beziehung zu Verkehrsflugzeugbewegungen gebracht werden, jedoch läßt sie die Flüge der Allgemeinen und der Militär-Luftfahrt völlig außer acht. Die Reaktion der Piloten der Allgemeinen Luftfahrt und ihrer Vereinigungen war entsprechend vorhersehbar. »Der Griff der Regierung nach größerem Luftraum« hat die Zeitschrift »AOPA Pilot« ihren Beitrag überschrieben (Februar 1979). Charles Spence von der »Aircraft Owners und Pilots Association (AOPA)« machte ihre Position deutlich: »Wenn es zu einer Ausuferung an TCAs kommt, werden wir heftig opponieren!« Die VFR-Piloten schäumten vor Wut. Eine Briefkampagne an den Kongreß begann, und Luftfahrtmagazine erhielten eine Flut von Zuschriften. Ein Pilot schrieb, »Ich bin so besorgt über den Mangel an Einfühlungsvermögen der FAA hinsichtlich derjenigen Bürger, die Piloten sind, daß ich ernstlich überlege, ob ich meine Pilotenlaufbahn nicht beenden sollte.«

Nachdem die anfängliche Entrüstung verflogen war, hatten AOPA-Mitglieder einige sehr interessante Kritikpunkte bezüglich der NPRM 78-19 anzubieten, Argumente, die bei Fachleuten auf dem Gebiet »Faktor Mensch«, welche ansonsten mit den Piloten der Allgemeinen Luftfahrt nur wenig anfangen können, ein geneigtes Ohr finden sollten. Ihre Argumente waren, daß die neuen Beschränkungen eine ihrer Absicht entgegengesetzte Wirkung haben könnten, indem sie sowohl den Piloten als auch den Lotsen höhere Arbeitslast aufbürden, zu einer Ausuferung von bereits genug verwirrenden Vorschriften führen und die Typenvielfalt von Flugfreigaben, die ein Lotse zu bewältigen hat, vergrößern würden. Die Folgen wären auch vermehrter Funksprechverkehr, erhöhter Personalaufwand, größere Investitionen an Material (für die FAA und Flugzeugeigner), Verschwendung von Flugzeit und Kraftstoff, sich entlang der Grenzen von Flugzeugkontrollzonen (TCA) stauende Flugzeuge und so weiter. (Ein Pilot, der nach Sichtflugregeln von Washington nach Boston fliegt, würde auf der Strecke von etwa 350 Meilen (ca. 600 km) sieben Flughafenkontrollzonen durchkreuzen). Bald mußte der Kongreß einsehen, daß die AOPA und ihre Verbündeten nicht ignoriert werden konnten. Und mitten in dem Aufstand erhielt die Allgemeine Luftfahrt etwas Hilfe aus einer ungewöhnlichen Quelle: der NASA. Aber mehr darüber später.

Der US-Kongreß – HR 3942

Die unter Druck geratene FAA mußte bald eine grundsätzliche Lektion über die politischen Winkelzüge in der Frage »Zusammenstöße in der Luft« lernen. In einer demokratischen Gesellschaft gibt es zwei (oder mehr) Seiten, die zu hören sind. Zur AOPA gesellten sich bald mächtige Verbündete einschließlich der »Commuter Airline Association« (Commuter Airline: Zubringer-Luftverkehrsgesellschaft; d. Ü.), der »General Aviation Manufacturers Association«, der »National Business Aircraft Transport Association« und der »Helicopter Association of

America«. Ihr gemeinsamer Beweggrund war die Rücknahme des Vorschlags der NPRM 78-19. Einige legten sogar ihre eigenen Pläne für die Aufteilung des nationalen Luftraumes vor. Das Trauma von San Diego war abgeklungen, und man begann, die VFR-Piloten anzuhören, als die AOPA eine sehr wirkungsvolle Kampagne startete. Bis September 1979 wurden über 43 000 Eingaben als Erwiderung auf das Dokument 78-19 verzeichnet. Die Freigabe der Tonbandabschriften des Funksprechverkehrs, Anfang 1979, half ihrem Anliegen eindeutig.

Die politische Kraft einer Organisation mit 230 000 Mitgliedern und mächtige Verbündete in anderen Organisationen durfte nicht an ihren gewählten, politischen Vertretern scheitern. Es ist zu beachten, daß es sich bei diesen 230 000 Personen um Menschen handelt, die imstande sind, ein Flugzeug privat zu halten und zu fliegen, und nicht um 230 000 Tagelöhner in der Landwirtschaft. Nebenbei bemerkt hatten viele Kongreßabgeordnete das Gefühl, zumal sie von der FAA schon vorgewarnt worden waren, daß NPRM 78-19 zwangsläufig Forderungen nach enormen Mittelerhöhungen nach sich ziehen würde. Gegen Ende des Sommers 1979 hatte sich der Druck gegen den Gesetzentwurf 78-19 aus beiden Lagern verstärkt, und der Kongreß drohte, seine Inkraftsetzung zu blockieren. Die Leser dieses Kapitels dürften es schwierig finden, die verwickelten Beziehungen zwischen Kongreßabgeordneten, Interessengruppen und gesetzgebenden Behörden zu begreifen oder richtig einzuschätzen.

Ein Fürsprecher für die Piloten der Allgemeinen Luftfahrt tauchte in der Person des republikanischen Abgeordneten William Harsha auf. Seine Methode: Eine Ergänzung des Gesetzes zum Schutz gegen den Fluglärm (HR 3942) zu erreichen, so daß der FAA jede Mittelfreigabe zur Verwirklichung von 78-19 untersagt wird. Andere Politiker meldeten sich zu Wort. Der demokratische Abgeordnete Allen Ertel sagte:
»Ich bin besonders erfreut, daß HR 3942 die FAA davon abhält, ihre vorgeschlagenen Bestimmungen über die Luftraumaufteilung durchzusetzen. Die Vorschläge der FAA waren eine grobe und vorschnelle Überreaktion auf den tragischen Zusammenstoß über San Diego. Diese Vorschläge hätten die Allgemeine Luftfahrt gelähmt, ohne eine Vorbeugung vor ähnlichen Unfällen darzustellen.«

Der Republikaner Gene Snyder sprach eher mit unseren Worten statt denen eines Kongreßmitglieds, wenn er sagt:
»Diese Vorschläge waren nicht nur eine Überreaktion auf San Diego, sondern sie würden die Sicherheit sehr nachteilig beeinflussen, und

zwar durch Überlastung des Luftverkehrskontrollsystems und durch Verdichten des Verkehrs entlang der Grenzen der Kontrollzonen. Zusätzlich würden sie zu höherem Treibstoffverbrauch und größeren Verzögerungen für alle Benutzer des nationalen Luftraums führen.«

Andere Kommentare aus dem Kongreß enthielten den sehr vernünftigen Standpunkt des republikanischen Abgeordneten Barry Goldwater jr. Am Ende des Sommers hatte die von Harsha vorgeschlagene Gesetzesergänzung die Absegnung des »House Publik Works and Transportation Committee« (etwa: Komitee für öffentliche Arbeiten, Transport und Verkehr; d. Ü.) gefunden. Zu diesem Zeitpunkt muß sich die FAA gewundert haben, was in aller Welt hier nur vorging – weniger als ein Jahr, nachdem die PSA 182 und N 7711G auf die Straßen von San Diego gestürzt waren, und eine wütende Öffentlichkeit Schutz vor »Kleinflugzeugen« forderte, fanden sich FAA-Vertreter unter Beschuß, eher zuviel als zuwenig zu tun. Die Schuld dem Opfer geben, könnten auch sie sagen.

Die FAA begann zu schwanken. Im Sommer 1979 hob sie ihre Vorschläge aus NPRM 78-19 im wesentlichen auf, indem sie verkündete, daß die Vorschläge für den kontrollierten Sichtflug zurückgezogen wurden, worauf sechs der vierundvierzig Städte, denen Flughafenkontrollzonen aufgezwungen werden sollten, von der Liste gestrichen wurden. Die Kriterien für die Auswahl der sechs sind nicht eindeutig erklärbar: Jacksonville wurde fallengelassen, aber Syracuse blieb bestehen.

Künftig sollten TCAs und TRSAs auf der Grundlage einer Platz-zu-Platz-Überprüfung installiert werden und nicht mehr aufgrund des Passagieraufkommens. Aus der Sicht eines Systemaufbaus gibt dies eher einen Sinn, aber es hat eine interessante Nebenwirkung: Es erlaubt der AOPA und ihren Verbündeten, örtliche Unterstützungsmaßnahmen zu arrangieren, um jeden TRSA/TCA-Vorschlag zu bekämpfen, ohne im nationalen Rahmen den gesamten Plan torpedieren zu müssen. Langhorne Bond, Chef der FAA, zeigte eine gewisse Vorliebe für Zurückhaltung und Understatement, als er dem Abgeordneten Harsha schrieb, »Ich kann Ihnen versichern, daß die von uns erhaltenen Kommentare in der endgültigen Gesetzesfassung der FAA ihren Niederschlag finden.« Auf einer Party im September suchte Bond den Blick von AOPA-Präsident John Baker, zog ein weißes Taschentuch heraus und schwenkte die traditionelle Fahne der Kapitulation. Die »Realpolitik« hatte gesprochen!

Die NASA schaltet sich ein!

Nach langer Abwesenheit wird nun der Fachbereich »Faktor Mensch« wieder im Mittelpunkt stehen. Lassen wir, wenigstens für den Moment, die Politik beiseite, um uns der grundlegenden Frage nach dem System zu stellen. Einfach gesagt: Bewältigen die verschiedenen Radaranlagen der Flughäfen ihre Aufgabe? Oder könnten sie das Gegenteil von dem erreichen, was sie bewerkstelligen sollen? Glücklicherweise ist die Zahl der Zusammenstöße zu klein, um eine Antwort zu geben. Statt dessen müssen Beinahe-Zusammenstöße (»Near Mid-Air Collision – NMAC«) untersucht werden. Wenden wir uns nun »NASA's Aviation Safety Reporting System« (ASRS) zu. In Kürze wird ASRS ein Datenerfassungssystem sein, mit dem Personen aus allen Bereichen der Luftfahrt (natürlich vor allem Piloten und Fluglotsen) Zwischenfälle, Beinaheunfälle und verbesserungsfähige Situationen und ähnliches melden können, ohne Furcht vor Strafverfolgungen haben zu müssen. Im April 1976 wurde das System von der FAA an die NASA abgegeben, um den Schutz der Meldenden vor Strafverfolgung sicherzustellen. Im Sommer 1979, als das ASRS gerade wirksam zu werden begann, gab Mr. Bond einige Einschränkungen der Immunitätsfrage bekannt, worauf das ASRS fast zusammenbrach. Glücklicherweise ließ er sich später erweichen.

ASRS hat zwei Untersuchungen durchgeführt, die hier von Interesse sind. In der ersten stellten die Verfasser fest, daß unter den ersten 2300 erhaltenen Meldungen 360 (16 Prozent) den Flugbetrieb mit TRSA und TCA betrafen. Wiederum siebzig Prozent davon meldeten potentielle Gefahrenlagen zwischen Flugzeugen und 37 Prozent Beinahezusammenstöße (NMAC). Der vierte Quartalsbericht des Jahres 1977 war einer speziellen Untersuchung von 136 gemeldeten Zwischenfällen gewidmet, die sich innerhalb von TRSAs und TCAs ereigneten. Der Bericht ist zu komplex und zu wertvoll, um ihn hier zusammenfassend wiederzugeben zu versuchen. Es genügt zu sagen, daß eine Reihe eindeutig menschlicher Problemfaktoren ans Licht kamen. Um einige zu nennen: mißverstandene Flugfreigaben; Einfliegen in TCAs ohne Erlaubnis (aus welchen Gründen auch immer); vorsätzliche Regelverstöße; unklare und irreführende Anweisungen und Symbole auf Navigationskarten; Kommunikation mit nicht englisch sprechenden Piloten; hohe Arbeitsbelastung des Piloten und vieles mehr. Viele der Einwände, gerade von der AOPA, haben sich bestätigt.

Angenommen, daß die ASRS-Berichte freiwillig sind und unbekannte Vorurteile enthalten können – ein Problem, dem wir bei der Diskussion der NMAC-Studie gegenüberstehen werden –, verschafft das Meldesystem doch einen seltenen Einblick in tatsächliche Verhaltensweisen von Piloten und Lotsen sowie in die flugbetrieblichen Probleme, denen Luftfahrtpersonal ausgesetzt ist. Auch wenn Zwischenfall- und Unfallberichte dazu neigen, das Negative herauszustellen, ist es wichtig, sich zu vergegenwärtigen, daß sie dem Fachbereich »Faktor Mensch« zu einer wertvollen Datenbasis und zum Verständnis der Probleme mit Flughafenzonen verhelfen. In der zweiten ASRS-Studie verhalf die NASA zu einem ersten Einblick in die grundsätzliche Frage der relativen Sicherheit von radarüberwachten gegenüber anderen Flughafenzonen. Diesmal war das Glück auf seiten der AOPA und anderer Gegner der Maßnahmen, die im Nachgang zum Unfall von San Diego geplant waren.

Das ASRS-Personal ordnete NMACs tabellarisch (definiert als Meldung über eine Begegnung, innerhalb von 500 Fuß (ca. 150 m) horizontal oder vertikal, mit einem anderen Flugzeug). Anzumerken ist, daß diese Angaben auf Schätzungen der Piloten und nicht auf Messungen beruhen. Die tabellarischen Darstellungen von TRSAs, TCAs und nicht radarüberwachter Gebiete wurden mit FAA-Daten über die Anzahl von Flugzeugbewegungen in diesen Lufträumen verglichen und erlaubten somit Hochrechnungen auf NMACs pro Millionen Flugzeugbewegungen. Diese sind in Tafel 6.2 wiedergegeben. Die Ergebnisse sind alarmierend. Nochmals wird der Leser gewarnt, daß dies eine Tabelle von Meldungen, nicht von Ereignissen ist, und daß voreingenommene Meinungen sich unvermeidlich einschleichen. Zum Beispiel wird ein Pilot in einem radarüberwachten Gebiet eher etwas melden, was er für ein zu nahe gekommenes Flugobjekt hält, weil er die Garantie eines Sicherheitsabstandes erwartet. Ein Flugzeug in genau der gleichen Position innerhalb einer nicht radarüberwachten Flughafenzone würde vielleicht als »Teil der Spielregel« angesehen werden. Zahlreiche andere Erklärungen können vorgeschlagen werden und wurden bereits vorgeschlagen, um diese Ergebnisse zu erläutern, und zwar unterschiedliche Klassen von Piloten, Flugzeugen und Flugbewegungen in den verschiedenen Lufträumen. Der Verfasser hat darauf aufmerksam gemacht, daß schon die Verfügbarkeit von ASRS-Meldeformularen für Piloten, die einen Beinahezusammenstoß während eines Fluges erlebten, mit der Art der Flughafenverkehrszone variieren kann.

Tafel 6.2 **ASRS-Meldungen über Beinahezusammenstöße im Nahverkehrsbereich von Flughäfen, Mai–November 1978**

Kategorie	TRSAs	TCAs	Übriger Luftraum von Flughäfen
Alle Beinahezusammenstöße (NMACs)	120	76	231
Geschätzte Beinahezusammenstöße pro Jahr	222	140	426
FAA-Flughafen-Verkehrsaufkommen (1977) (in Millionen)	16,2	7,8	52,4
Gemeldete Beinahezusammenstöße pro Million Flugbewegungen pro Jahr	14	18	8

Aber die ASRS-Leute sind an diesem Punkt mehr als vorsichtig gewesen – ihr Bericht ist mit Vorbehalten durchzogen. Obwohl wir uns nicht zu dem Urteil verleiten lassen dürfen, daß es in radarüberwachten Gebieten riskanter zu fliegen ist als in nicht überwachten, wäre es ebenso töricht, die ASRS-Studie zu ignorieren oder abzuschwächen. Es war amüsant zu erleben, daß ein Vorbericht zu dieser Studie von einem Kongreßabgeordneten – sehr zum Verdruß der ASRS-Leute – in das Kongreßprotokoll aufgenommen wurde. Ihr Ärger wurde noch größer, als der Bericht unverzüglich aufgegriffen und in der April-Ausgabe 1979 der Zeitschrift »AOPA-Pilot« (»Das System in Frage stellen«) abgedruckt wurde; er diente der AOPA, lange bevor die ASRS-Begründer die Studie reif für die Öffentlichkeit befanden, als Munition oder gar als Waffe in der Schlacht zwischen der AOPA und der FAA.

Arbeitsintensive Lösungen

Ein grundsätzlicher Punkt muß hervorgehoben werden. Die Auferlegung einer absoluten Flugverkehrskontrolle ist eine arbeitsintensive Lösung, die genau zu dem Zeitpunkt kommt, wo die Bediener sowohl am Boden als auch in der Luft keine zusätzliche Arbeitslast brauchen können. Für den Lotsen bedeutet dies zumindest mehr zu bearbeitende

Flugpläne, mehr Funksprechverkehr, unterschiedlichere Arten von Flugfreigaben und mehr Kommunikation von Lotse zu Lotse. Für den Piloten bedeutet es ebenfalls mehr Funksprechverkehr, mehr Kartenlesen, genauere Navigation und mehr einzuhaltende Vorschriften. Und was äußerst wichtig ist, daß es den Piloten zwingt, seinen »Kopf länger ins Cockpit zu stecken«, anstatt das derzeit einzige, in der Luft einzusetzende Kollisionsverhinderungsgerät zu benutzen, das menschliche Auge. Man sollte jede Lösung mit Vorsicht betrachten, die – um einen Begriff zu prägen – »Cockpit-intensiv« ist.

PROBLEMGEBIETE

Wollte man alle Gebiete aufführen, wo Ergonomik und Anthropotechnik zur Problemlösung der Kollisionsverhinderung beitragen könnten, würde sich das wie das Inhaltsverzeichnis einer Einführung zum Thema lesen. Wir wollen nur einiges davon näher betrachten.

Sichtverhältnisse aus dem Cockpit

Die Sicht aus dem Cockpit hat bei Flugzeugkonstrukteuren keine große Vorzugsbehandlung erfahren. Es wird hier wenig Verbesserungen geben, solange Konstrukteure nicht willens sind, mit der Tradition zu brechen und ein Cockpit zu konstruieren, das mehr ist als ein Rumpf mit kleinen Fenstern, und sich statt dessen für etwas, den gewölbten Kabinendächern bei Düsenjägern ähnlich, entscheiden. Warum nicht? Die übliche Konstruktion füllt das, was für das Blickfeld genutzt werden könnte, mit Knöpfen und Anzeigeinstrumenten. Irgendwo müssen wir sie anbringen, sagt der Konstrukteur. Vielleicht bietet die revolutionäre Mikroprozessortechnik einen Ausweg an. Mit dem Aufkommen kompakter Sichtschirmanzeigen und kleinerer Digitalinstrumente ist die Gelegenheit für ein gründliches Umdenken auf dem Gebiet der Cockpit-Konstruktion und -Gestaltung gegeben.

Das Problem des Blickfeldes aus der Sicht eines Boeing-727-Piloten wurde in der Zeitschrift FLYING von L. Morgan dargestellt.

Cockpitanzeigen

Die Darstellung von Verkehrsinformationen im Cockpit (Cockpit Display of Traffic Information – CDTI) und geteilte Führungsrollen bei der Luftverkehrskontrolle werden von Hart und Loomis sowie von Kreifeldt angesprochen. Welche Aufgaben der Fluglotsen vom Boden ins Cockpit verlagert werden könnten und ob dies wünschenswert ist, sollte Gegenstand umfangreicher Forschung in den kommenden Jahren sein. Ein ziemlich starker Befürworter einer erhöhten Beteiligung der Piloten an der Verkehrsstaffelung ist Gravat. Es ist noch nicht klar, wie das CDTI in Verbindung mit anderen Anzeigen der Kollisionsverhinderung benützt werden soll. Anscheinend begehen wir wieder einmal eine der alten Sünden, indem wir immer noch eine „black box“ ins Cockpit bauen.

Das Problem ist nicht, ob die Verkehrskontrolle ins Cockpit verlagert werden kann, sondern ob sie dahin verlagert werden sollte. Diese Frage kann letzlich nur durch sehr aufwendige Breitbandsimulation mit Flugzeugen und der Flugsicherung beantwortet werden. In der Zwischenzeit steht der Verfasser zu seiner Warnung über cockpitbelastende Lösungen, verspricht jedoch, in dieser Angelegenheit die Ohren offen zu halten. Zwischen Verkehrskontrolle am Boden und in der Luft gibt es einen großen Unterschied: Am Boden kann man stets einen zusätzlichen Fluglotsen einsetzen.

Kommunikation: »Software«

Die ungenaue Anwendung der Sprache plagt die Luftfahrt weiterhin. Dies kommt ebenso häufig in Unfall- wie in Zwischenfallberichten des ASRS zum Vorschein. In die oft langwierige und undankbare, aber lebensnotwendige Entwicklungsaufgabe eines ATC-Lexikons, das frei von Mehrdeutigkeiten ist, muß noch viel Arbeit gesteckt werden. Der letzte Funkspruch des KLM-747-Kapitäns darf nie vergessen werden, als er den Startvorgang auf der Startbahn von Teneriffa einleitete: »We are at take-off«. (»Wir starten« – oder – »Wir befinden uns in Startposition«?)

Kommunikation: »Hardware«

Es ist unvorstellbar, daß man keine Lösung der Funkfrequenzzuordnung dergestalt erreichen kann, daß sich ein Flugzeug nie außerhalb der Reichweite von Fluglotsen befindet, die Kenntnis von einer sich anbahnenden verhängnisvollen Situation erhalten. Es ist nutzlos, ein kompliziertes rechnergestütztes Annäherungswarnsystem zu entwickeln, wenn der Lotse bei Alarmauslösung einen Piloten nicht erreichen kann. Eine sehr einfache und billige Lösung könnte sein vorzuschreiben, in jedem Flugzeug einen Empfänger mit einer fest eingestellten ATC-Frequenz mitzuführen. Die jeweiligen Sender würden den ATC-Leitstellen zugeordnet und nur in äußersten Notfällen dazu benutzt, Flugzeuge anzurufen, die sich auf keiner regulären Betriebsfrequenz befinden. Hätten Miramar und die Cessna N 7711 G über derartige Einrichtungen verfügt (für etwa einhundert Dollar pro Flugzeug, im höchsten Fall), wäre vielleicht ein anderes Kapitel daraus geworden. Es erscheint wohl zu einfach, um das einzig Richtige zu sein.

Cockpit-Disziplin

Der Verfasser hat an anderer Stelle schon darauf hingewiesen, was durch viele NTSB-Berichte bestätigt wird, daß nämlich Cockpit-Disziplin und Professionalismus noch ungeklärte und schwierige Problempunkte sind. Man hört oft, daß dieses Problem schon längst als »Selbstzufriedenheit« vermerkt ist, ein von jeher nichtssagendes Wort. Doch der Verfasser wartet gespannt auf eine funktionsgerechte Definition dieses Begriffs. Nichtsdestoweniger existiert das Problem, obwohl es jenseits gegenwärtiger Unterrichtsmethodik liegen mag. Wissenschaftler, die in diese heikle Sache hineinschauen wollen, sollten nicht überrascht sein, wenn ihnen kein roter Teppich vor der Cockpittür ausgerollt wird.

SCHLUSSFOLGERUNGEN

Wo steht die Kollisionsverhinderung heute? Es gibt darauf zwei Antworten. Erstens sind die Vorstellungen darüber weiterhin verworren. Das gegenwärtige Gesamtsystem könnte nach den meisten Richtlinien der Unfallverhütung ausgezeichnet genannt werden; aber nach den strengen und absoluten Maßstäben der Luftffahrt, die nichts unterhalb der Perfektion tolerieren, beginnt es zum drittenmal seit dem Zweiten Weltkrieg, Sorge zu bereiten. Um dies zu sehen, muß man nicht auf Zusammenstöße warten; ASRS-Meldungen geben ausreichend Zeugnis davon.

Zweitens steht die Luftfahrt insgesamt an der Schwelle einer neuen Generation hochentwickelter ATC-Ausrüstung. Im nächsten Jahrzehnt wird das »Discrete Address Beacon System/Automatic Traffic Advisory and Resolution Service (DABS/ATARS)« in Dienst gestellt sein und vermutlich durch ein flugzeugseitiges Kollisionsverhinderungssystem unterstützt werden. Diese Planungen können die Lösung sein, oder auch nicht. Unglücklicherweise wissen wir noch viel zuwenig über die menschlichen Faktoren im Umfeld von Automation. Viele damit befaßte Wissenschaftler hegen aus Erfahrung ein Mißtrauen gegenüber jedem, der behauptet, daß jedes System menschliche Fehler »wegautomatisieren« wird. Noch wichtiger: Wenn alle vorgeschlagenen Systeme eingeführt werden, könnte die Besatzung in irgendeinem Augenblick mit Antikollisionsinformation und -anleitung eingedeckt werden, wovon einiges sich womöglich noch widerspricht.

Darüber hinaus ist es bedauerlicherweise möglich, daß sich der Kongreß einschaltet und ein Kollisionsverhinderungssystem vorschreibt. Falls irgend jemand denkt, daß der Kongreß der richtige Ort für Systemtechnik ist, sollte man ihm die erbärmliche Geschichte von dem »Emergency Locator Transmitter« (ELT: Notsender für SAR-Ortung) und dem Ground Proximity Warning System (GPWS: Bodenannäherungswarnsystem), beides durch Gesetz verordnete Ausrüstungsgegenstände, in Erinnerung bringen.

NACHBEMERKUNG

Bis Dezember 1979 erschienen fast täglich besorgniserregende Geschichten über Beinahezusammenstöße und Versagen von ATC-Computeranlagen. Zwei NMACs betrafen Verkehrsflugzeuge in der Gegend von San Diego. Im Januar wurde ein Beinahezusammenstoß zwischen einem Navy-Hubschrauber und einem American Airlines-Flugzeug gemeldet, der vom Hubschrauberpiloten jedoch bestritten wurde. Bis Ende Januar erschienen NMAC-Artikel so häufig in den Zeitungen und Zeitschriften, daß der Verfasser aufhörte, sie auszuschneiden.

Noch beunruhigender ist vielleicht die Tatsache, daß Berichte über häufige und gelegentlich länger anhaltende Ausfälle (über eine Minute) von Computeranlagen zu erscheinen begannen. Der Computer vom ATC-Zentrum Albuquerque war über 14 Stunden ausgefallen. Indianapolis Center erlebte im Oktober 68 Ausfälle. Im Februar besuchte der Verfasser eine Nahbereichskontrollstelle. Die Radarlotsen sagten: »Sie hätten gestern hier sein sollen – wir erlebten einen totalen Stromausfall. Computer, Bildschirme und Fernmeldeverbindungen, die gesamte Einrichtung – länger als 15 Minuten.« Glücklicherweise war die Bereichskontrolle in der Lage, die Funktion der Anflugkontrolle für die Zeit des Ausfalls zu übernehmen. Die öffentlichen und politischen Reaktionen auf Geschichten über Beinahezusammenstöße und Computerausfälle wären wahrscheinlich heftiger gewesen, hätten nicht zwei DC-10-Abstürze (Mexiko City und Antarktis) diese Meldungen überschattet.

Es kann sein oder auch nicht sein, daß der Vizepräsident des NTSB, Elwood Driver, einige Befürchtungen ausgeräumt hat, als er vor einer Kommission des Kongresses aussagte, daß bis zu jenem Tag (im Dezember 1979) kein vom NTSB untersuchter Unfall einem Computer- oder Radarausfall angelastet werden konnte.

Während die »Professional Air Traffic Controllers Organization (PATCO: Berufsvereinigung der Fluglotsen) und die FAA über Fragen der Computer-Zuverlässigkeit unterschiedlicher Meinung waren, hatten sich NTSB und FFA in einer langwierigen Debatte darüber auseinandergesetzt, was mit der Flughafenbereichskontrolle von San Diego zu tun sei.

Im Dezember 1979 gab die FAA ein Memorandum heraus, mit dem Ziel, eine Terminal Control Aerea (TCA) in San Diego einzurichten. Sie enthält siebzehn einzelne Luftraumsegmente in verschiedenen Höhen. Wenn sich jemand zum Ziel gesetzt hätte, einen navigatorischen Alptraum für Piloten der Allgemeinen Luftfahrt zu konstruieren, hätte er diesen Vorschlag kaum noch verbessern können. Die AOPA hatte ihre eigenen Vorstellungen zu San Diego. Ein Vergleich zwischen beiden Plänen erschien in der Januar-Ausgabe 1980 in der Zeitschrift »AOPA-Pilot«. Am 15. Mai 1980 wurde der Plan verwirklicht. Orlando, Fort Lauderdale, Memphis und Portland waren die nächsten auf der Liste.

DANK UND WÜRDIGUNG

Dieses Kapitel wurde geschrieben, als der Verfasser beurlaubt war, um in der Man-Vehicle Systems Research Division der NASA am Ames Research Center zu arbeiten. Das Kapitel stellt nicht einen offiziellen NASA-Standpunkt oder Auftrag dar. Der Verfasser erkennt dankbar die Unterstützung der NASA und von Mitarbeitern des Ames Center an, die für eine namentliche Erwähnung zu zahlreich sind.

KAPITEL 7

Menschliche Faktoren in der Flugsicherung

R. C. W. Weston

Wir haben in den vorausgegangenen Kapiteln eine Anzahl von Beispielen von Zwischenfällen kennengelernt, wo die Rolle der Fluglotsen sich als kritisch erwiesen hat. Vor allem ist da die anschauliche Beschreibung der Ereignisse, die zu den Luftzusammenstößen bei Memphis und San Diego geführt haben, in Kapitel 6. Eine pilotenorientierte Untersuchung wird wohl zwangsläufig ein zu geringes Gewicht auf den Einfluß der speziellen Umfeldbedingungen des Lotsen legen. Dieser Beitrag soll deshalb einen heilsamen Einblick in einige der Schwierigkeiten und Zwänge auf diesem Gebiet geben, welche für die Qualität, die Wirksamkeit und letztlich die Sicherheit des Dienstes bestimmend sind, von dem der Pilot abhängig ist.

Die wesentliche Rolle der Flugsicherung wurde schlicht als das Umsetzen des Verkehrsbedarfs in den Verkehrsfluß beschrieben. In dieser einfachen Feststellung ist eine große Bandbreite von Funktionen und Befähigungen eingeschlossen, von denen nicht alle einer jeden ATC-Aufgabe gemeinsam sind, die jedoch alle stark vom menschlichen Element – dem Fluglotsen – abhängen.

Mit der komplexen Struktur des Luftraumes und dem hohen Luftverkehrsaufkommen in den meisten Industrieländern haben die Anforderungen und die Belastungen des Lotsen gewaltig zugenommen. Die Luftfahrt legte einen langen Weg zurück seit den Tagen, als sicherer Abstand zwischen den Flugzeugen noch allein auf dem Prinzip »Sehen und gesehen werden« beruhte. Damals war die Verantwortung, ohne wenn und aber, ganz klar dem Piloten auferlegt. Aber mit den Annäherungsgeschwindigkeiten heutiger Flugzeuge von über 1000 m.p.h. (etwa 1650 km/h) ist es offensichtlich, daß die Verläßlichkeit eines solchen Systems völlig unzureichend ist. Die Notwendigkeit, die Sicherheit von Passagieren, Besatzung und Flugzeug zu gewährleisten, wird heute durch eine ausgedehnte, hochentwickelte bodenständige Infrastruktur erfüllt, in welcher Fluglotsen den Piloten verbindliche Anweisungen erteilen. Das Ziel dieses Dienstes, das jedem Lotsen ins Gedächtnis geprägt und in den Grundfesten des Systems verankert wurde, ist einfach – einen sicheren, ordnungsgemäßen und raschen Verkehrsfluß sicherzustellen. Natürlich bleibt es oberstes Gebot für die Besatzung, zu jeder Zeit gründliche Ausschau zu halten, obwohl das begrenzte Sichtfeld aus dem Cockpit der meisten modernen Flugzeuge diesbezüglich enge Grenzen auferlegt. Darüber hinaus schränken die in vielen verkehrsdichten Gebieten, wie in Westeuropa, überwiegend vorherrschenden Instrumentenflug-Wetterbedingungen (»IMC«) die Wirksamkeit einer guten Ausschau weiter ein. Praktisch bedeutet dies, daß die Verantwortung für den sicheren Abstand eines Flugzeugs vom übrigen Verkehr der Fluglotse trägt, obwohl der Flugkapitän immer noch letztlich für die Sicherheit seines Flugzeuges verantwortlich ist.

Die Anwendung dieser Autorität des Fluglotsen verlangt vom Piloten ein beträchtliches Vertrauen in die geisterhafte Stimme des Lotsen und in die Unversehrtheit des Gesamtsystems, von dem er ein Teil ist; die Aufgabe des Lotsen und des Netzwerks der Luftverkehrskontrolle ist es, dieses Vertrauen zu rechtfertigen.

Der Fluglotse ist deshalb ein wesentliches Element in der Erhaltung der Luftsicherheit, und er kann – wie jeder Mensch – Fehler begehen. Es liegt in der Natur der Funktion, die er ausübt, daß jedes Versäumnis oder Fehlurteil auf seiner Seite katastrophale Folgen haben kann, wie eine Reihe von Flugzeugunglücken in den letzten Jahren allzu deutlich gezeigt hat. Hier ist eine deutliche Übereinstimmung mit dem Urteil »Fehler des Piloten« zu verzeichnen, denn »Fehler des Fluglotsen« kann allzu leicht benutzt werden, etwas zu umschreiben, was im wesentlichen ein Versagen des Systems ist. Der Lotse hat unter solchen Umständen den einen Vorteil gegenüber dem Piloten, daß er nämlich gewöhnlich noch am Leben ist und den Hergang erzählen kann – wenngleich die Erfahrung zeigt, daß leider nur wenige Leute bereit sind, ihn anzuhören.

Auch wenn also von der entscheidenden Motivation, dem Selbsterhaltungstrieb, nicht gesagt werden kann, daß er die Handlungen eines

Fluglotsen bestimmt, so würde wohl nur ein höchst zynischer und unwissender Mensch darin einen Zusammenhang mit dem häufigen Auftreten von »Fehlern des Fluglotsen« sehen wollen. Alle Lotsen leben in der Furcht davor, mit ihren Handlungen einen Unfall zu verursachen oder dazu beizutragen. Mehr als alle anderen (Piloten eingeschlossen) sind sie sich nur zu bewußt, wie schmal die Trennlinie zwischen Sicherheit und Katastrophe auf dem Gebiet der Flugsicherung werden kann. Jeden Tag stehen Lotsen Situationen gegenüber, in denen Schwächen des Systems und ihre persönlichen Grenzen allzu sichtbar sind, wenngleich nur wenige solcher Fälle sich bis zu einem Punkt weiterentwikkeln, an dem Piloten der Unzulänglicheiten gewahr werden. Aber der ständige Gedanke an diese Grenzen, das Gefühl »von der Gnade Gottes« abhängig zu sein, macht den Lotsen angst. Natürlich neigen sie dazu, solche Gefühle auf die leichte Schulter zu nehmen, denn es entspricht nicht der Persönlichkeitsstruktur des durchschnittlichen Lotsen, seine persönlichen Anspannungen und Erregungen zu bekennen.

Die Gesellschaft und eine Art von Männlichkeit verlangen, solche Gefühle zu vertuschen – aber sie sind vorhanden.

DAS SCHWÄCHSTE GLIED

Zur Handhabung des Luftverkehrsflusses in einer sicheren, ordnungsgemäßen und raschen Weise stehen dem Lotsen bestimmte Hilfsmittel zur Verfügung. In der höher entwickelten ATC-Welt mögen sie aus dem Besten bestehen, was moderne Technologie hinsichtlich rechnergestützter Radargeräte, Flugdatenverarbeitung und Sichtsystemen bieten kann. Am anderen Ende des Spektrums können sie aus nicht mehr als einigen unentbehrlichen Telefonleitungen, Papierstreifen für die Flugabläufe zum Notieren der Flugdaten und einer großen Portion Intuition bestehen. Allgemein ausgedrückt, wird die Entwicklungsstufe des ATC-Netzes von der Art, der Qualität und der Komplexität des Flugverkehrs bestimmt, wenngleich in gewissen Teilen der Welt die in solchen Einrichtungen investierten Mittel nicht angetan sind, andere Mängel auszugleichen. Die wesentliche Forderung gilt natürlich der Aufrechterhaltung der Sicherheit, und ein Versagen bei der Bereitstellung geeigneter Einrichtungen sollte theoretisch nur die Schnelligkeit nachteilig beeinflussen; in der Praxis jedoch ist die Sicherheit ebenso betroffen. Zum Beispiel sind Flughäfen in der Nähe gewisser beliebter europäischer Ferienorte nicht mit Rundumsicht-Radargeräten ausgestattet. Dies verlangt von Flugzeugen Sink- und Anflugverfahren nach einer Vorgehensweise, die viel langsamer und zeitaufwendiger als die mit einer Radarstaffelung durchführbare Methode ist. Obwohl das ohne Radar durchgeführte Instrumentenanflugverfahren vollkommen sicher ist, wenn es präzise geflogen wird, so kann doch der Fehlerspielraum geringer werden, wenn das umgebende Gelände hoch ist. Wie jüngste Ereignisse gezeigt haben, können momentane Disorientierung der Besatzung oder eine mißverstandene ATC-Anweisung zur Katastrophe führen – eine Situation, die durch das Vorhandensein von Radar verhindert oder rechtzeitig entdeckt werden könnte. Aber welches ATC-Umfeld wir auch immer betrachten, wie umfangreich und hochentwickelt die Infrastruktur sein mag, sie kann nur so effektiv und sicher sein wie sein schwächstes Glied – die Verständigung.

Wir haben die wesentliche Rolle des Fluglotsen bei der Gewährleistung des sicheren Flugzeugabstandes in allen Flugphasen dargelegt. Zur Erfüllung dieser Aufgabe erteilt er Piloten mit Hilfe des Funksprechverkehrs Anweisungen, und zwar vom Anlassen der Triebwerke bis zum Abstellen am Bestimmungsort. In einem solchen Umfeld bedeutet dies, daß alles unternommen werden muß, um jede Möglichkeit von Mißverständnissen auszuräumen. Zu diesem Zweck wurde eine Standardphraseologie vereinbart und durch die »International Civil Aviation Organization (ICAO)« (Internationale Organisation der Zivilluftfahrt) festgelegt, die größtenteils weltweit im zivilen und militärischen Flugbetrieb Anwendung findet. Natürlich gibt es örtliche Abweichungen, und es sind viele Situationen denkbar, für die es nicht möglich ist, eine bestimmte Phraseologie festzulegen. Dennoch bilden die standardisierten Ausdrucksweisen und Verfahren das Rückgrat des Kommunikationssystems.

Als Gegenprobe müssen Piloten gewisse Instruktionen für die Lotsen wiederholen, wie Anweisungen für den Steig- und Sinkflug und die Streckenführung sowie Einstellungen des Luftdrucks am Höhenmesser, womit die Flughöhe eines Flugzeugs gemessen wird. Dadurch wird die Wahrscheinlichkeit erhöht, daß die Durchgabe oder das Hören einer inkorrekten Information entdeckt wird. Zum Beispiel wird man leicht verstehen, daß bei einer vielbenutzen, stark belegten oder nicht sehr trennscharfen Frequenz die Anweisung an ein Flugzeug, auf Flugfläche 80 zu steigen (8000 Fuß – ca. 2400 m – bei einer »Standard«-Höhenmessereinstellung), als »Steigflug auf Flugfläche 280« (28 000 Fuß – ca.

8500 m) verstanden werden kann, – mit Konsequenzen, die katastrophal sein können, wenn der Fehler nicht rechtzeitig entdeckt wird. Die Möglichkeit solchen Verhörens oder Mißverstehens wird durch das Problem der Erwartungshaltung und durch die hochpolitische Frage der Sprache weiter verschlimmert.

ERWARTUNGSHALTUNG

Dr. Alnutt hat in Kapitel 1 die Erwartungshaltung aus der Sicht des Psychologen bereits untersucht. Dieses Thema ist jedoch von solcher Wichtigkeit, daß es eine weitere Diskussion vom Standpunkt eines Fluglotsen aus wert ist.

Wir sind alle bis zu einem gewissen Grad »Gewohnheitstiere«. Wir wissen aus Erfahrung, daß bestimmte Ereignisse als natürliche Konsequenz bestimmter Handlungen folgen. Solche Voraussicht ist vollkommen normal und natürlicher Teil der Reaktionen eines jeden Piloten oder Fluglotsen. Darin aber liegt die Gefahr, denn es ist allzu leicht, eher zu hören, was man zu hören erwartet, als was gesagt wird; je größer die Erwartungshaltung, desto eher kann dies eintreten. Das Standard-Instrumenten-Abflugverfahren (oder SID) von einem größeren Flughafen zum Beispiel verlangt, daß Flugzeuge auf einer bestimmten Route bis auf 4000 Fuß (ca. 1200 m) steigen. Nach dem Start wenden sich die Piloten an den Radarlotsen der Abflugkontrolle, der für den weiteren Steigflug verantwortlich ist, nachdem sich das Flugzeug aus dem Bereich des anfliegenden Verkehrs entfernt hat, und melden »XY 123 im Steigflug auf 4000 Fuß«. Der Radarlotse erkennt auf seinem Datensichtgerät, daß das Flugzeug gestartet ist und plant seine taktischen Berechnungen so, daß der Steigflug bis zur Reiseflughöhe beschleunigt werden kann. Sollte jedoch ein Pilot sich in der Höhenbeschränkung seines Abflugverfahrens (SID) verlesen haben und auf der Funkfrequenz »XY 123 im Steigflug auf 5000 Fuß« melden, glaubt der Lotse vielleicht, daß das Flugzeug auf 4000 Fuß steigt, weil dies in seiner Freigabe gefordert ist – denn alle Flugzeuge auf jener Abflugroute steigen auf 4000 Fuß. Somit kann der Fehler des Piloten, zumindest anfangs, unentdeckt bleiben, mit der deutlichen Möglichkeit, mit anderen Flugzeugen in eine gefährliche Annäherung zu geraten.

SPRACHE

Natürlich dreht sich bei der Kommunikation alles um die Sprache, und Sprache im Zusammenhang mit der internationalen Luftfahrt bedeutet Englisch. Dies heißt keineswegs, daß ausschließlich die englische Sprache für die Belange der Luftverkehrskontrolle benutzt wird, aber wer englisch spricht, kann überall fliegen, im Gegensatz zu jeder anderen Sprache. Natürlich variieren die englischen Sprachkenntnisse enorm unter Fluglotsen und Piloten, für die Englisch nicht die Muttersprache ist. Während die Gefahren bei der Durchgabe und Ausführungen von Instruktionen zwischen Fluglotsen und Piloten, wenn einer von beiden über zweifelhafte Englischkenntnisse verfügt, auf der Hand liegen, so ist doch die Möglichkeit für Mißverständnisse um vieles größer, wenn weder der Lotse noch der Pilot besonders sprachbewandert sind. Trotz des begrenzten Vokabulars, das zur Beherrschung der Standard-Phraseologie nötig ist, sind die mit schlechtem Verstehen einhergehenden Gefahren nur zu deutlich. Daher benützen viele Länder in dieser Situation für die Verständigung eine andere Sprache, während Englisch solchen Flugzeugen vorbehalten bleibt, die es ausdrücklich fordern. Man kann argumentieren, daß die Möglichkeit zu Mißverständnissen und dadurch vielleicht verursachte unsichere Aktionen gering gehalten werden. Aber natürlich hat jedes Argument zwei Seiten.

Ganz selbstverständlich haben Piloten ein entscheidendes Interesse an allem, was um sie herum vorgeht. Sie entnehmen es dem Funksprechverkehr, sie können sich oft ein »geistiges Bild« dessen verschaffen, was andere Flugzeuge in ihrer Nachbarschaft so anstellen. Dies mag natürlich in Gebieten hoher Flugdichte, wo die Kommunikation hauptsächlich nur in einer Richtung (vom Lotsen zum Piloten) erfolgt und Flugzeuge auf mehr als einer Frequenz arbeiten, von recht geringem Nutzen sein. Zusätzlich hat die Verbreitung des Radars in solchen Gebieten die Zahl der Positionsmeldungen, die mit der mehr starren Kontrollmethode erforderlich sind, stark reduziert, wodurch die den Piloten zur Verfügung stehenden Daten anderer Flüge weiter vermindert werden. Die meisten Piloten würden jedoch zustimmen, daß wenig Information immer noch besser ist als gar keine. Sicherlich gibt es besonders in rückständigeren ATC-Bereichen viele Meldungen, deren Mithören durch den Piloten sich als hilfreich für das Erkennen von Konflikten erwiesen hat. Wenn aber nur ein Teil des Funksprechverkehrs in Englisch erfolgt, sind die Chancen für das Erkennen möglicher

Gefahren stark herabgesetzt. Bei dem Luftzusammenstoß zwischen einer »Trident« der British Airways und einer DC 9 der Inex Adria über Zagreb, im Jahre 1976, war die »Trident«-Besatzung sich der unmittelbaren Kollisionsgefahr wahrscheinlich gar nicht bewußt, weil der jugoslawische Fluglotse die jugoslawische DC 9 kroatisch ansprach. Die entscheidenden Funksprüche sind im Unfallbericht 5/77, United Kingdom Department of Trade, Accidents Investigation Branch, aufgeführt. Die Auswirkungen von menschlichen Faktoren auf diesen Unfall wurden von R. Weston und R. Hurst in dem Buch »Zagreb 14 – Cleared to Collide?« Granada Publishing, St. Albans, UK (1982) untersucht.

Unglücklicherweise wurde die Frage der Sprache so etwas wie ein politisches Fußballspiel, wie besonders in Kanada, wo Versuche, eine zweisprachige Luftverkehrskontrolle einzuführen, zu heftigen Auseinandersetzungen führten (aber nicht erfolgreich; siehe Kapitel 10).

Immer wenn politische Gesichtspunkte ins Spiel kommen, neigt man dazu, Argumente mehr auf Gefühlen als auf rationaler Abwägung des Pro und Contra zu gründen, was besonders bedauerlich ist, wenn die Flugsicherheit nur der Verlierer sein kann.

VERKEHRSABLÄUFE STEUERN: MENSCHLICHE UND TECHNOLOGISCHE MITTEL

Obwohl die ersten Schritte in Richtung auf ein besseres Angebot als Aladins Wunderlampe oder die Leuchtpistole für die Übermittlung der Landeerlaubnis an Flugzeuge schon vor dem Zweiten Weltkrieg lagen, geht die Luftverkehrskontrolle, wie wir sie heute kennen, auf das Ende des Krieges zurück. Nach Wiederherstellung des Friedenszustandes und dem ständigen Wachstum des zivilen Luftverkehrs bestand Bedarf an einem gesteuerten System, um Passagierflüge in jeder Phase, vom Start bis zur Landung, zu staffeln. Die in früheren Tagen verfügbare Ausrüstung war kläglich und bestand im Prinzip aus Papierstreifen für die Abfolge der Flüge, auf denen abgekürzte Einzelheiten des Flugplans der Flugzeuge vermerkt waren, aus einer Telefonleitung und Einrichtungen für den Boden-/Luft-Funksprechverkehr. In den stärker beflogenen Flughafenzonen wurde Radar eingeführt, um die Sicherheit des Systems zu erhöhen und – höchst bemerkenswert – den Verkehr weit mehr zu beschleunigen als es mit den »konventionellen« Methoden (also Staffelung nach Zeit oder Höhe) erreicht werden konnte. Die

Flugzeuggeschwindigkeiten waren niedrig, das Verkehrsaufkommen allgemein gering, und einige wenige Lotsen, die fast ausschließlich aus ehemaligen Piloten bestanden, legten das Fundament für das heutige System.

Das Verkehrswachstum war so stark, daß die Gerätehersteller binnen kurzem neue Technologien zur Unterstützung der Fluglotsen entwikkelten – neue ATC-Radaranlagen wurden als Ersatz für die aus dem Krieg stammenden Geräte eingeführt – und eine rasche Ausweitung des Luftverkehrskontrollnetzes begann. Aber die Bereitstellung moderner Einrichtungen, die Fähigkeit, mehr Flugzeuge in einen bestimmten Luftraum zu zwängen, hat zwangsläufig die Anforderungen an die Fluglotsen erhöht. Damit wurde klar, daß die physischen und geistigen Grenzen des einzelnen die alles überragenden Faktoren bei der Bestimmung der Kapazität des Gesamtsystems waren, wenn man die erforderlichen Sicherheitsgrundsätze aufrechterhalten wollte. Natürlich ermöglichte ein Teil der Ausrüstung dem Lotsen, wirkungsvoller zu arbeiten, und steigerte damit die »Sättigungsschwelle«, während andere Geräte ihrerseits Forderungen an den Lotsen stellten und für die Gesamtsystemkapazität keinen Nutzen brachten.

Einteilung in Sektoren

Für die Streckenkontrolle ist der Luftraum in Sektoren eingeteilt, um die auf einen Lotsen entfallende Zahl von Flugzeugen zu begrenzen (die Flugstrecken überspannen Sektoren, für die verschiedene Lotsen verantwortlich sind, die über jeweils eigene UKW-Funkkanäle verfügen). Die natürliche Reaktion auf eine Überlastung war immer eine Einteilung in weitere Sektoren (den Luftraum unter weiteren Lotsen nochmals aufzuteilen), aber es gibt für diese Praxis eine Grenze. Wenn Flugzeuge sicher von einem Sektor zum anderen übergeben werden sollen, muß die Koordinierung und Verbindung außergewöhnlich eng sein. Obwohl die ATC-Verfahren so angelegt sind, daß sie diese Notwendigkeit so gering wie möglich halten (z. B. durch die Verwendung standardisierter Flugstrecken und abgestimmter Flughöhen an den Übergabepunkten) – und moderne Techniken automatischer Datenübermittlung können hier sehr hilfreich sein –, gibt es doch eine bestimmte Grenze für die Koordinierungsfähigkeit des Lotsen. Dies, zusammen mit der Forderung nach einer vertretbaren Sektorengröße, sofern der Lotse taktische Kontrollmethoden anwenden soll, begrenzt tatsächlich den noch angemessenen Rahmen einer Sektorisierung.

Wenn zum Beispiel ein Sektor überlastet ist, kann die weitere Unterteilung (durch Verdoppelung des Lotsenpersonals und aller technischen Einrichtungen) die Systemkapazität wegen des höheren Koordinierungsaufwandes um lediglich etwa 20 Prozent steigern. Noch weitere Unterteilung dürfte unmöglich sein, will man den einem Lotsen zugeteilten Luftraum nicht so einschränken, daß er praktisch keinerlei taktischen Freiraum mehr hat, um irgend etwas zu kontrollieren – ganz zu schweigen von einer den Piloten nicht mehr zumutbaren Anzahl von Funkfrequenzänderungen.

Der Mensch und die Technik

Wenn also die Versorgung des Systems mit einer größeren Zahl von Fluglotsen nicht die Lösung ist, was ist sie dann? Die Antwort muß lauten, die Geräte und Einrichtungen bereitzustellen, welche den Lotsen in die Lage versetzen, seine Sättigungsgrenze – und damit die des gesamten Systems – zu erhöhen. Das heißt nicht einfach mehr oder fortschrittlichere Ausrüstung – es bedeutet Ausrüstung, die wirklich die Kapazität des Systems verbessert. Genau hier müssen die Fachbereiche Faktor Mensch und Luftverkehrskontrolle ihre Sachkenntnis vereinen, um sicherzustellen, daß Konstrukteure und Ingenieure des Systems das hervorbringen, was die Aufgabe erfordert. Denn obwohl Unterschiede zwischen den Ländern festzustellen sind, gibt es genug Beweise für die Beschaffung von Ausrüstung aus rein finanziellen oder offenkundig politischen Beweggründen – und häufig ist es für die Erfüllung der Aufgabe gar nicht geeignet. In vielen Ländern gibt es im Verlauf des Spezifizierungs-, Konstruktions- oder Beschaffungsvorganges nur wenig oder gar keine Beteiligung der Lotsen oder der »Faktor-Mensch«-Spezialisten – ein Zustand, der kaum dazu führt, ein sicheres und wirkungsvolles ATC-System zu schaffen.

Für den Lotsen im Einsatz gibt es um die menschlichen Faktoren nichts Geheimnisvolles – aus seiner Sicht umfassen sie die Spanne von der Konstruktion und Auslegung des Geräts bis hin zu der Rolle, die er in dem »Regelkreis« spielt. Betrachten wir einen einfachen Fall: Ein Lotse muß vielleicht eine Anzahl von Sektoren kontrollieren oder Einsatzpositionen im System wahrnehmen können. Jede Funktion, jede Arbeitsposition muß als besondere Erlaubnis und Gültigkeitserklärung in seiner Lizenz vermerkt sein. Er ist geschult, hat seine Lizenzprüfungen abgelegt und wird in jeder Funktion regelmäßig überprüft. Auf einer Einsatzposition ist es normal, eigene Telefonverbindungen zu vielleicht zwanzig oder dreißig anderen Sektoren, Flugplätzen usw. zu haben, mit denen er zu tun hat. Wenn der Lotse dann in die Einsatzposition des nächsten Sektors versetzt wird, stellt er vielleicht fest, daß ein hoher Prozentsatz seiner Telefonverbindungen bei den gleichen Kontrollstellen endet, wie in seinem früheren Sektor. Wird aber jede Endstelle mit dem gleichen Knopf seiner Schalttafel mit 30 Leitungen wie gewohnt erreichbar sein? Wahrscheinlich nicht, obwohl es so sein könnte.

Wenn sich dies nun lediglich wie ein kleiner Schönheitsfehler anhört, stellen wir uns den Lotsen vor, der einen stark beflogenen Sektor leitet und Anweisungen zum Steig- oder Sinkflug und zu Kursänderungen von vielleicht insgesamt fünfzehn Flugzeugen mit zwischen 1000 und 6000 Passagieren erteilt. Der Funksprechverkehr wird ihn stark belasten (sagen wir zu 90 Prozent) und ihm nur 10 Prozent seiner Zeit für Überlegen, Planen, Verbindung aufnehmen usw. lassen. Während er spricht, macht er sich Notizen und bringt sein Datensichtgerät auf den neuesten Stand. Um aber eine Radarübergabe zum Flugplatz A oder Sektor B vorzunehmen, muß er seine Augen vom Radarschirm zum Schaltbrett wenden und dreißig beschriftete Knöpfe nach der richtigen Telefonverbindung absuchen, was dringend benötigte Denkzeit beansprucht. Mit ein klein wenig Berücksichtigung der menschlichen Faktoren könnten die Telefonverbindungen in allen betroffenen Sektoren an derselben Stelle angeordnet sein, so daß das Auffinden des richtigen Knopfes dem Lotsen in Fleisch und Blut übergehen würde.

In den Entstehungstagen des ATC, als die Ausrüstung häufig aus ausgemusterten militärischen Geräten bestand, konnte man ergonomische Mängel noch akzeptieren. Die Arbeitsbelastung war nicht so groß, Verständnis für die Ergonomie war kaum vorhanden, und das Personal hatte durch Kriegserfahrung gewissermaßen gelernt hinzunehmen, daß ein halber Laib Brot besser ist als gar kein Brot. Aber im Zeitalter der zweckorientierten Gerätekonstruktion, der riesigen Investitionen in der Luftfahrtindustrie und der Forderungen infolge hoher Verkehrsaufkommen erwarten Fluglotsen zu Recht, daß der Ergonomie angemessene Aufmerksamkeit gezollt wird. Manchmal resultieren ergonomische Konstruktionsmängel aus dem raschen Fortschritt der Technik. Zum Beispiel wurden Anfang der sechziger Jahre große, horizontale Radarbildschirme in den USA eingeführt, obwohl alle Erkenntnisse zeigten, daß ein Radarsichtgerät für die ideale Betrachtung in einer fast vertikalen Lage sein sollte. Es wurden jedoch große, horizontale Bildröhren gewählt, um kleine Merkzeichen, »Krabbenschiffe« genannt, über die Bildröhre schieben zu können. Diese Merkzeichen trugen die Flugzeugkennung und wurden manuell entsprechend der Bewegung des Radarechos verschoben. Die Sichtgeräte wurden gerade eingeführt, als die Entwicklung des Sekundärradars ermöglichte, daß jeder Radarlichtpunkt auf dem Bildschirm eine elektronische Beschriftung mit der Flugzeugkennung und später auch der Flughöhe erhielt. Bis dahin hatte sich Großbritannien ebenfalls dem amerikanischen Konzept angeschlossen, und seitdem haben die Lotsen dieses Sichtsystem, das eine ergonomische Katastrophe darstellt, verwünscht, dessen Entwicklungskonzeption und Daseinszweck bereits vor seiner Einführung von der Technologie überholt worden war.

In mehrfacher Hinsicht scheint es der menschlichen Natur zuwiderzulaufen, mit einer Ausrüstung und Einrichtung zufrieden zu sein, besonders wenn man eine so anspruchsvolle Aufgabe wie das Kontrollieren des Luftverkehrs zu erfüllen hat. Sicher ist aber, daß die von Lotsen weltweit geäußerte Besorgnis nicht einfach eine Erscheinung dieses Syndroms ist. Sie stehen vom Einsatz her und häufig auch von der Aufsichtsbehörde unter Druck; sie sehen die riesigen Summen, welche die Luftverkehrsgesellschaften in neue Flugzeuge und Wartungseinrichtungen investieren und können nicht verstehen, warum dagegen die Investitionen in ATC-Einrichtungen vergleichsweise nur »kleine Fische« sind. Es ist eine Kombination von Faktoren, welche ihren guten Teil zur geschäftigen Rastlosigkeit dieser Berufsgruppe beiträgt.

Die Entwicklung des Gesamtsystems

Natürlich hängt die Wirksamkeit jeder Ausrüstung oder Einrichtung weitgehend davon ab, in welcher Weise sie genutzt wird. Sogar in jenen aufgeklärten Ländern, in denen die Berücksichtigung menschlicher Faktoren in der Konstruktionsphase hilft, ergonomisch vernünftige Ausrüstung zu produzieren, ist häufig mangelnde Beteiligung des Faktors Mensch bei der Planung der wirkungsvollsten Anwendungsmöglichkeit festzustellen.

Einfach dargestellt, dies ist Sache der Einteilung – wer was macht –, die Aufgabenteilung zwischen dem verantwortlich handelnden Lotsen eines Sektors und seines »Planungs«- oder »Unterstützungs«-Lotsen oder Assistenten. In komplizierten Fällen kann die Berücksichtigung der menschlichen Faktoren helfen, die optimale Struktur und den besten »modus operandi« eines gesamten ATC-Systems zu finden, ein Faktor, der nur allzuoft übersehen wird. Es fehlt nicht an Sachverstand oder Begeisterung, wenngleich oft eine deutliche Zurückhaltung zu verzeichnen ist, sich mit festen Geldbeträgen für Forschungsarbeiten auf dem Gebiet der menschlichen Faktoren in der Luftverkehrskontrolle zu verpflichten. Dennoch hat sich über die Jahre, als Ergebnis der Forschungsarbeit in USA und Großbritannien, ein beträchtlicher Fundus an Wissen und Erfahrung gebildet. Es ist sehr bedauerlich, daß man in Zeiten knapper Geldmittel so leicht die schnelle, billige Lösung »handelsübliches Gerät« wählt, was, wenn nur ein kleines Element menschlicher Faktoren zu einem frühen Zeitpunkt eingegangen wäre, in der Folge die betriebliche Wirksamkeit der Ausrüstung oder des Gesamtsystems hätte entscheidend wandeln können. Die Flugsicherung ist kein statisches Unternehmen, ebensowenig wie das Flugwesen selbst; sie verändert und entwickelt sich weiter, sie paßt sich an und macht Fortschritte. Aber dieser Entwicklungsprozeß enthält selbst für ein absolut wohlgeordnetes ATC-System manche Fallgruben, denn wie stark auch die Berücksichtung der menschlichen Faktoren in der Konstruktionsphase der Ausrüstung und des Systems war, es kann wegen nachfolgender Entwicklungen sowieso bald überholt sein. Es sind nicht nur größere Änderungen, die von Belang sind, denn auch relativ kleine Änderungen können in keinem Verhältnis dazu stehende Auswirkungen auf die Flugsicherungskontrolle haben. In einem Kontrollraum zum Beispiel, der sorgfältig geplant und angelegt wurde, kann die nachfolgende Installierung eines zusätzlichen Gerätes die Sicht des Flugplatzlotsen von seinem üblichen Arbeitsplatz auf einen Teil der Start- und Landebahn oder des Anflugsektors versperren – eine zusätzliche Koordinierungsaufgabe für einen Radarlotsen, die unter gewissen Umständen eine erhebliche Mehrbelastung bringt, womöglich in einem Moment, in dem er ihr am wenigsten gewachsen ist. Sofern also vorgeschlagene Änderungen nicht auch aus der Sicht der menschlichen Faktoren geprüft werden, und zwar sowohl im Hinblick auf konstruktive Merkmale als auch auf ihre Auswirkungen auf die Einsatzfunktionen, können sie leicht das, was durch sorgfältige Konstruktions- und Arbeitsanalysen in den Anfangsphasen an Gutem erreicht worden war, zunichte machen.

Menschliche Reaktionen

Seit eh und je wurde die Flugsicherung als anspruchsvolle, wenn nicht gar lohnende Berufssparte – zumindest was die Zufriedenheit im Beruf angeht – betrachtet. Trotz der unvermeidlichen Einschränkungen durch Gesetze und Vorschriften ist es gerade die Natur der Aufgabe, die den besonderen Anreiz bietet. Um der beruflichen Anforderung gerecht zu werden, wird dem Lotsen sein ganzes Können und seine Erfahrung abverlangt. In der sicheren und wirkungsvollen Erfüllung seiner Aufgabe liegt die dieser Tätigkeit eigene Befriedigung.

Allgemein ausgedrückt, je mehr die Verkehrssituation den Lotsen beansprucht, um so herausfordernder ist die Aufgabe und um so größer die darin liegende Befriedigung. Natürlich gibt es eine Grenze, wieweit man dieser Anschauung folgen darf, denn wenn das Verkehrsaufkommen einen bestimmten Stand erreicht, wenn der Lotse das Gefühl hat, den Überlastungspunkt erreicht zu haben, wird jedes Element der Selbstverwirklichung dem Überlebenswillen, wenn nicht bloßer Panik untergeordnet. Normalerweise jedoch können Lotsen, auch wenn sie nach außen hin behaupten, sich nach einem ruhigen Leben zu sehnen, dabei beobachtet werden, wie sie eifrig auf der Jagd nach Flugzeugen sind, denen sie ihre Dienste anbieten können. Dies zeigt sich in der Eile, mit der Lotsen in ruhigeren Perioden Sektoren zu vereinigen suchen, wodurch ein Lotse einigermaßen beschäftigt bleibt gegenüber zwei oder drei, die nur wenig zu tun hätten.

Die Frage sei erlaubt, ob solche Aktionen im besten Interesse der Sicherheit sind, denn ist es sicher, daß die Wahrscheinlichkeit eines Fehlers um so geringer ist, je niedriger die Anforderungen des Verkehrs an den Lotsen sind? In der Praxis wissen wir jedoch aus der Untersuchung von Beinahezusammenstößen, daß eine beträchtliche Zahl von Fehlern der Fluglotsen sich unter gleichen Verkehrsbedingungen ereignen. Mit anderen Worten, wenn wir die Reizwirkung, die treibende Kraft der Verkehrssituation, welche die Aufmerksamkeit und Konzentration des Lotsen fordert, weglassen, erhöhen wir wahrscheinlich die Fehlerchance beim Lotsen. Natürlich ist es wichtig, eine solche Theorie im Zusammenhang zu sehen, denn im anderen Extrem – Überlastung des Lotsen – sind die Auswirkungen viel schlimmer.

Das Gesamtbild und die Überbelastung von Fluglotsen

Es ist nicht einfach, den Denkprozeß, der bei der Arbeit des Lotsen abläuft, zu beschreiben. Im Prinzip baut er sich ein geistiges Bild der Verkehrssituation aus Daten des Radarsichtgerätes und der Flugüberwachungsstreifen sowie aus Informationen, die er über den Funksprechverkehr und über Telefon von anderen Lotsen erhält. Sodann setzt er seine eigenen Kenntnisse über das Leistungsvermögen der Flugzeuge und die Erfordernisse des betreffenden Sektors oder seiner Arbeitsposition in die Vorausplanung um – eine komplexe Aufgabe, die gern mit einem dreidimensionalen Schachspiel verglichen wurde. Je gedrängter die Verkehrssituation, desto weniger Zeit bleibt für das Planen der taktischen Berechnungen, die nötig sind, um mit einer gegebenen Verkehrssituation fertig zu werden. Möglicherweise wird ein Punkt erreicht, wo der Lotse sich abmüht, auf Situationen zu reagieren wie sie gerade entstehen, mit wenig oder gar keiner Zeit verfügbar, um eine bestimmte Ereignisfolge vorauszusehen oder zu planen. Hierin liegt die wirkliche Gefahr, der Alptraum eines jeden Fluglotsen, nämlich die Übersicht zu verlieren.

Im allgemeinen können Lotsen keinen Einfluß auf ihre Arbeitsbelastung nehmen. Die Verfahren der Flugplanung und Steuerung des Verkehrsflusses sind bis heute unzureichend, um eine gelegentliche Überlastung gewisser Teile des Luftraumes zu vermeiden. Tatsächlich ist damit natürlich die Überlastung der Lotsen gemeint, wenngleich üblicherweise von »Sektorenüberlastung« gesprochen wird: Allerdings ist es richtig, daß die Struktur und Komplexität des gesamten Luftraumumfeldes direkte Auswirkungen auf den Punkt haben, wenn diese Überlastung des Lotsen eintritt. Während einige Länder realistischer sind als andere, gibt es weltweit unter den Lotsen tatsächlich ein Gefühl, daß theoretische Untersuchungen über die Systemkapazität es versäumen, der Kapazität der Lotsen Rechnung zu tragen, die letztlich die begrenzenden Faktoren sind. Und zwangsläufig wird die Kapazität des jeweiligen Lotsen von seiner Ausbildung, Erfahrung, geistigen Wendigkeit, seinem Reaktionsverhalten unter Druck sowie von anderen Faktoren abhängig sein. Während genaue Überwachung und Leistungskontrolle der Lotsen die Einhaltung eines gewissen Mindeststandards einigermaßen sicherstellen, wird dennoch kein Lotse jemals genau dem anderen gleichen, weshalb der Punkt, an dem ein Lotse beginnt den Überblick zu verlieren, nicht vorhergesagt werden kann.

Es gibt noch keine allgemein wissenschaftlich akzeptierte Erklärung, wie und warum es zum Verlust des Gesamtbildes und der Übersicht kommt. Vielleicht die beste Beschreibung dafür ist die, daß der Lotse sein Bild »zusammensetzt«, ähnlich wie eine Pyramide aus Spielkarten – und plötzlich, mit dem Hinzufügen einer weiteren Karte, fällt das Ganze in sich zusammen. Diese letzte Karte kann ein weiteres Flugzeug sein, das sich auf seiner Frequenz meldet, oder sie mag ein unerwartetes Ereignis sein, wie etwa ein Flugzeug, das seine Route nicht einhält, oder eines, das auf eine Anweisung reagiert, die für ein anderes Flugzeug bestimmt war. Die Wirkung ist recht überraschend – die umfangreiche »Datenbank« der im Gehirn des Lotsen gespeicherten kurzzeitigen, vergänglichen Informationen geht verloren, er verliert das Gesamtbild. Wenn er mit dem Schock des Zwischenfalls fertig werden kann – und viele können es nicht – muß der Lotse wieder ganz von vorne anfangen und langsam das Bild aus der vorhandenen Information aufbauen. In einer Simulationsübung ist es möglich, die Situation »einzufrieren«, während er dies vornimmt, aber der wirkliche Fall eines Bildverlustes stellt für alle betroffenen Flugzeuge eine ernste Gefahr dar. Viele Piloten werden die Situationen kennen, wo sie in der Lage waren, aus der Stimme des Lotsen herauszuhören, daß er sich dem Punkt der Überbelastung näherte oder ihn bereits erreicht hatte. Zweifellos ist zusätzliche Wachsamkeit im Cockpit, ausgelöst von einer solchen Situation, eine notwendige Reaktion aller Piloten gegenüber einer nervenzermürbenden und ernsten Lage.

Eine der Schwierigkeiten beim Versuch vorherzusagen, an welchem Punkt ein Sektor oder besser ein Lotse überlastet sein wird, ist einfach das Vorhandensein zu vieler variabler Größen. Wenn es nur auf die Anzahl der Flugzeuge ankäme, gäbe es kein Problem, – aber jeder Lotse kennt die Situation, wo er zwanzig Flüge einigermaßen entspannt abfertigte, wogegen ein anderes Mal weniger als die Hälfte dieser Zahl zur Überbelastung geführt hat. In der Tat wissen die meisten Lotsen und Piloten um die Situation, wo ein einzelner Pilot, der vielleicht eine lange und umständliche Änderung der Flugstrecke beantragt oder Schwierigkeiten beim Verstehen einer ATC-Anweisung hat, den Funksprechkanal und den Lotsen dermaßen beansprucht, daß selbst eine geringe Verkehrsdichte schon dem Schwellenwert einer Überbelastungssituation nahekam.

Piloten tragen eine große Verantwortung, sowohl sich selbst als auch anderen Piloten gegenüber, ihren Teil dazu beizutragen, um unnötige Belastung der Lotsen zu vermeiden. Natürlich gibt es Zeiten, zu denen die Arbeitslast im Cockpit hoch ist, aber das Versäumnis, auf dem erforderlichen ATC-Funksprechkanal ständig empfangsbereit zu sein, kann zu einer ernsten Gefahr werden, und dies ist auch der meist genannte Beschwerdegrund der Fluglotsen. Tatsächlich kann der vergebliche Versuch, dem Piloten auf Anrufe eine Erwiderung zu entlocken, den Lotsen von eiligeren und wichtigeren Aufgaben bis zu einem Grad ablenken, der im Vergleich zu der Situation völlig unverhältnismäßig ist. Viele Meldungen über Beinahezusammenstöße und Zwischenfälle, für die dem Lotsen die Schuld gegeben wurde, enthalten Kommentare, daß der Lotse für einige Zeit durch ein relativ unbedeutendes Ereignis, wie beispielsweise das Versäumnis eines Flugzeuges, auf Funksprüche zu antworten, abgelenkt war.

Schätzung von Flugleistungsdaten

Von Fluglotsen wird ein angemessenes Wissen und Verständnis über Leistungskriterien von Flugzeugen verlangt. Sie kennen diese Merkmale nicht im Detail und können sie auch nicht kennen. Dieses grobe Verständnis basiert auf dem Flugzeugtyp, der Flugdauer, Außentemperatur, beantragten Flughöhen und der Kenntnis über Einsatzmerkmale der betreffenden Fluggesellschaft – letzteres lehrt normalerweise allein die Erfahrung. Die bei der Kontrolle angewandten Grundsätze werden im Idealfall narrensicher gestaltet – das heißt, einfach ausgedrückt, die Erteilung einer Flugfreigabe an ein Flugzeug, die genügend Sicherheitsspielraum hat, selbst wenn die Aufmerksamkeit des Lotsen in der Folge durch andere Verkehrsanforderungen abgelenkt wird. Mit anderen Worten, wenn das Flugzeug A von Flugfläche 100 (10 000 Fuß = 3300 m) auf Flugfläche 310 (31 000 Fuß = 10 200 m) zu steigen wünscht, während Flugzeug B sich in entgegengesetzter Richtung in Flugfläche 240 (24 000 Fuß = 7900 m), sagen wir in etwa 150 Meilen Entfernung, nähert, wird der umsichtige Radarlotse den Steigflug von Flugzeug A auf Flugfläche 230 genehmigen, wodurch er sicherstellt, daß ohne weiteres Eingreifen des Lotsen die Höhenstaffelung von mindestens 1000 Fuß gewahrt bleibt. Später wird er die Steigleistung des Flugzeugs A und das Herannahen des Flugzeugs B überwachen, bis das erste Flugzeug sich seiner genehmigten Flughöhe nähert, worauf der Lotse dann zwei Alternativen hat:

a) Nichts zu tun – in diesem Fall wird Flugzeug A auf Flugfläche 230 bleiben, bis das Flugzeug B passiert hat, und der Lotse für Flugzeug A den weiteren Steigflug genehmigen kann.

b) Den Steigflug von Flugzeug A über die Flugfläche von Flugzeug B hinaus zu erlauben.

Die Voraussetzungen, unter denen er sich vielleicht für die Alternative b) entscheidet, können wie folgt beschrieben werden:

(1) Die Steigrate von Flugzeug A hat den Lotsen zufriedengestellt und er kann davon ausgehen, daß es sich weit über der Höhe von Flugzeug B befinden wird, solange dieses noch ziemlich entfernt ist; oder

(2) Die Flugzeuge A und B werden solange auf Radarkurse festgelegt, um eine angemessene laterale Staffelung (normalerweise 5 nautische Meilen = 9 km) sicherzustellen, bis Flugzeug A mindestens 1000 Fuß über Flugzeug B gestiegen ist.

Obwohl solche narrensicheren Kontrollgrundsätze für die Taktik des Lotsen die Ausgangslage bilden, werden die Lotsen gern in eine gewisse Reihe von Schätzungen und Annahmen über das Leistungsvermögen von Flugzeugen beim Steig- und Sinkflug hineingezwungen, und zwar um so stärker, je dichter und komplexer die Verkehrssituation ist. Diese Annahmen werden durch die Anwendung von Radarkursangaben zwar möglichst klein gehalten, was stets Gegenstand von Auseinandersetzungen mit vielen Piloten ist, die der Meinung sind, der ständige Gebrauch nimmt der Besatzung die Navigationsverantwortung für den Flug. Während jedoch kein Lotse allein aufgrund von Schätzungen eines bestimmten Leistungsvermögens des Flugzeuges ausgehen würde, weil er nur zu gut die Abweichungen in der Praxis des Flugbetriebes kennt, ist er sicherlich zu der Annahme berechtigt, daß die Flugzeugleistung von der Norm nicht grob abweichen wird, es sei denn, er wird vom Gegenteil informiert Aber Lotsen wie Piloten schenken solchen Faktoren allzu häufig nur geringe Beachtung.

Vor wenigen Jahren führte zum Beispiel eine der größten Luftverkehrsgesellschaften der Welt eine modernere Version eines Großraumflugzeuges ein. Nach einer Reihe von ATC-Zwischenfällen, die sich nur durch die Wachsamkeit der Lotsen nicht zu Beinahezusammenstößen entwickelten, wurde bekannt, daß das im Flugzeug eingebaute Flugführungssystem (»Flight Management System«) bedingte, einen Sinkflug in Flugfläche 120 zu unterbrechen und etwa zwei Minuten lang die Höhe beizubehalten. Niemand, weder die Fluggesellschaft noch die Piloten, dachte daran, die Flugsicherung über diese Notwendigkeit zu informieren, bis beunruhigte Lotsen nachgefragt haben. Diejenigen, welche sonst alles tun, um den von den meisten Piloten gewünschten ununterbrochenen Sinkflug zu ermöglichen, mußten überrascht und nichtsahnend feststellen, daß die Flugzeuge in 12 000 Fuß Höhe den Sinkflug unterbrechen. Die Lehre daraus ist ganz einfach – wenn jemand mit 100 Fuß pro Minute steigen oder mit 10 000 Fuß pro Minute sinken oder den Sinkflug unterbrechen will, um Geschwindigkeit zu verlieren – dann sage man das dem Lotsen. Alles ist machbar, nur ausreichende Vorwarnung muß gegeben werden.

Ermüdung

Das Thema Ermüdung – seine Entstehung und Auswirkung – wurde von Dr. Allnutt in Kapitel 1 bereits besprochen; viele seiner Beobachtungen treffen auf Fluglotsen gleichermaßen zu. Der Bericht des Bader-Komitees (in Großbritannien 1972 eingerichtet, um Untersuchungen im Hinblick auf mögliche Flugzeitbegrenzungen anzustellen) unterschied im wesentlichen zwischen Müdigkeit und Ermüdung im Sinne von Anregung durch einen Reiz – wobei Ermüdung definiert wird als das Niveau einer reduzierten Leistung, bei dem keine Gewißheit mehr besteht, daß ein Mensch in einer Notlage wachgerufen werden kann, selbst wenn beachtliche Reize vorhanden sind.

Unter rein praktischen Gesichtspunkten betrachtet sind die Gefahren genauso groß, wenn eine Unterlassung oder ein Fehler bei der Beurteilung einer Situation lediglich im Zustand der Müdigkeit begangen wird. Dieses Gefahrenpotential läßt sich leichter untersuchen, als wenn die Versuchsperson im Zustand absoluter Ermüdung auf einen Notlagereiz ansprechen sollte.

Natürlich gibt es grundsätzliche Unterschiede im Arbeitsumfeld von Piloten und Fluglotsen, welche die Gültigkeit jedes direkten Vergleichs in Grenzen halten; die Ähnlichkeiten sind jedoch zu offensichtlich, um übersehen zu werden. Während Lotsen nicht unter dem Wechsel der Zeitzonen leiden, der Langstreckenpiloten so plagt, haben sie doch sehr ähnliche Probleme durch unregelmäßige Arbeitszeiten und Eßgewohnheiten, die den normalen Lebensrhythmus des Körpers völlig durcheinander bringen können. Und es gibt Gesichtspunkte, unter denen die Lotsen im Vergleich zu Piloten weniger gut abschneiden – zum Beispiel kann die Tätigkeit am Arbeitsplatz eines vielbeflogenen Sektors physische und geistige Reaktionen auf Stunden hinaus von der Stärke auslösen, die Piloten normalerweise nur in den kritischeren Phasen wie Start und Landung erleben. Und während die Piloten als Ergebnis der Empfehlungen des Bader-Komitees eine Art gesetzlicher Regelung ihrer Arbeitszeit erreicht haben, sind die Fluglotsen nicht in einer so glücklichen Lage.

Die vorurteilsfreieren unter den Arbeitgebern von Fluglotsen, seien es Regierungen, unabhängige Behörden oder Flughafenverwaltungen, sind sich durchaus bewußt, daß die Lotsen es sind, die bei der Einhaltung der Sicherheitsnormen eine entscheidende Rolle spielen, was bei der Dienstplangestaltung der Lotsen seinen Niederschlag findet. Es gibt jedoch noch Arbeitgeber in sogenannten entwickelten Ländern, die solchen Überlegungen nur geringe Beachtung schenken. Wie kann jemand es verantworten, daß ein Radarlotse der Anflugkontrolle eines Flughafens mit Linienflugverkehr um 7 Uhr früh seinen Dienst antritt, nachdem er nach Beendigung einer Vierzehneinhalb-Stundenschicht um 3.30 Uhr nur drei Stunden im Kontrollturm geschlafen hatte? Solche unhaltbaren Zustände mögen sehr wohl in der Minderzahl sein, aber daß es die überhaupt noch gibt, muß uns alle, die wir uns um Flugsicherheit bemühen, beunruhigen. Bei der Untersuchung eines Beinahezusammenstoßes in England vor wenigen Jahren kam auf, daß der beschuldigte Anfluglotse seine Radarkonsole vier Stunden lang ohne Pause besetzt und in dieser Zeit 108 Flugzeugbewegungen abgefertigt hatte. Nun kann niemand beweisen, daß der Lotse unter weniger belastenden Arbeitsbedingungen anders reagiert haben würde – als möglicher Grund ist es aber nicht auszuschließen. Mediziner und Fachleute, die sich mit dem Faktor Mensch beschäftigen, empfehlen als annehmbares Minimum eine Erholungspause von dreißig Minuten nach jeweils zwei Stunden für eine arbeitsreiche Tätigkeit als Radarlotse. Während verantwortungsvolle Dienstherren ihre Personalbesetzung in Übereinstimmung mit dieser Forderung bemessen, gibt es andere, die sich damit begnügen, diesen Rat zu übergehen, bis die Gesetzgebung sie zu einer anderen Haltung zwingt.

Nach einer Tagung von ATC-Fachleuten im Jahre 1979 in Genf gab das »International Labour Office« eine Liste von Beschlüssen mit einem breiten Spektrum von Faktoren heraus, die die Beschäftigung von Fluglotsen betreffen. Die Beschlüsse 18–21 sind es wert, zitiert zu werden, da sie viele der gerade beschriebenen Punkte enthalten.

18. Fluglotsen sind in die Sicherheit der Zivilluftfahrt direkt einbezogen und haben Probleme, die ausschließlich in dieser Berufsgruppe auftreten; ihr Bemühen um Sicherheit kann weitgehend mit jenem der Piloten verglichen werden.

19. Arbeitszeit, Schichtdauer und Dauer der ununterbrochenen Arbeit in Flugsicherungspositionen sowie andere Faktoren der Arbeitseinteilung haben direkte Auswirkungen auf die Flugsicherheit.

20. Lange Arbeitszeiten und ungenügende Erholungspausen bei Fluglotsen bedeuten eine mögliche Gefährdung der Sicherheit der Luftfahrt.

21. Maximale Arbeitsstunden pro Tag, Woche und Monat mit Mindestruhezeiten sollten für die Fluglotsen durch die Regierungen aller Länder in Beratung mit Gewerkschaften und anderen repräsentativen Vereinigungen festgelegt werden. Dies sollte vorzugsweise durch Gesetz verankert werden . . .

Warum, so mag man angesichts solcher Empfehlungen von einem unabhängigen, internationalen Gremium fragen, sind Regierungen scheinbar so unwillig zu handeln? In Großbritannien zumindest scheint der Grund in der erklärten Absicht der »Civil Aviation Authority“ zu suchen sein, mit »lockerem Zügel« zu führen; andere Länder haben vermutlich unterschiedliche Gründe. Welche Motive, welche falschen Einstellungen auch immer vorhanden sein mögen, eines ist klar – sie tun nichts, um die Sicherheit in der Luftfahrt voranzubringen.

AUTOMATION – EIN ZWEISCHNEIDIGES SCHWERT

Zuvor wurde in diesem Kapitel die Grenze der Systemkapazität betrachtet, die durch die Fähigkeit des Lotsen gesetzt ist, den entsprechenden Verkehr abzufertigen. Es ist klar, daß es Raum für eine Erhöhung der Systemkapazität geben kann, wenn automatisierte Technik dem Lotsen mehr Zeit zum Nachdenken läßt. Aber diese Verbesserungen sind keineswegs sicher, denn Automation bringt ihre eigenen Probleme mit sich.

Vielleicht das augenfälligste Gebiet der Anwendung moderner Technik ist das der Flugdatenverarbeitung, auf dem in den meisten Ländern die ersten Schritte unternommen wurden. Das Speichern sich wiederholender Flugpläne, das Berechnen der Flugzeiten zwischen aufeinanderfolgenden Navigationsfixpunkten und das Ausdrucken der wichtigen Flugdaten auf den Kontrollstreifen der Lotsen sind alles Tätigkeiten, die weitgehend automatisiert wurden, was auf dem Gebiet der Unterstützungsfunktionen viel Zeit einspart, jedoch wenig Auswirkungen auf die Durchführung der Kontrollfunktionen hat. Radarsichtgeräte haben ebenfalls von der modernen Technik der Datenverarbeitung profitiert, indem synthetische Anzeigen von Radardaten erzeugt und über weite Entfernungen übertragen werden können. Die sauberen und übersichtlichen Symbole von heute stehen in deutlichem Gegensatz zu den früheren, groben »Fernsehbildern« der Radargeräte, und der weitverbreitete Gebrauch von Sekundärradargeräten ermöglicht, daß Flugzeugechos auf dem Bildschirm mit einem individuellen Kennungscode (der gewöhnlich vom Anzeigesystem in das Flugzeugrufzeichen umgesetzt wird) und einer Höhenanzeige versehen werden, die direkt vom Flugzeughöhenmesser abgenommen und übertragen wird. Damit muß der Lotse nicht mehr die Identität eines jeden Radarechos auf seinem Bildschirm im Kopf behalten, was bis dahin eine wesentliche Forderung war. Er muß auch nicht mehr die Piloten über Funk nach ihrer Höhe fragen, was vor allem beim Steig- oder Sinkflug lästig wurde. Diese Wohltaten haben zweifellos die Kapazität der Lotsen zur Verkehrsbewältigung sehr stark erhöht.

Kein System ist jedoch unfehlbar, und unter gewissen Umständen neigen moderne Verarbeitungs- und Anzeigesysteme dazu, die Kennzeichnungen zwischen den Radarechos zu vertauschen, falsche Ziele durch Reflexionen des Sekundärradars zu erhalten und verschwommene Radaranzeigen zu erzeugen, was dazu führt, daß die meisten Lotsen mit einer gewissen Behutsamkeit und Vorsicht an die Sache herangehen. Aber nun wächst eine ganze Generation von Fluglotsen heran, die keine andere Form von Anzeigegeräten gekannt hat, was die Zweifel nur noch verstärkt, ob die Lotsen fähig sind, mit den innewohnenden Fehlern des Systems fertigzuwerden, wenn ein Umschalten auf die alten Verfahren von damals erforderlich und angezeigt wäre.

Darstellung der Luftverkehrslage

Viele Überlegungen gehen gegenwärtig in Richtung auf Wege zur Automatisierung der Verkehrslagedarstellung für den Lotsen. Zur Zeit besteht diese normalerweise aus Flugplanstreifen, Papierstücke mit den Maßen 20×20 cm, die in Plastikhaltern stecken und neben der Radarkonsole des Lotsen angebracht sind. Diese Streifen enthalten die wichtigen Daten, die ein Lotse über Flüge innerhalb seines Verantwortungsbereichs, oder kurz vor dem Einflug in diesen, wissen muß. Die Daten werden vom Lotsen auf den neuesten Stand gebracht, wenn nötig, um Flugfreigaben und anderen den Flugzeugen erteilten Anweisungen Rechnung zu tragen. Leider können sie bei Hochbetrieb sehr unhandlich sein – es gibt innerhalb der Reichweite des Lotsen einfach nicht genug Platz, um alle relevanten Daten des Verkehrs darzustellen. Sie erfordern im Verhältnis zum Computer übermäßig viel Zeit, um ausgedruckt zu werden, und der Lotse muß sie in einer entsprechenden Reihe (normalerweise in zeitlicher Folge) anordnen. Sie haben aber auch ihre Vorteile – sie sind vielseitig verwendbar, können leicht abgeändert und umgeordnet werden und bilden bei Zwischenfalluntersuchungen oder anderen Nachfragen sogleich einen Originalbeleg. Daher sind sie noch lange, nachdem ihr Ersatz durch elektronische Datenherstellungen erwartet worden war, beibehalten worden. Es gibt jedoch noch einen anderen wichtigen Grund, warum der Flugplanstreifen schwer durch die Elektronik zu ersetzen ist. Dieses System kann mit einem Bleistiftstrich auf den neuesten Stand gebracht werden – um ein elektronisches Datensystem auf den laufenden Stand zu bringen, muß ein Lotse, dessen Zeit sehr kostbar ist, erst den entsprechenden Datenschlüssel mit der Tastatur eingeben.

Standortbestimmung

Man kann sich der Tatsache nicht entziehen, daß die verstärkte Anwendung der Automation in der Flugsicherung unvermeidlich ist. Wenn die Lotsen selbst über diese Aussicht weniger begeistert zu sein scheinen, ist dies auf keinen Fall nur Zweckpessimismus, sondern eher ein Ausdruck der Besorgnis, daß unzulängliche, langfristige Planungen zu einer fundamentalen und nachteiligen Veränderung der Rolle des Lotsen führen kann, verbunden mit einer gewissen Vorsicht, die gerade sie für richtig und angebracht halten, weil ihr vordringliches Interesse der Sicherheit gilt. Wo automatische Systeme eingeführt worden sind, die die Fähigkeit des Lotsen zur Bewältigung seiner Aufgaben erheblich verbessert haben, ohne seine Grundfunktion zu gefährden, wurden sie bereitwillig akzeptiert. Aber was die Lotsen besonders vorsichtig macht, ist der deutliche Eindruck, daß Automation manchmal eingeführt wird, weil sie nun einmal da ist, und nicht notwendigerweise, weil sie einen besseren Weg anbietet, ein bestimmtes Problem zu bewältigen. Es ist dieser Zwang, den Karren vor das Pferd zu spannen – zu sehen, was die moderne Technik hervorbringen kann, um dann Anwendungsgebiete dafür zu finden – dies verursacht Unbehagen.

Sogar dort, wo die von der Einführung der Automation herrührenden Vorteile auf der Hand liegen, wird den Grenzen der Anlage und den Folgewirkungen, sowohl auf die Aufgaben des Lotsen als auch auf andere Elemente des Systems, bisweilen zu wenig Aufmerksamkeit gewidmet. Hier ist die Beratung durch Fachleute, die sich mit dem Faktor Mensch befassen, von wesentlicher Bedeutung, denn die Einführung der Automation in ein komplexes System, bedient von bestens geschultem und befähigtem Personal, erfordert sorgfältige Überlegungen hinsichtlich seiner wirkungsvollsten Anwendungsmethoden und der Art und Weise der Einführung. Solche Gedanken scheinen den Köpfen der Verwaltungsbeamten in gewissen Teilen der Welt fremd zu sein, die unter dem Druck der Politker oder der Luftverkehrsgesellschaften, denen an der Abstellung grundlegender Mängel im Luftverkehrskontrollsystem liegt, die Automation als eine Gelegenheit ergreifen, um zu zeigen, daß sie etwas tun. Die übereilte Beschaffung von handelsüblichen Geräten, ohne oder fast ohne vorherige Analyse der technischen Erfordernisse oder einer Bewertung der menschlichen Elemente, kann grundsätzliche Systemmängel (Mangel an Radareinrichtungen, Personalknappheit usw.) nicht ausgleichen. Aus politischer Sicht mag dies zweckmäßig sein, aber der guten Sache der Automation, der Systemwirksamkeit und der Luftsicherheit nützt es überhaupt nicht.

Aus der Sicht des Fluglotsen beinhaltet deshalb die Einführung der Automation zwei Prüfsteine – die technische Integrität des Gesamtsystems und Aufgabe und Rolle des Lotsen. Das erstere kann bewältigt werden, wenn wir als gegeben annehmen, daß den funktionalen Erfordernissen, der Konstruktion, der Systemintegration und -erprobung sowie der Ausbildung der Lotsen und des technischen Unterstützungspersonals angemessene Beachtung geschenkt wird. Das zweite Element erfordert, daß man zu der Denkweise findet, daß die Rolle der Automation in der Flugsicherung der Erweiterung des Könnens des Lotsen dient und nicht, ihn zu ersetzen.

Die Schnittstelle Mensch/Maschine

Das Problem der Dateneingaben mittels Tastatur durch die Fluglotsen, wenn die Datenanzeige auf den neuesten Stand gebracht werden soll, wurde bereits erwähnt; hier läßt sich das automatische System hinsichtlich der Arbeitsbelastung wie bei manuellen oder handgeschriebenen Korrekturen nur schlecht vergleichen. Wenn also von den Lotsen verlangt wird, daß sie ihre Aufmerksamkeit von ihrer primären Datenbasis, in den meisten Fällen ein Radarbildschirm, weglenken, dann muß es bedeutende Vorteile geben, die dies rechtfertigen. Fehlen solche Vorteile, ist es natürlich, daß Lotsen sich gegen das Aufdrängen einer weiteren Nebenaufgabe wehren, wobei allerdings durch viel Übung und Erfahrung die damit verbundenen geistigen Anstrengungen abgebaut werden können. Obwohl viel wissenschaftliche Arbeit der Schnittstelle Mensch/Maschine im allgemeinen und der Luftverkehrskontrolle im besonderen gewidmet worden ist, bleibt noch vieles zu tun. Wenn die gegenwärtigen Forschungsarbeiten im Hinblick auf die Verbesserung der Computersprache schließlich zu einem brauchbaren System führen werden, können viele dieser Probleme vielleicht bewältigt werden.

Eine Hilfe, aber keine Lösung

Der vielleicht deutlichste Vorteil automatisierter Systeme ist ihre Vorhersagefähigkeit. Im ATC-Umfeld bedeutet dies die Fähigkeit, in einer komplexen Verkehrssituation »vorauszuschauen«, Vorabwarnungen über Konflikte zu geben und die Auswirkung möglicher Änderungen einer Flugfreigabe zu prüfen. Obwohl erste Erfahrungen mit diesen Hilfsmitteln insgesamt nicht sehr glücklich gewesen sind, kann es doch wenig Zweifel geben, daß die Schreckgespenste des Systems irgendwann beseitigt sein werden und es somit zu einer brauchbaren Verstärkung des Könnens der Lotsen beiträgt und eine gute Stütze bei Lagebeurteilungen bedeutet, wenn Entscheidungen zu treffen sind. Denn auf den Hilfscharakter der automatischen Funktion kommt es an, wie zuvor schon erläutert und begründet wurde. Der Lotse wird weiterhin planen und seine Kontrollfunktion mit dem Ziel ausüben, Konflikte zu vermeiden, genau wie ein Pilot ein Flugzeug führt in der Absicht, Geländeberührung zu vermeiden; die Eignung des automatischen Systems zur Konfliktwarnung versetzt den Lotsen in die Lage, rechtzeitig eingreifen zu können, genau wie das GPWS (Bodenannäherungs-Warnsystem) den Piloten alarmiert, wenn er durch Annäherung an das Gelände in Gefahr gerät.

Natürlich kann die Automation dem Lotsen nicht nur helfen, sein Können auf die wirkungsvollste und sicherste Weise einzusetzen, sondern sie kann ihm auch durch Erledigung von vielen seiner Routineaufgaben mehr von dem kostbaren Faktor Zeit verschaffen – Zeit zum Überlegen, Zeit zum Vorausplanen, Zeit zum Führen. Leider hat die bruchstückhafte Entwicklung und Einführung zumindest in den verschiedenen Ländern von Westeuropa die automatische Flugdatenübermittlung zwischen den Kontrollzentren verhindert, eine Aufgabe, die für einen Computer gut geeignet ist. Eine viel bedeutendere Veränderung wird jedoch bald eintreten, denn es sind Bestrebungen im Gange, die Datenfernübertragungs- und -verarbeitungsfähigkeit künftiger Systeme in der Boden-Luft-Übertragung einzusetzen und jenes schwächste Glied im Regelkreis – den Funksprechverkehr – zu ersetzen.

Kommunikaton: Ein Fall für eine weitere Vorausschau

Es besteht kein Zweifel, daß ein viel benutzter Funksprechkanal die Aufmerksamkeit eines Lotsen über Gebühr beanspruchen kann, so daß die für das Vorausplanen und Koordinieren verfügbare Zeit reduziert oder fast ganz in Anspruch genommen wird. In gleicher Weise wird die Flugzeugbesatzung durch das ständige Überwachen der Funkfrequenz erheblich belastet. Die Datenfernübertragung basiert auf dem Prinzip, daß Mitteilungen und Anweisungen zwischen Lotsen und Pilot nicht wie heutzutage mittels offener Stimmübertragung ausgetauscht werden, sondern durch eine verschlüsselte, vom Computer erzeugte und durch den Lotsen oder Piloten ausgelöste Übermittlung von Daten erfolgen. Die Informationen werden nur noch von dem Flugzeug oder dem Lotsen empfangen, an das oder den sie gerichtet sind, und auf einem entsprechenden elektronischen Anzeigegerät dargestellt oder vielleicht auch ausgedruckt. Oberflächlich betrachtet hat das System erhebliche Vorteile, und zwar besonders hinsichtlich der bereits erwähnten Bewältigung der meisten der Kommunikationsprobleme. Während der vergangenen Jahre waren die Methoden der Informationsdarstellung im Cockpit und ihre Auswirkung auf die Belastung der Piloten sowohl in England als auch in anderen Ländern Gegenstand von wissenschaftlichen Untersuchungen. Jedoch erfaßte man erst im nachhinein, daß eine Forderung nach Erzeugung von Informationen in dieser Form, die vielleicht für ein Cockpit annehmbar ist, für einen Lotsen, der etwa zwanzig Flugzeuge betreut, enorme Probleme darstellen könnte. Obwohl die Untersuchung andauert, ist deutlich geworden, daß erhebliche Verbesserungen erforderlich sind, wenn nicht der Lotse zu einem knöpfedrückenden Automaten mit noch weniger Zeit für das Vorausplanen und Entscheiden gemacht werden soll. Dies zeigt vielleicht die getrennten Wege zur Bewältigung der Probleme menschengerechter Konstruktion im Cockpit und am Boden, welche die Industrie allzu lange irritiert haben. In Bezug auf die Flugsicherung müssen beide Seiten des Systems als ein Ganzes betrachtet und auch so behandelt werden.

Zu dieser Frage gibt es noch andere Aspekte, die nicht übersehen werden dürfen. Die menschliche Stimme kann weit mehr übermitteln als nur den Text einer Meldung – Bestimmtheit, Stimmlage und Sprechweise können einer Nachricht zumindest unterschiedliches Gewicht, wenn nicht sogar eine unterschiedliche Bedeutung, verleihen. Jeder Pilot wird sicherlich rascher auf Anweisungen eines Lotsen, zu steigen, zu sinken, den Kurs zu ändern oder was auch immer, reagieren, wenn sich die Dringlichkeit der Instruktion aus der Stimme des Lotsen ergibt. Selbst wenn keine Konfliktmöglichkeit droht, wird die scharfe und knappe Sprechweise auf einem viel benutzten Funksprechkanal als Indiz für hohe Arbeitsbelastung des Lotsen bei den meisten Piloten zu einer prompten Reaktion führen.

Auch bestehen wenige Zweifel, daß der verbale Austausch von Funksprüchen keine geringe Rolle im Denkprozeß spielt, bei dem sich der Lotse das Gesamtbild des Verkehrs zusammensetzt. Genau wie Kinder es leichter finden, das Einmaleins oder lateinische Deklinationen zu lernen, wenn sie es laut vorsagen, so prägen ausgetauschte Funksprüche die sich entwickelnde Verkehrssituation im Gedächtnis des Lotsen ein. Solche Elemente würden bei einer Datenfernübertragung fehlen – ein hervorragendes Beispiel für eine Situation, in der Betrachtungen über die menschlichen Faktoren in jeder Diskussion über mögliche Vorzüge eines neuen Systems von lebenswichtiger Bedeutung sind.

DIE ERGÄNZUNGSROLLE – DAS ERGÄNZUNGSZIEL

Im Hinblick auf die Aufrechterhaltung der Sicherheit und Unversehrtheit des Systems sind die Rollen von Pilot und Lotse unlösbar miteinander verbunden. Jeder von beiden hat seinem Einsatzfeld entsprechende besondere Probleme, wie dieses Buch deutlich aufzeigt; sie teilen viele der gleichen Zweifel, der Frustrationen und manchmal auch Ungerechtigkeiten miteinander. Erst in jüngster Zeit ist die Flugsicherung in den Brennpunkt der Öffentlichkeit gerückt und den schnellen Verurteilungen und unbegründeten Spekulationen ausgesetzt, die größeren Flugunfällen so oft folgen.

Handlungsweisen von Flugsicherungslotsen werden zunehmend in Frage gestellt und aus dem Zusammenhang heraus untersucht; wenn Sündenböcke gebraucht werden, kommen die Lotsen gleich an zweiter Stelle nach den Piloten.

Bei der Betrachtung der Probleme des Lotsen, dem auf ihm lastenden Druck und seiner Rolle in gegenwärtigen und künftigen Systemen, darf man auf keinen Fall versuchen, die Situation zu überdramatisieren. Aber als ein lebenswichtiger Teil des Regel- und daher Sicherheitskreises sind die Probleme des Lotsen auch die des Piloten. Wenn auch nur aus dem Selbsterhaltungstrieb heraus, müssen Piloten über die dem sogenannten »Lotsenfehler« zugrundeliegenden Ursachen genauso beunruhigt sein wie über jene für »Pilotenfehler« verantwortlichen. Beide kämpfen um dasselbe Ziel: Eine sachliche Untersuchung der Handlungsweise und der Gründe für jene Handlungsweisen bei allen, die in einen Flugunfall verwickelt sein können. Bei der Verfolgung dieses Kurses schulden beide Berufsgruppen es sich selbst und der Öffentlichkeit, nicht in unziemliche Auseinandersetzungen gezogen zu werden und sich bei den Nacharbeiten eines Unfalles »bis aufs Messer« zu bekämpfen. Damit können sie ihrem wichtigsten Ziel – der Förderung der Flugsicherheit durch besseres Verständnis für die Zusammenhänge – nur schaden.

KAPITEL 8

Vernachlässigte menschliche Faktoren

S. N. Roscoe

Andere Kapitel behandelten das Beurteilungsvermögen von Piloten und die Gefahren visueller Wahrnehmungstäuschungen. Stanley Roscoe hat sich mit diesen Bereichen der Unfalluntersuchungen besonders befaßt und widmet das vorletzte Kapitel dieses Buches einer Betrachtung über verwandte Probleme. Diese reichen von Schwierigkeiten während Landeanflügen bis zu Einflüssen der Cockpitauslegung auf die Sicht des Piloten und damit auf das Kollisionsrisiko.

Das Auftreten von Fällen falscher Wahrnehmung zeigt die Notwendigkeit einer vorbeugenden Schulung, eines Verständnisses für die vielen Elemente, die zu solchen Situationen beitragen und, wo erforderlich, einer neuen Gestaltung und Auslegung der Cockpitanordnung.

Dieses Kapitel behandelt die Gruppe von »Pilotenfehlern«, die in den Unfalluntersuchungen nie geklärt wurden, deren Ursachen ignoriert oder von Flugzeugherstellern, gesetzgebenden Behörden und Untersuchungsbehörden, den Luftfahrtwissenschaftlern und von den Piloten selbst absichtlich im dunkeln belassen worden sind.

In der Geschichte der experimentellen Psychologie erschien eine breite Palette von Literatur über unsere Fähigkeit, Dinge zu erkennen, und unsere sogenannte Beständigkeit, ihre Gestalt, Größe und Entfernung zu beurteilen. Unter den vielen menschlichen Faktoren in der Luftfahrt sind diese Fähigkeiten besonders kritisch. Und doch gibt es überraschenderweise wenig Verständigung zwischen den Forschern der Psychologie des Sehens, den Flugzeugkonstrukteuren und den Ausbildungsleitern, die fliegendes Personal auswählen und schulen. Wie wir die Position und Bewegung im Verhältnis zu Start- und Landebahnen und anderen Gegenständen am Boden einschätzen und wie wir andere Flugzeuge, vor allem jene auf Kollisionskursen, erkennen, gehört zu den am meisten vernachlässigten menschlichen Faktoren in Konstruktion, Ausbildung und Einsatz von und mit Luftfahrtgerät.

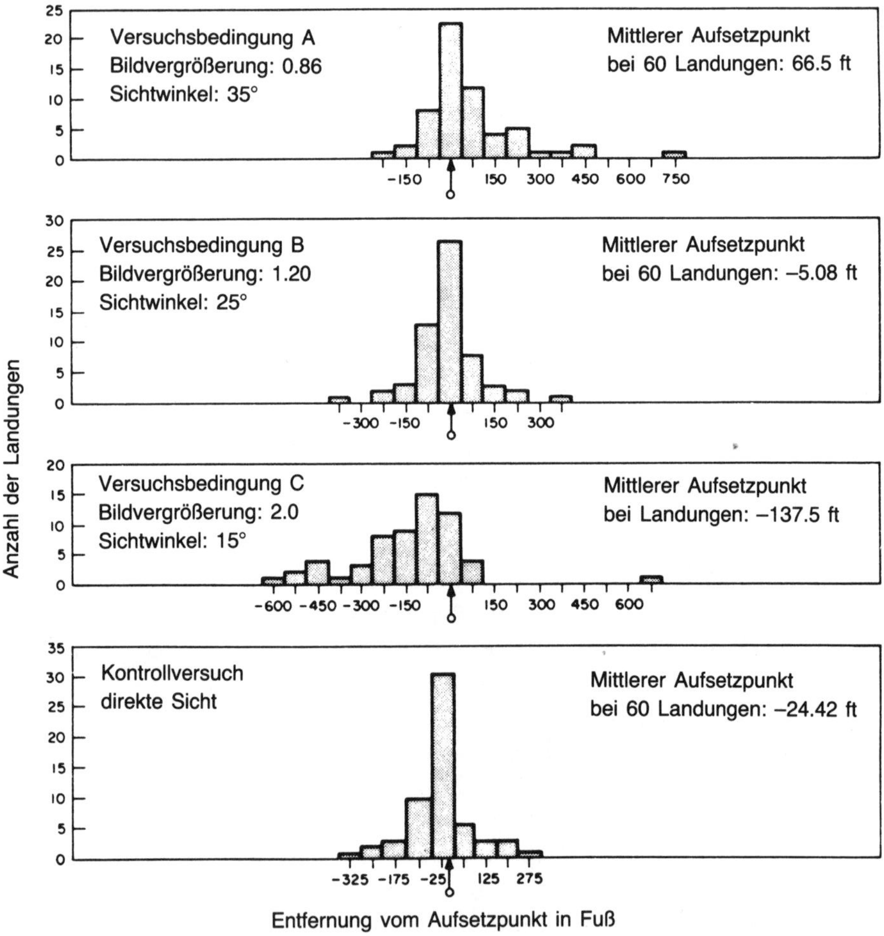

Abb. 8.1 Verteilung der Aufsetzpunkte bei 60 Landungen (jeweils 10 von 6 Piloten) unter vier Versuchsbedingungen, wovon drei Versuche mit Periskop-Vergrößerungsfaktoren von 0.86, 1.2 und 2.0 und der vierte mit direkter Sicht erfolgte. Bei zweifacher Vergrößerung setzen Piloten vor dem Aufsetzpunkt und ganz unerwartet auf, mit Bildverkleinerung fangen sie das Flugzeug zu früh ab und setzen spät und hart auf; bei 1.2facher Vergrößerung ist die Verteilung der Aufsetzpunkte im wesentlichen nicht von jener mit direkter Sicht zu unterscheiden.

ABSCHÄTZEN VON GRÖSSE UND ENTFERNUNG

Im Jahre 1950 wurde an der Universität von Illinois bei Versuchen festgestellt, daß Flugzeugführer, die mit Hilfe eines Periskops (Beobachtungsspiegel; d. Ü.) Landungen machten, zu hoch anflogen und spät und hart aufsetzten, sofern das durch das Periskop wahrgenommene Bild des Schauplatzes nicht um 20–30% vergrößert wurde (siehe Abb. 8.1). Im Jahre 1973 bestätigte Everett Palmer mit einem Versuch am NASA-Ames-Forschungszentrum in Kalifornien die bekannte Beobachtung, daß Piloten in Flugsimulatoren mit Sichtsystemen ebenfalls zu hohe Anflüge und späte, harte Landungen durchführten. Ähnliche Fehlschätzungen kommen mit am Helm montierten Bildgeräten vor. Wie kommt es, daß echte oder faktische Bilder, die in Einheitsvergrößerung projiziert werden, Objekte wie Start- und Landebahnen kleiner und weiter entfernt erscheinen lassen als bei direkter Sicht?

1975 nahmen sich Robert Randle vom NASA-Ames-Forschungszentrum und der Verfasser vor, darauf eine Antwort zu finden, wobei der Experte Robert Hennessy, heute im US National Research Council, und eine Gruppe von wissenschaftlichen Assistenten der San José State University von 1975–77, der Universität von Illinois von 1977–79 und der New Mexico State University von 1979–81 ihre Unterstützung gewährten. Zusammen entdeckten wir eine Wechselbeziehung von 0,9 oder größer zwischen der augenscheinlichen oder wahrgenommenen Größe von Objekten, die einem gegebenen Sichtwinkel gegenüberliegen, und der Akkommodation eines Beobachters – der Entfernung, auf welche die Augen eingestellt sind (siehe Abb. 8.2). Diese Ergebnisse stehen im Widerspruch zu den anerkannten Theorien.

Vielleicht ist es nicht überaschend, daß eine Beziehung zwischen der wahrgenommenen Größe und der Einstellung des Auges auf Entfernungen, bereits jenseits der Grenze der »optischen Unendlichkeit«, so lange unentdeckt blieb. Die Reizentfernungen, die normalerweise in Laborversuchen zur Anwendung kommen, sind nicht annähernd vergleichbar mit jenen, aus denen Piloten im Fluge die Welt unter sich sehen. Tatsächlich haben nur wenige Versuche, bei denen die Augeneinstellung wirklich gemessen wurde, Entfernungen von mehr als ein paar Metern umfaßt. Aber nun, da eine starke Wechselbeziehung zwischen der Entfernung, auf die sich das Auge eingestellt hat, und der augenscheinlichen Größe festgestellt ist, werden andere Rätsel der visuellen Wahrnehmungs- und Sinnestäuschungen im Fluge sicher der nochmali-

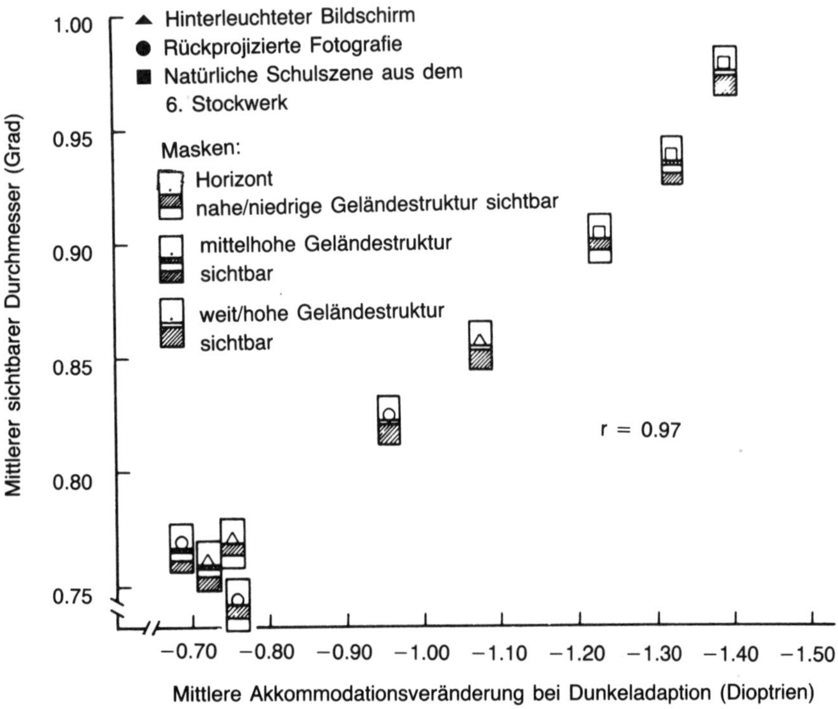

Abb. 8.2 Mittlerer, sichtbarer Durchmesser des simulierten Mondes als Funktion der mittleren Akkommodationsveränderung bei Dunkeladaption von acht Beobachtern, die den Mond gegen drei verschiedene Hintergrundszenen betrachten, von denen jede durch drei Masken unterschiedlich abgedeckt wird, die weitere Verschiebungen bei der Akkommodation des Auges und seiner Größenwahrnehmung hervorrufen.

gen Bewertungen und Untersuchungen bedürfen.

Zum Beispiel: Warum kommen Piloten, die Landeanflüge nachts über Wasser gegen eine hellerleuchtete Stadt durchführen, regelmäßig zu tief und landen manchmal vor der Landebahn »im Bach«? Dies geschah in Tokio, San Francisco, Los Angeles, Salt Lake City und sonstwo. Wie kommt es, daß Militärpiloten bei Bodenangriffen so oft zu spät abfangen und am hellen Tag Bodenberührung bekommen? Und warum sehen einige aus einer Gruppe von Piloten mit »normalem« Sehvermögen Luftziele viel früher als andere?

Hintergrund

Bevor wir uns daran machen, Antworten auf solche Fragen zu geben, sind einige Hintergrundinformationen angebracht. 1970 hatte Randle eine klassische Pavlovsche Konditionierungstechnik entwickelt, in dem er die automatische Biorückkoppelung (Biofeedback) von Reaktionen bei der Scharfstellung der Augen verwendete, um das Ausmaß einer möglichen bewußten Akkommodationskontrolle zu untersuchen. Randles ursprüngliche Absicht war es, Kinder zu lehren, wie sie vermeiden können, kurzsichtig zu werden. Später, in den frühen siebziger Jahren, haben Hennessy in Zusammenarbeit mit seinem Mentor, Herschel Leibowitz, und seinem Studienkollegen Fred Owens von der Pennsylvania State University zu unserem weiteren Verständnis über Anomalien beim Nachtsehen in einem leeren Raum und Instrumentenkurzsichtigkeit beigetragen und die Funktion der Dunkelakkommodation oder nachlassende Akkommodation des Auges klargestellt. Es gibt keine Frage mehr darüber, daß diese Untersuchungsrichtung für das Flugwesen von großer Wichtigkeit ist. Unter den vielen Ergebnissen ragen die folgenden als Beitrag für unser Verständnis heraus, warum Piloten oft Größen und Entfernungen falsch einschätzen und nicht in der Lage sind, andere Flugzeuge in der Luft zu sehen, um auszuweichen.

a) Schätzen der Größe und – durch Rückschluß – der Entfernung von Objekten in natürlicher Umgebung ist stark abhängig von der Entfernung, auf die das Auge eingestellt ist ($r > 0{,}9$).

b) Akkommodation auf natürliche Perspektiven hängt auf komplizierte Art von der Dunkelanpassung*) einer Person, der Netzhautkrümmung und der Häufigkeit sichtbarer Strukturen im Raum sowie von der für die Unterscheidung des Objektes, wie beispielsweise das Lesen eines Wegzeichens, erforderlichen Schärfe der Augeneinstellung ab.

*) (Die Entfernung, auf die sich das Auge in einem leeren Feld, wie z. B. einem klaren Himmel, einstellt, entspricht annähernd der Entfernung, bei der es in Dunkelheit zur Ruhe kommt.)

c) Die großen persönlichen Unterschiede bei der Dunkeladaptation reichen von etwa 15 D (7 cm) bei extrem kurzsichtigen Menschen bis −4 D (weit jenseits »optischer Unendlichkeit«) bei den extrem weitsichtigen. Je weiter die Dunkelanpassungsentfernung eines Indivi-

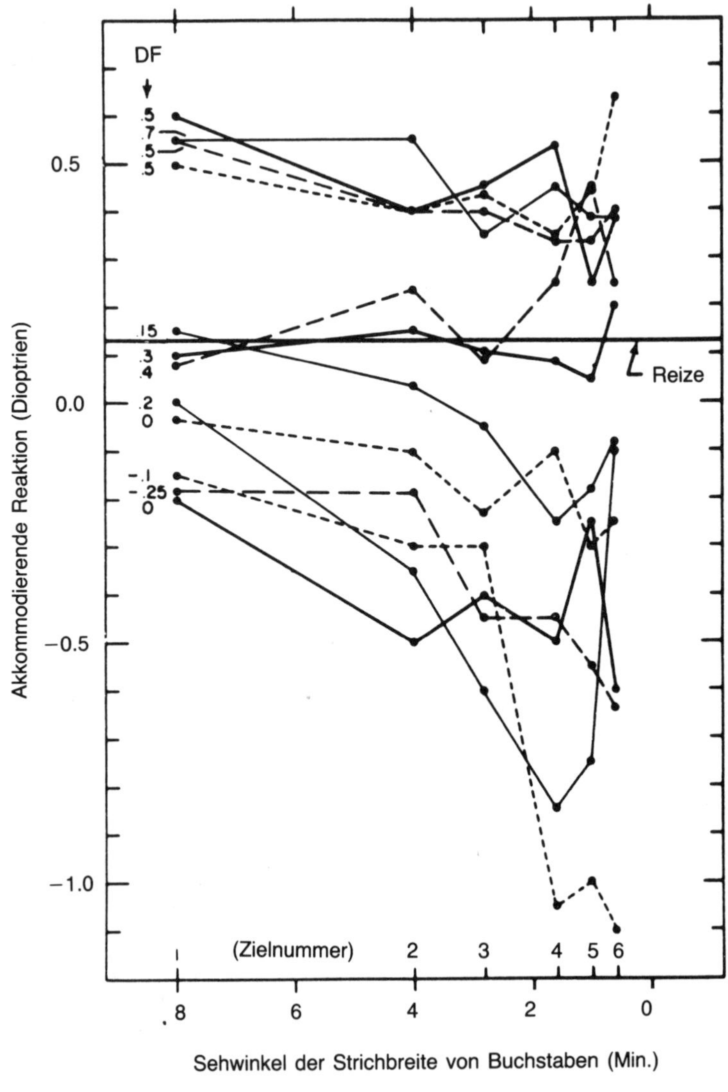

Abb. 8.3 Individuelle Reaktionen beim Akkommodieren des Sehvermögens auf Snellen-Buchstaben verschiedener Größen in einer festen Entfernung von 7,6 Meter unter konstanter Beleuchtung von 4,45 cd/m² (1.3 ftL). Werden die Buchstaben kleiner und schwerer lesbar, akkommodieren Beobachter mit weiten Dunkeleinstellungswerten mehr in die Ferne und sogar bis jenseits des Zieles, um maximale Schärfe zu erreichen; Beobachter mit näherer Dunkelscharfstellung zeigen diesen Effekt einer „Zoom-Linse“ nicht.

duums, um so stärker ist seine Tendenz, das Auge hinter einem Ziel scharfzustellen, um den sichtbaren Objektumfang zur Detailerkennung möglichst groß zu gestalten (siehe Abb. 8.3).

d) Einige Individuen können besser als andere dazu gebracht werden, willkürlich die Entfernung der Scharfeinstellung ihrer Augen zu beeinflussen. Es gibt Hinweise dafür, daß die Schulungsfähigkeit teilweise von der Dunkelanpassungsfähigkeit abhängt und daß sowohl bei der Auswahl als auch bei der Ausbildung von Piloten solche Merkmale berücksichtigt werden sollten.

Optische Täuschung bei der Mondbetrachtung

Die Reaktionen bei der Wahrnehmung entfernter Objekte aus direkter Sicht während des Fluges können mit Hilfe einer von Lloyd Kaufman und Irvin Rock entwickelten Technik der Quantifizierung der Mondtäuschung auf bequeme Weise beobachtet werden. Projiziert man ein rundes Lichtfeld auf irgendeine Szenerie der Außenwelt oder im Versuchslabor und nimmt man eine Scheibe mit verstellbarem Durchmesser zum Vergleich hinzu, so erhält man überraschenderweise übereinstimmende Schätzwerte über die Größe des mittels Projektion simulierten »Mondes«.

Die von Kaufman und Rock entwickelte Versuchsanordnung (auch als »Mond-Maschine« bekannt) wurde in etwas abgewandelter Form in einer Reihe von Versuchen dazu verwendet, die gemessene Augenanpasssung, Schätzungen der sichtbaren Größe und Merkmale sowohl natürlicher als auch künstlicher Bilder in Beziehung zueinander zu bringen. Diese Versuche haben gezeigt, daß bei natürlichen und künstlichen Szenen, ob bei Tag oder Nacht, der Mond kleiner wird, wenn die Sehbedingungen die Augen zur Naheinstellung bringen, und größer, wenn sie auf die Ferne eingestellt sind.

Wie immer die ursächliche Erklärung ausfallen mag, diese unveränderliche Wechselbeziehung scheint der Schlüssel für so manche Fehlschätzung zu sein, die Piloten unterlaufen ist. Solches Verschätzen kann Piloten dazu verführen, nachts im Wasser zu landen, gegen Bodenerhebungen zu fliegen oder bei Tageslicht über die Landebahn hinauszuschießen, oder sie daran hindern, ein anderes Flugzeug auf Kollisionskurs zu sehen und ihm auszuweichen.

KRITISCHE VARIABLE FAKTOREN

Zu den wesentlichen veränderlichen Faktoren, die das Sehen beeinflussen, indem sie die Scharfeinstellung der Augen in den Fern- oder Nahbereich um die Dunkeleinstellung herum verändern, gehören die betreffende Person – der Mensch – Cockpitauslegungen, Aufgaben, Umfeld und Umgebungen ebenso wie die Aufteilung sichtbarer Strukturen im Raum.

Veränderliche Faktoren beim Menschen

Die Unterschiede bei der Wahrnehmungsfähigkeit von Menschen, denen eine normale Sehkraft von »20/20« bescheinigt wurde, sind erstaunlich. Einge sind überraschend kurzsichtig, während andere zur Scharfeinstellung von –4 D, also jenseits »optischer Unendlichkeit«, fähig sind, also einer »Zoom-Linse« bei Fernsehkameras sehr ähnlich. Ein Rekrut der amerikanischen Luftwaffe sagte auf die Feststellung von Nicholas Simonelli, er habe eine bemerkenswerte Sehkraft, »Yes, Sir, ich kann die Augenfarbe eines Frosches aus 100 Schritt Entfernung erkennen.« Der Rekrut hatte nicht geprahlt; seine Sehschärfe lag in der Größenordnung von 20/10 und seine Dunkeleinstellung und sein Fernpunkt weit im negativen Bereich.

Das Akkommodieren des Auges ist ein »Tauziehen« zwischen dem Reiz und der Dunkeleinstellung, wobei der Reiz normalerweise gerade stark genug »zieht«, um gesehen und erkannt zu werden. Simonelli bezeichnet dies als den »Sehschärfebedarf« eines Reizes. Wenn wir reden, Autofahren oder niedrig über die Landschaft fliegen, wird unsere Augenanpassung hauptsächlich von Gibsons altbekanntem »Strukturgradienten« bestimmt. Die Netzhaut vollführt unbewußt eine Art Durchschnittskalkulation der Geländestruktur, um die Verschwommenheit des Bildes zu verringern, und die Tatsache, daß ein großer Teil der Szene notwendigerweise verschwommen bleibt, wird im Normalfall so lange nicht bemerkt, wie der Sehschärfebedarf niedrig bleibt.

Bei Tageslicht erstreckt sich der Gradient durchgehend von der Nase und anderen Körperteilen zum nahen Vordergrund und weiter bis zum entfernten Horizont. Vom Cockpit aus bei Nacht jedoch und sogar bei Tageslicht in größeren Höhen ist der Gradient nicht kontinuierlich. Zwischen den nahen Oberflächen im Cockpit und der sichtbaren Struktur außerhalb ist der Gradient durch den leeren Raum unterbrochen. Selbst Wolken sind im wesentlichen strukturlos, so daß sie nur geringe Sehschärfe verlangen, und nachts ist die Außenwelt auf ein schmales, horizontales Band aus punktförmigen Lichtquellen beschränkt. Hier können nun individuelle Unterschiede in der Dunkeleinstellung des Auges zu enormen Fehleinschätzungen führen.

Wenn die Dunkeleinstellung eines Piloten etwa eine Armlänge beträgt, was für junge, gesunde Augen normal ist, wird er eine Leerfeld-Kurzsichtigkeit bei Tageslicht wie auch eine Kurzsichtigkeit (Myopie) bei Nacht feststellen. Eine Leerfeld-Myopie wird durch den Reiz von Fensterstreben und -rahmen, von denen einige näher als eine Armlänge sind, verstärkt. Zum Beispiel fanden wir an der New Mexico State University heraus, daß Piloten die Augen fast exakt auf die Entfernung zu den Fensterstreben – gegen den Himmelhintergrund gesehen – einstellten, selbst wenn eine Strebe nicht breiter als etwa sechs Zentimeter, dem Augenabstand entsprechend, war, wodurch vermutlich keine Störung des binokularen (beidäugigen) Sehens nach draußen eintritt.

Wenn auch andere Luftverkehrsteilnehmer deutlich sichtbar sein mögen, so wird der Effekt einer kurzzeitigen Kurzsichtigkeit das Netzhautbild undeutlich machen, den wirksamen Kontrast verringern, Objekte schwerer erkennen und kleiner und entfernter erscheinen lassen. Ziele können noch wahrgenommen werden, besonders wenn sie blitzen oder glänzen, oder wenn sie eine lange, ausgeprägte Form haben, wie z. B. lange, dünne Kondensstreifen, oder wenn sie sich bewegen. Ein anderes Flugzeug auf typischem Kollisionskurs bewegt sich jedoch nicht, es wird lediglich größer, langsam zunächst und dann sehr schnell, und es muß einen Sichtwinkel von mehr als 8 Minuten (Altgrad) bestreichen, bevor es von einem Auge, das sehr scharf eingestellt ist, leicht erkannt werden kann.

Nun zu einer anderen Gefahr. Wenn die Dunkeleinstellung eines Piloten sehr weit, vielleicht über die optische Unendlichkeit hinausreicht und seine Aufmerksamkeit auf die Lichter eines Flughafens an einer Küste mit dahinterliegender Stadt gerichtet ist, kann der Schauplatz stark vergrößert erscheinen. Die näheren Lichter der Landebahnschwelle werden von dem horizontalen Lichtband der Stadt nach unten abgesetzt sein, wodurch der Eindruck erzeugt wird, das anfliegende Flugzeug befinde sich zu hoch. Der Pilot wird vielleicht die Triebwerke drosseln und unter den vorgeschriebenen Gleitpfad sinken. An irgendeinem Punkt wird ihm die zu tiefe Position plötzlich bewußt, und er wird normalerweise den Schub ausreichend erhöhen, um sicher zu landen; sind die Triebwerke jedoch auf niedrige Drehzahl abgefallen, kann der Schub zu spät kommen, eine Wasserberührung abzuwenden.

Veränderliche Faktoren in der Cockpitauslegung

Die gesetzliche Forderung an den Piloten, bei klarem Wetter den Abstand vom übrigen Verkehr durch »Sehen und Ausweichen« zu wahren, ist bestenfalls ein Anachronismus. Bei hohen Geschwindigkeiten im Unterschallbereich kommen die Annäherungsgeschwindigkeiten an 1000 Knoten (= 1850 km/h) heran. Das sind jetwa 17 nautische Meilen (= 31 km) pro Minute, oder eine Meile alle vier Sekunden. Um den Zusammenstoß mit einem anderen Luftfahrzeug auf genauem Gegenkurs zu verhindern, muß es aus mindestens drei Meilen Entfernung aufgefaßt werden. Zum Glück hinterlassen Flugzeuge in Reiseflughöhe typische Kondensstreifen, die aus dem Vielfachen dieser Entfernung zu sehen sind, so daß trotz der Unzuverlässigkeit des Prinzips »Sehen und Ausweichen« eben dadurch weiterhin jedes Jahr viele Menschenleben gerettet werden.

Folglich tut jeder, was er kann, denn nur wenige Piloten verlassen sich auf das Sehen und Ausweichen. Jeder, mit Ausnahme der Flugzeughersteller, der Zulassungsbehörden und Untersuchungsstellen, die über die wahrscheinlichen Ursachen von Zusammenstößen in der Luft zu befinden haben. Starke Worte? Vielleicht, aber objektiv richtig hinsichtlich der routinemäßigen Zulassung von Luftfahrzeugen, die nicht einmal den Mindestforderungen der Sicht aus dem Cockpit entsprechen, und der Tatsache, daß offiziell genehmigte Abweichungen von solchen Normen niemals als beitragende Ursachen von Zusammenstößen in der Luft an klaren, sonnigen Tagen mit blauem Himmel genannt werden.

Abschnitt 14 des »US Code of Federal Air Regulations« (US-Bundesluftfahrtgesetz), in der Neufassung von 1963, nannte auszugsweise, daß keine Fensterstrebe im Cockpit eines Luftverkehrsflugzeuges mehr als »2,5 Zoll Gesamtbreite im Sichtfeld des Piloten innerhalb eines Sektors von 20 bis 50 Grad nach links voraus überschreiten darf . . . « Dieses Maß beruht auf der Tatsache, daß 2,5 Zoll der durchschnittliche Augenabstand beim Menschen ist und jede Fensterverstrebung mit größerer Breite es ermöglicht, daß ein anderes Flugzeug – auf Kollisionskurs und somit für den Piloten scheinbar unbeweglich – für beide Augen vollständig unsichtbar ist. Dennoch wird gegen dieses gesetzlich vorge-

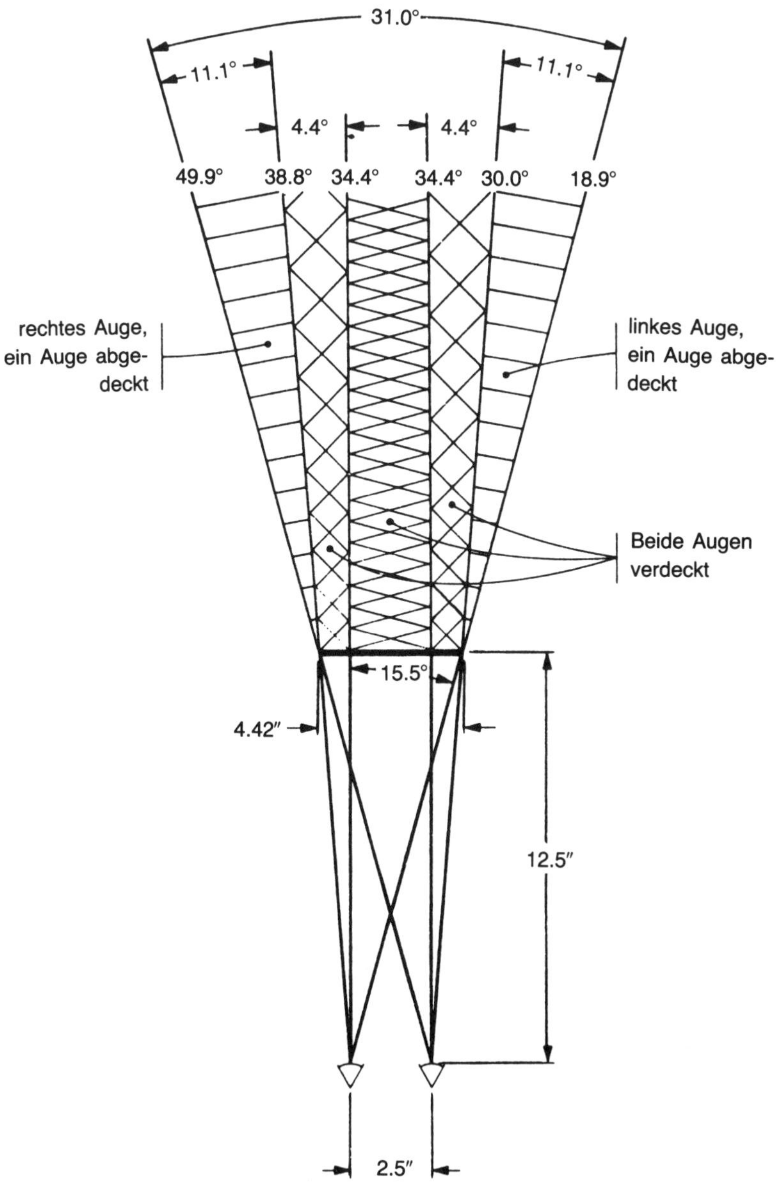

Abb. 8.4 Sichtdiagramm der Sektoren, die bei der Abdeckung von einem und von zwei Augen durch Projektion einer Fensterstrebe von 4,42 Zoll Breite und 12,5 Zoll Entfernung von den Augen des Piloten entstehen.

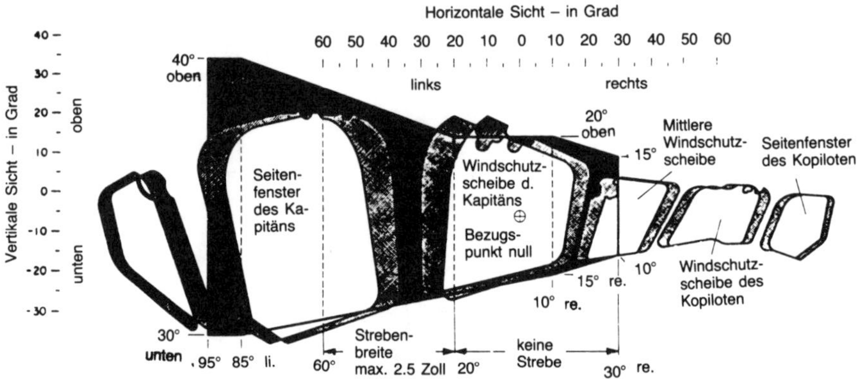

Abb. 8.5 Vergleich der Sicht aus dem Cockpit nach den gültigen Vorschriften der US Federal Aviation Administration. Dunkel gezeichnete Stellen zeigen binokulare Sichtfeldbehinderungen, wo eigentlich keine sein sollten; schraffierte Stellen zeigen einäugige Gesichtsfeldbehinderungen.

schriebene Maß bei der Konstruktion von Flugzeugen häufig verstoßen.

Ein heute im Liniendienst stehendes Verkehrsflugzeug zum Beispiel besitzt eine Fensterstrebe, die 30° links voraus aus Sicht des Piloten beginnt (und eine weitere rechts vom Kopiloten) und den Augenabstand um etwa 2 Zoll überschreitet. Sie verursacht eine binokulare Gesichtsfeldbeschränkungvon fast 9°, wie in Abb. 8.4 aufgezeigt, und einen Gesamtabdeckungssektor zum einen oder anderen Auge von 31°. Abb. 8.5 zeigt die Bereiche der ein- und beidäugigen Sicht von der üblichen Augenposition eines Piloten aus und vergleicht sie mit dem Normmaß. Die schwarzen Flächen sollten frei von jeder binokularen Gesichtsfeldbeschränkung sein.

Zu große Fensterstreben findet man tatsächlich in einer Reihe von heute üblichen Verkehrsflugzeugen. Um diesem Problem nachzugehen, untersuchen wir in einer Simulation die Auswirkungen von Fensterstreben mit einer Breite von 2,5 Zoll und 4⅝ Zoll, 12 Zoll von den Augen entfernt, hinsichtlich der Erkennungschancen von künstlichen Kondensstreifen in verschiedenen Höhen aus verschiedenen Winkeln links oder rechts von der Kante einer solchen Strebe. Bei einer 2,5 Zoll breiten Strebe stieg die Wahrscheinlichkeit der Erkennung durch einmaligen Blickkontakt von ⅓ Sekunde Dauer von 0,79 auf 0,97 in dem Maße, wie die Winkelauswanderung des Kondensstreifens von 6° auf

16° rechts oder links von der Sicht voraus zunahm, wie in Abb. 8.6 dargestellt.

Mit der 4⁵/₈ Zoll breiten Strebe (2¹/₈ Zoll breiter als der Augenabstand) fiel die Wahrscheinlichkeit der Erkennung entsprechender Kondensstreifen, wie ebenfalls in Abb. 8.6 dargestellt, auf 0,10 bei 6° (mit einem Auge allein links oder rechts der Strebenkante kaum sichtbar) und nahm bei 7° allmählich bis 0,29 zu, bei 9° auf 0,55, bei 12° auf 0,68 und bei 16° auf 0,65.

Zusätzlich zu der totalen binokularen Gesichtsfeldbeschränkung durch eine überbreite Fensterstrebe ist die Entdeckungschance eines Kondensstreifens in den Sektoren mit einäugiger Sicht auf beiden Seiten stark reduziert. Nur wenige Piloten sind sich der Gefahr bewußt, die durch breite Streben, nur einige Zoll von den Augen entfernt, entsteht.

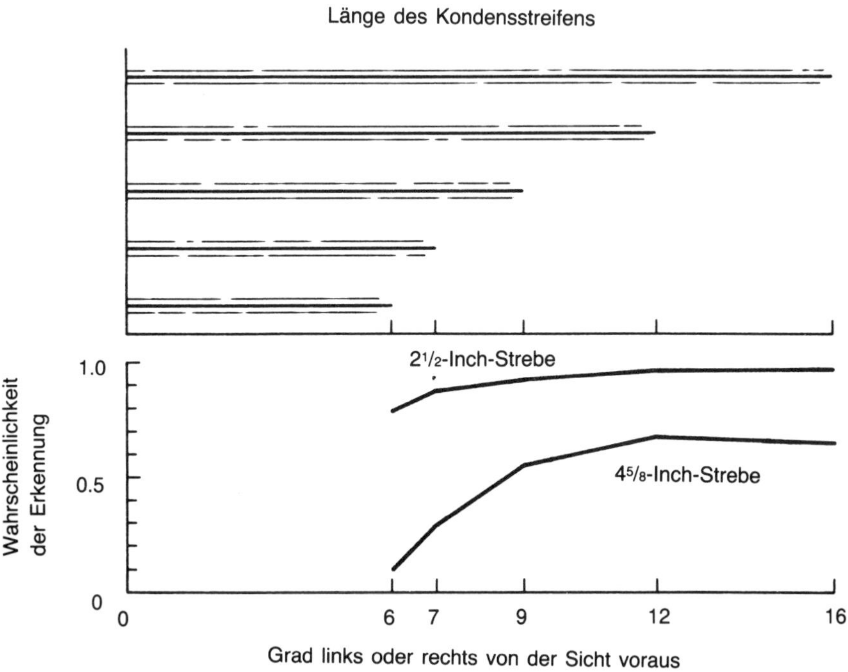

Abb. 8.6 Wahrscheinlichkeit der Entdeckung künstlicher Kondensstreifen unterschiedlicher Winkelstrecken gegen einen gleichförmigen Hintergrund als Funktion der Gesichtsfeldbeschränkung durch 2¹/₂ Zoll und 4⁵/₈ Zoll breite Fensterstreben, 12 Zoll von den Augen des Piloten entfernt.

Veränderliche Faktoren im Aufgabenbereich

Piloten mit normalen Sehfunktionen können eine Veränderung des Akkommodierens erwarten, wenn die Anforderungen der Aufgabe erhöhte Arbeitslast und Beanspruchung verursacht. Einige Versuche haben Veränderungen bei dazwischengeschalteten geistigen Tätigkeiten nachgewiesen (siehe Abb. 8.7). Bob Randle und John Petitt fanden, daß die Akkommodation auf die Ferne sich zwischen den Messungen 20 Sekunden und 10 Sekunden vor dem Aufsetzen bei einem simulierten Nachtlandeanflug vor dem Hintergrund eines computererzeugten Nachtszenarios änderte. Eine angemessene Erklärung hierfür haben wir nicht.

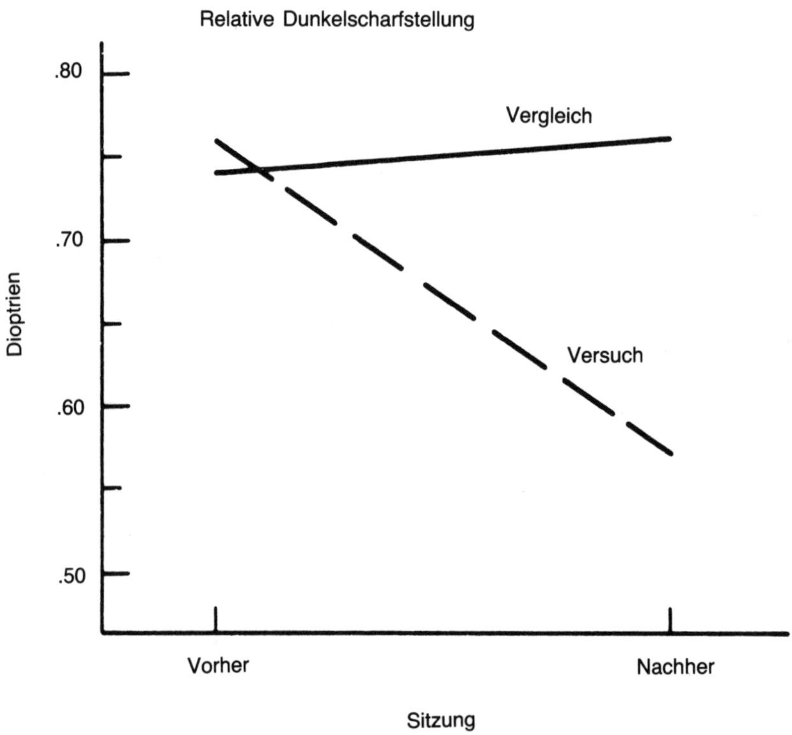

Abb. 8.7 Relative Dunkelscharfstellung (absoluter Dunkelscharfstellungswert minus Ferneinstellungswert in Dioptrien) bevor und nachdem Versuchspersonen eine Aufgabe für das Kurzzeitgedächtnis (verzögertes Löschen von Leuchtziffern) vier Minuten lang ausführten und Vergleichspersonen vier Minuten lang ausruhten.

Die Akkommodierung nach draußen wird zumindest teilweise vom sympathischen Zweig des vegetativen Nervensystems beeinflußt, das ist derjenige Teil, der uns veranlaßt, schneller zu laufen und stärker zu kämpfen. Er hilft uns auch, den weit entfernten Feind im Felsschatten und den Hirsch hinter dem Strauch zu sehen. Er erhöht unsere Sehschärfe, indem er vergrößert, was wir sehen, genau wie die Augenscharfstellung den Mond vergrößert. Kann es sein, daß der vom Sympathikus gesteuerte Adrenalinausstoß beim Kampfpiloten seine sichtbare Welt erweitert, den Boden tiefer erscheinen läßt und ihn veranlaßt, zu spät abzufangen? Wenn die Vergrößerung von einem Periskop zu hoch eingestellt ist, sind die Piloten oft überrascht, daß das Aufsetzen weit vor der Landebahn erfolgt (es wird an Abb. 8.1 erinnert). Randle, Petitt und der Verfasser fanden ebenfalls heraus, daß Piloten nicht genau der durch Korrekturlinsen hervorgerufenen Änderung der Augeneinstellung entsprechend akkommodieren. Bei direkter Sicht auf ein computererzeugtes Bild reagierten sie etwas besser als bei virtuellen Bildern auf einem »Head-Up-Display«, wodurch der vermutete Vorteil, die Augen auf das Erkennen der Landebahn bei Schlechtwetteranflügen vorzubereiten, in Frage gestellt wird. Durch Kollimation erzeugte Bilder führen dazu, unsere Augeneinstellung auf weit entfernte Reize zu lösen und sie in Richtung auf die Entfernung der Dunkeleinstellung abgleiten zu lassen.

Veränderliche Faktoren im Umfeld und in der Umgebung

Diese Diskussion hätte auch überschrieben werden können, »nochmals der Fall St. Thomas«. Sicherlich eines der rätselhaftesten und aufregendsten Luftfahrtgeheimnisse umgibt den Absturz einer Boeing 727 der American Airlines 1976 auf dem Harry-S.-Truman-Flugplatz in St. Thomas auf den Jungfern-Inseln.

Kapitän Arthur Bujnowski hatte auf derselben kurzen, breiten Landebahn unter ähnlichen Tageslichtbedingungen und leichtem, böigen Wind 154 Landungen ohne Beanstandungen durchgeführt. Aber am 27. April 1976 machte Art Bujnowski einen normalen Anflug, fing die Maschine einige Fuß über der Landebahn ab und schwebte bis jenseits des Punktes ohne Wiederkehr. In den brennenden Trümmern und dem erzeugten Qualm kamen 35 Passagiere und 2 Stewardessen ums Leben.

Art Bujnowski ist ein geborener Pilot, geschickt, ruhig, ein Ex-Kapitän ohne Flausen, jetzt zwangsweise pensioniert und auf Dauer ohne Fluglizenz in Connecticut lebend. Drei Minuten jedoch vor seiner schicksalhaften Landung 1976 erlitt er infolge eines blockierenden Gehörgangs extreme Schmerzen im Ohr wegen eines anomalen Druckanstieges im Cockpit und in der Kabine, der durch Fehlbedienung des Luftkompressors während eines raschen Sinkfluges verursacht worden war. Andere Besatzungsmitglieder und Passagiere klagten über ähnliche Schmerzen. Starke Reizung des inneren Ohres erzeugt einen Akkommodierungskrampf, wobei die Augen auf etwa Armlänge fokussieren.

Weder Bujnowski noch sein Kopilot konnten die VASI-Lichter im Endanflug deutlich sehen, und beide sagten aus, sie erwarteten das Aufsetzen des Flugzeuges wie vorgeschrieben 1000 Fuß nach der Landebahnschwelle. Es setzte aber nicht auf, und bei etwa 1500 Fuß verbleibender Landebahn sagte der Kopilot schließlich: »Du bist noch zu hoch, Art.« Den gleichen Kommentar gibt oft der Sicherheitspilot im rechten Sitz, wenn ein Pilot mit einem Periskop bei einfacher Vergrößerung zu hoch abfängt und das Flugzeug schwebt. Das Gesichtsfeld wird infolge Nahakkommodierens eingeengt und die Landebahn erscheint höher, als sie tatsächlich ist. Art Bujnowski erinnerte sich:

» . . . alles, was ich sehen konnte, waren Hütten und Lagerhäuser oder was immer es waren. Aber es schien, als ob sich alles genau in Augenhöhe abspielte . . . « (Protokoll der öffentlichen Anhörung NTSB, S. 360).

Anwendbarkeit in der Praxis

Randles Demonstration von der Möglichkeit, den Akkommodierungsreflex durch den Gebrauch der Biorückkopplung zu regulieren, ruft nach systematischer Untersuchung der Schulungsfähigkeit von Personen, deren Dunkeleinstellungsentfernungen und andere Fähigkeiten der Augenmotorik variieren. Grundlegende Daten auf diesem Gebiet sind unvollständig aber vielversprechend, und es werden Verfahren zur Konditionierung benötigt, die nur mit einfacher, billiger Ausrüstung auch von Instrukteuren oder Technikern mit beschränkter Ausbildung oder selbst vom einzelnen Piloten angewendet werden können. Ein gewisser Erfolg war mit einem einfachen Vernier-Optometer zu verzeichnen, das aus über Kreuz polarisierten Streifen aus billigem Filtermaterial konstruiert wurde.

Die effektive Weite der Augeneinstellung kann entweder willentlich nach der Biofeedbackmethode oder unbewußt mit Hilfe einer von Piloten getragenen Brille mit polyfokalen Gläsern, wie bei United Airlines üblich, beeinflußt werden. Die Schärfe bei der Auflösung weit entfernter Reize wird erhöht, indem man sich auf eine größere Weite als der des zu unterscheidenden Objektes konzentriert (es wird an Abb. 8.3 erinnert). Es ist möglich, daß das Erkennen ferner »Punkt«-Ziele, wie z. B. andere Flugzeuge, bei Personen, die zu ungewöhnlich weiter Scharfeinstellung fähig sind, ebenfalls durch das Akkommodieren auf Entfernungen nahe oder ›jenseits‹ der optischen Unendlichkeit verbessert wird.

Jede der sogenannten anomalen Kurzsichtigkeit und der verwandten Mikropsie (Kleinsehen) wird von Piloten beim Fliegen von Flugzeugen, vor allem solchen mit »Head-Up-Display«, in unterschiedlichem Maß erfahren. Ähnliche myopische Reaktionen und mikropsische Wahrnehmungen kommen in Flugzeugsimulatoren mit Sichtsystemen vor. Es wird daran erinnert, daß es die Fehlerneigung bei Landungen mit Bilddarstellungsgeräten waren, welche zuerst das Interesse an dieser Forschungsrichtung belebten. Es ist offensichtlich, daß Piloten tatsächlich lernen, solche Einflüsse auf die Wahrnehmung teilweise auszugleichen. Die Möglichkeit der Schulung des einzelnen, die Bedingungen, unter denen makropsische oder mikropsische Sehstörungen erwartet werden müssen, zu erkennen und diese Fehler spontan auszugleichen, liegt noch in weiter Ferne.

SCHLUSSFOLGERUNG

Fehlbeurteilungen der Position im Fluge und mangelndes Erkennen von anderen Flugobjekten sind die Opfer des ewigen Tauziehens zwischen der sichtbaren Struktur und der Dunkeleinstellung der Augen des Piloten. Das Auge ist träge und widersteht der Anregung eines weit entfernten Reizes, indem es lieber in einer relativ nahen Scharfstellungsweite ausruht, wie es im Dunkeln geschieht oder beim Blick zum Himmel. Beurteilungen der sichtbaren Größe stehen stark in Wechselbeziehung mit der Weite der Augenakkommodierung, und die Schwierigkeit des Erkennens von Flugzeugen, die sich auf Kollisionskurs befinden und damit für den Piloten unbeweglich wirken, wird viel größer, wenn die Scharfeinstellung durch irgendein Bauelement in Augennähe abgefangen wird. Der Mensch, Cockpitauslegung, Aufgabe und Umfeld sind veränderliche Faktoren, die alle zusammenspielen und bestimmend sind für das, was wir zu sehen glauben.

KAPITEL 9

Forschungsaussichten für die Zukunft

S. N. Roscoe

Die an diesem Buch Mitwirkenden haben viele Aspekte des Problems der Sicherheit der Luftfahrt aufgezeigt. Auch haben sie betont, daß das so leichtfertig und unzutreffend als »Pilotenfehler« bezeichnete Syndrom nicht die Folge eines individuellen Fehltritts ist, sondern tatsächlich eine Funktion zweier Bestimmungsfaktoren: Wie weit die Luftfahrttechnologie selbst sich entwickelt hat und wie unverträglich im wesentlichen so viele ihrer Anforderungen im Hinblick auf die menschlichen Fähigkeiten sind.

Die ganze Zukunft der Flugsicherheit stützt sich auf das Erkennen dieser Tatsache und daher auf jene, die an den Lösungen arbeiten. Die Vernunft gebietet es, Schritte und Wege aufzuzeigen, denen die Wissenschaft sich zuwenden sollte. In diesem Kapitel skizziert daher Stanley Roscoe den möglicherweise erfolgversprechenden einzuschlagenden Kurs.

Moderne Flugzeuge verfügen über rechnergestützte Kommunikations-, Navigations-, Führungs-, Steuer- und Anzeigesysteme, die für Navigation, Höhensteuerung, Geschwindigkeitskontrolle und Energieüberwachung sorgen. Verbesserte Flugsicherungscomputer, Anzeigen und Kontrollverfahren werden entwickelt, ein neues Mikrowellenlandesystem (MLS) wird gerade eingeführt und der Satellit für ein globales Ortungs- und Navigationssystem (GPS) sowie für Kommunikationshilfen befindet sich in Wartestellung auf der Erdumlaufbahn. Diese technologischen und betrieblichen Fortschritte werden alle Arten des Fliegens beeinflussen; ihre Vorteile und Anforderungen werden nicht ausschließlich von den aeronautisch Vorgebildeten erfahren werden.

FORSCHUNGSBEDARF

Es ist vorauszusehen, daß die eben beschriebene Situation bei den Menschen und Maschinen übertragenen Rollen sowohl am Boden als auch in der Luft komplexe Änderungen mit sich bringen werden. Verständlicherweise sind verschiedene Kräfte der in der Luftfahrt Tätigen besorgt über die seit langem bestehenden menschlichen Problemfaktoren, die ein kritisches Niveau erreicht haben und sicherlich noch gravierender werden, bevor sie gelöst werden können. Bevor wir jedoch ein Programm zur Erforschung der menschlichen Faktoren in der Luftfahrt vorstellen, wollen wir untersuchen, warum ein solches Programm überhaupt erwogen werden sollte und was vernünftigerweise als Ergebnis seiner Durchführung erwartet werden kann.

Zwei Hauptgründe scheint es für die wachsende Dringlichkeit zu geben, ein umfassendes Forschungsprogramm über menschliche Faktoren in der Luftfahrt zu entwickeln. Der erste betrifft die sich ändernde Rolle der Flugbesatzungen und Flugsicherungslotsen mit der zunehmenden rechnergestützten Automation und der Auswirkung dieser Veränderungen auf die Menschen selbst – nicht nur auf Piloten und Lotsen, sondern auch auf Passagiere und Unterstützungspersonal. Der zweite Grund ist die wachsende Erkenntnis bei den Verantwortlichen, daß sowohl die Ausrüstung in der Luft als auch am Boden – einschließlich Simulatoren und anderer Ausbildungsgeräte wie auch Anzeigen, Steuerungs- und Kommunikationsgeräte – häufig nicht die notwendige Information in genügender und dem jeweiligen Einsatz angepaßter Form darbietet und daß dies in Zukunft weder so sein muß noch sein sollte.

Aufgabenteilung zwischen Mensch und Maschine

Ob in der Luft oder am Boden, einige Funktionen können vom Computer besser als von Piloten oder Fluglotsen wahrgenommen werden, aber das Gegenteil ist ebenfalls richtig. Trotzdem liegen die Wege zum bestmöglichen Ausnützen der Fähigkeiten eines jeden nicht immer auf der Hand und sind im allgemeinen auch nicht aufgrund gegenwärtiger wissenschaftlicher Kenntnisse herauszufinden. Wie gut ein jeder mit irgendeiner zugeordneten Funktion fertig wird, hängt darüber hinaus stark davon ab, wie das Ausüben der Funktion in das System hineinkonzipiert ist – wie Computer programmiert werden, wie Piloten und

Fluglotsen ausgewählt und ausgebildet werden und welche Arten von Anzeigen und Geräten zur Unterstützung ihrer einzigartigen menschlichen Fähigkeiten bereitgestellt werden.

Wenn Menschen in komplexen Betriebssystemen sehr wirkungsvoll arbeiten sollen, müssen sie ständig beschäftigt sein. Menschen sind schlechte Wächter oder Überwacher, wenn sie nur dann gefordert sind, falls etwas schief geht oder das Unerwartete eintritt. Computer andererseits sind hervorragende Überwacher und in jeder Situation, die voraussehbar ist, zu raschen, genauen und verläßlichen Reaktionen fähig. Der Haken daran ist, daß auf die einzigartige Fähigkeit des Menschen, das Unvorhergesehene zu bewältigen, nur dann Verlaß ist, wenn er hellwach und auf der Hut und zum wirkungsvollen Eingreifen bereit ist; diese Bedingungen sind nur dann gegeben, wenn der Mensch laufend im Betriebsablauf eingebunden und tätig ist und über die erforderlichen Kenntnisse verfügt.

Menschliche Faktoren bei der Entwicklung von Systemen in der Luftfahrt

Das Mühselige bei der Erforschung der menschlichen Faktoren in der Luftfahrt ist die Erstellung einer praktikablen wissenschaftlichen Basis für die Entwicklung von Geräten und Verfahren sowie Ausbildungs- und Prüfungsprogrammen, um die menschliche Leistung bezüglich jener Piloten, Fluglotsen und Wartungspersonal übertragenen Funktionen zu optimieren. Wann immer ein Flugzeugcockpit, ein Flugsicherungszentrum oder ein Betriebs- oder Wartungsverfahren geplant wird, hat der Entwicklungskonstrukteur, bewußt oder unbewußt, viele Entscheidungen zu treffen, welche die Leistungen des Betriebs- und/oder Wartungspersonals beeinflussen. Einige diesbezügliche Konstruktionsgrundsätze wurden aufgestellt und als Mindestforderungen in die Abnahme- und Zulassungsverfahren aufgenommen, die jedoch im allgemeinen weder gut formuliert, noch dokumentiert oder verstanden sind.

Darüber hinaus leisten Piloten auf feine, nicht unbedingt absichtliche Weise hartnäckigen Widerstand gegen Neuerungen im Cockpit – insbesondere ältere Piloten in höheren Positionen, Firmentestpiloten und Ausbildungsleiter. Da gibt es enormen Stolz wie beim Zureiten eines wilden Pferdes oder beim meisterhaften Steuern eines ungebärdigen Flugzeuges am Rande seines Leistungsbereichs. Der »ganze Kerl« wird verlangt und muß verteidigt werden wie früher die Männlichkeit und Mannhaftigkeit. Wenn das Pferd oder das Flugzeug von vornherein

»zahmer« wären, könnte vielleicht etwas weniger »Heldentum« genügen.

Menschliche Faktoren in der fliegerischen Schulung und im Prüf- und Zulassungswesen

Auf den Gebieten der Schulung von fliegendem Personal, des Prüf- und Zulassungswesen und der Sicherstellung laufender Inübunghaltung herrschen ähnliche Probleme.

Einige Grundsätze über effektive Ausbildung und Wissensvermittlung wurden mit Hilfe der Forschung und der betrieblichen Erfahrung entwickelt. Aber nochmals, diese Grundsätze sind nicht gut dokumentiert und von vielen, die für die Festlegung der Merkmale von Schulungsgeräten oder von Ausbildungsprogrammen verantwortlich sind, nicht voll begriffen worden. Zweifellos haben die größeren Verkehrsgesellschaften in der Schulung von der modernen Technologie besten Gebrauch gemacht, aber selbst hier sind noch viele Verbesserungen möglich und notwendig, und der aus ihrer Erfahrung gezogene Nutzen muß an alle weiteren in der Luftfahrt Tätigen weitergegeben werden.

Beispielsweise könnten die Verkehrsgesellschaften von ihren Simulatoren noch mehr Gebrauch bei der Vorbereitung einzelner Piloten für besondere Einsätze machen, insbesondere für Notverfahren auf unzulänglichen Flugplätzen oder für mit besonderen Risiken verbundene Anflüge auf sonst normalen Flughäfen. Simulatoren und rechnergestützte Schulungsszenarien, die reich an Gelegenheiten für schlechte Entscheidungen sind, könnten besser genutzt werden. Solche Szenarien können auch dazu dienen, die Lehrmeinung zu besonderen betrieblichen Hilfs- oder Notverfahren zu bestätigen oder zu revidieren. Schließlich sollten Besatzungen geschult werden, Situationen zu erkennen und zu vereiteln, in denen sie Täuschungen oder anderweitig beeinträchtigenden Situationen, die das Beurteilungs- und Reaktionsvermögen beeinflussen, ausgesetzt sein können.

VORGEHENSWEISE

Wie sollte ein Programm zur Erforschung der menschlichen Faktoren in der Luftfahrt gegliedert und durchgesetzt werden, so daß brauchbare Lösungen der eben beschriebenen Probleme zeitgerecht zur Verfügung stehen?

Als ein erster Vorschlag können die Probleme auf entweder horizontale oder vertikale Weise angegangen werden, und jede der beiden hat ihren Stellenwert. Mit der horizontalen Vorgehensweise meinen wir die Entwicklung und Überprüfung allgemeiner Konstruktionsgrundsätze im Hinblick auf die menschliche Wirkungskraft – Prinzipien, die quer durch das Gebiet angewendet werden können, wann immer ein Bediener aufgerufen ist, eine bestimmte Art von Funktion oder Aufgabe zu erfüllen. Mit der vertikalen Methode meinen wir das Anwenden, Erproben und Nachprüfen der horizontal abgeleiteten Grundsätze während der vorgeschrittenen Entwicklung spezifischer Systeme und vor ihrer Betriebszulassung. Wenngleich dies vielleicht vorweg Zeit und Geld kostet, wird es sich später sicherlich bezahlt machen.

Im allgemeinen wird die horizontal orientierte Forschung mit Vorliebe von Universitäten und wenigen kleinen beauftragten Forschungsgruppen betrieben. Im Gegensatz dazu verwenden die Forscher in staatlichen Laboratorien und Industrien ihre Zeit und Energie vorwiegend für Projekte mehr typisch vertikaler Natur. Die Forschungsprogramme an der Universität von Illinois über Grundlagen der zeitlichen Anzeigehäufigkeit, Flugwegkommandoanzeigen und Verkürzung der Beobachtungszeiten sind kennzeichnend für die erstgenannte Methode. Das gemeinschaftliche FAA/NASA-Programm über rechnerausgestattete Fahrzeuge (»Terminal Configured Vehicles (TCV)«) und die Cockpit-Darstellung von Verkehrsinformationen (CDTI) sind Beispiele für letztere Art.*

* Im TCV-Programm werden im Flugzeug einzubauende moderne Rechner-, Anzeige- und Kontrollsysteme für den betrieblichen Ablauf im Nahbereichsverkehr eines Flughafens in einer Cockpit-Attrappe, die in der Kabine einer echten Boeing 737 eingebaut ist, erprobt. Eines solcher Systeme stellt auf einem kartenähnlichen CDTI den in der Nähe befindlichen Luftverkehr dar und erlaubt somit der Besatzung, mehr Entscheidungsbefugnis und Verantwortung für das Abstandhalten und Vermeiden von Konflikten zu übernehmen.

Grundsätze für die Konstruktion von Kontroll- und Anzeigegeräten

Bei der Gerätekonstruktion immer wiederkehrende Probleme entstammen der Tatsache, daß der Konstrukteur eine Reihe von Entscheidungen zu treffen hat, wann immer irgendeine zusätzliche Funktion eingefügt werden muß; daß er eine Entscheidung trifft, mag ihm bewußt sein – oder auch nicht, und sehr oft vergißt er zu berücksichtigen, daß die gleichen Alternativen oftmals bereits über viele andere Zeichenbretter gewandert waren. Wenige Versuchsleiter, Projektingenieure, Ausbildungsleiter oder Piloten sind sich bewußt, wie viele wichtige Konstruktionsentscheidungen auf gerade diese Weise getroffen werden. Dennoch ging dieses Verfahren weiter und weiter und zog sich durch die gesamte Entwicklungsgeschichte von Luftfahrtsystemen.[+]

+ Unsere Diskussion über dieses Thema stützt sich stark auf einen 1954 von Professor A. C. Williams Jr. und seinen Studenten an der Universität von Illinois für die US-Luftwaffe erstellten Bericht. Seit damals sind große Fortschritte gemacht worden, die wirklichen Probleme scheinen sich jedoch niemals zu ändern.

Welcher Art sind die Entscheidungen, die immer wieder von unterschiedlichen Konstrukteuren an ihren Zeichenbrettern gefällt werden? Ein paar Beispiele und einige der zugehörigen Alternativen werden aufgeführt:

a) Größe, Skalierung und Empfindlichkeit einer Anzeige.

b) Ortungsrichtung: zur Station oder von der Station wegfliegend.

c) Sichtbarkeit und Erreichbarkeit.

d) Kombination von Anzeigen innerhalb eines Gerätes.

e) Anzeigeformen: alpha-numerisch, symbolisch, bildhaft.

f) Anordnung von Schaltern und Anzeigen auf einem Instrumentenbrett oder einer Konsole.

g) Gefühl bei der Steuerung: gedämpft, mit Rasten, mit Rückkoppelung.

h) Beschriftung und Funktion von Schaltern, Knöpfen, Hebeln.

i) Gruppierung und funktionsbezogene Bedienung.

j) Logik und Beschriftung von Ausfallanzeigen und Warnleuchten.

Während einer knappen Jahrhunderthälfte, als das menschengerechte Konstruieren wenigstens als halbwissenschaftliche Disziplin anerkannt wurde, haben sich zahllose horizontale und vertikale Forschungsprogramme mit solchen Themen, wie die in der vorstehenden Liste genannten, beschäftigt. Dennoch wurden von verschiedenen Konstrukteuren unterschiedliche Entscheidungen bezüglich gleichartiger Anwendungsbereiche jeder aufgeführten Einzelheit gefällt. Vielleicht, weil sich die einzelnen Anwendungen auf subtile Weise unterscheiden, ist die richtige Wahl unter den konstruktiven Alternativen nicht einmal für die Erfahrensten ihres Faches immer klar.

Keine der notwendigen Entscheidungen wäre besonders schwierig, wenn die Fachleute sich über die richtige Wahl unter den Alternativen in jedem Einzelfall einigen könnten oder wenn eine ausreichende Basis aus objektiven Daten mit einer Beschreibung der mit jeder Entscheidung verbundenen Konsequenzen zur Verfügung stünde. Es ist jedoch eine Tatsache, daß die Fachleute sich nicht einigen können. Manche mögen eine sich bewegende Karte, andere bevorzugen einen Zeiger, der sich über die Karte bewegt; einige glauben an symbolische, andere an bildhafte Darstellungen, und so geht es weiter. Andererseits liegen über viele dieser Themen Forschungsergebnisse vor, die jedoch nicht vollständig sind und denen es darüber hinaus an Allgemeingültigkeit fehlt. Wenn neue Probleme aufkommen, die sich von den alten, experimentell bereits gelösten, etwas unterscheiden, ist es nicht sicher, daß die alten Lösungen noch anwendbar sind.

Jedes neue Problem oder jede neue Version eines alten Problems experimentell zu lösen, ist einfach nicht durchführbar. Es gibt weder genug Zeit, noch Geld, noch Personal, um ein solches Programm durchzuführen. Auch ist es unbefriedigend, bei Fehlen eines experimentellen Nachweises oder einer einmütigen Meinung mit der Notwendigkeit konfrontiert zu sein, oft willkürlich erscheinende Entscheidungen treffen zu müssen.

Oft wird diese Notwendigkeit vermieden, indem die Entwicklung mehrerer alternativer Versionen des gleichen Systems in Auftrag gegeben wird, in der Hoffnung, daß sich eine davon als zufriedenstellend erweisen wird. Wenn dies erfolgt, weiß der Konstrukteur schon im voraus, daß ein Großteil seiner Mittel zwangsläufig verschwendet sein wird.

Die Hoffnung, daß ein weitgehend horizontales Forschungsprogramm letztlich die Ungewißheit des Konstrukteurs vermindern könnte, scheint die natürliche Folge des gegenwärtigen Dilemmas zu sein. Ein horizontales Programm als Ergänzung bestehender vertikaler Programme birgt die Vorstellung von der Allgemeingültigkeit von Ergebnissen in sich, und genau das ist es, was vonnöten ist. Die horizontale Methode besagt eigentlich: Lassen wir uns nicht vollkommen durch die tagtäglich aufkommenden besonderen Probleme ablenken, sondern betrachten wir das Problem als Ganzes und versuchen wir, allgemeine Regeln für Anzeigen und Geräte aufzustellen, die später bei jeder Gelegenheit erfolgreich angewendet werden können.

Wenngleich befürwortet und von Zeit zu Zeit sogar von der einen oder anderen staatlichen Behörde in Angriff genommen, wurde kein horizontales Programm jemals durchgehalten. Solch ein Unternehmen scheint schon an sich unbeständig zu sein. Entweder erliegen die damit beschäftigten Leute dem Druck, aktuelle Probleme »gestern« zu lösen im Vertrauen auf irgendeine unergründliche Hexerei, oder sie ziehen sich in ihre Hobbywerkstätten zurück und lassen, wenn überhaupt, allenfalls durch ihre Veröffentlichungen in gelehrten Zeitschriften von sich hören. In beiden Fällen werden die Bemühungen rasch zu eng eingegrenzt und entweder auf die besonderen Probleme einzelner Flugzeuge gerichtet oder auf bestimmte veränderliche Größen aus Versuchen, die so abstrakt sind, daß jeder Bezug zur Wirklichkeit verlorengeht und Allgemeingültiges nicht mehr abgeleitet werden kann.

In gewisser Weise könnte dieser Stand der Dinge lediglich als ein Managementproblem angesehen werden. Sicherlich gibt es qualifizierte Untersucher, die es vorziehen würden, beiden Fallstricken zu entgehen, eher eine umfassende wissenschaftliche Lehre über die Psychologie der Konstruktionstechnik in der Luftfahrt zu entwickeln. Der auf der Hand liegende Grund, warum dieses Managementproblem ungelöst bleibt, ist die Tatsache, daß sich Maßnahmen erst dann bezahlt machen würden, wenn die verantwortlichen Befürworter eines solchen Unternehmens längst pensioniert oder Opfer einer Wahlniederlage geworden sind. Glücklichere Zeiten für ihre Nachfolger stehen nicht gerade hoch im Kurs der Motive, die die Aktionen von Generalen, Admiralen und Verwaltungsbeamten beflügeln.

Schulungs- und Vermittlungsgrundsätze

Probleme mit den menschlichen Faktoren bei der Schulung, Zulassung und Wiederauffrischung von Piloten, Flugsicherungs- und Unterstützungspersonal haben vieles mit jenen gemein, denen man bei der Konstruktion von Geräten und Verfahren begegnet. Aber es gibt auch bemerkenswerte Unterschiede. Gemeinsam sind die Probleme insoweit, daß vieles von dem, was bekannt ist und als Grundwissen bezeichnet werden kann, nicht notwendigerweise auch den für die betriebliche Anwendung Verantwortlichen bekannt ist. Im Gegensatz dazu jedoch ist dies nicht so sehr ein Problem der Forschung, sondern der Vermittlung an Manager, Verwaltungsbeamte und einzelne Bediener einschließlich der Entwickler von Lehrsystemen und der Lehrkräfte.

Beispielsweise ist das Wirkungspotential von Flugsimulatoren bei der Pilotenschulung und Lizenzprüfung gut dokumentiert und im Falle des Linienbetriebs auf breiter Ebene und von Amts wegen akzeptiert.

In der Allgemeinen Luftfahrt, bei den Lufttaxi- und Zubringerdiensten jedoch genießen Simulatoren nicht annähernd diesen Respekt und diese Verwendung. Zugegebenermaßen existiert dort ein geringerer wirtschaftlicher Druck, die Flugzeugausbildung in sowieso weniger kostspieligen Flugzeugen durch Simulatoren zu ersetzen; die Faktoren aber, die zu dem relativ wenig ergiebigen Gebrauch von Simulatoren in der fliegerischen Erst- und Fortgeschrittenenausbildung beitragen, sind komplizierter und subtiler Natur. Um ihr Geld wert zu sein, müssen Simulatoren ihren Betreibern Ausgaben einsparen, indem ihr Besitz und Betrieb weniger kostet als die Flugzeit, die sie ersetzen.

Vielleicht wegen des herausragenden Erfolgs der Gesellschaften bei der Anwendung komplexer und teurer Flugsimulatoren in der Schulung ist der Glaube weit verbreitet, daß Simulatoren wie Flugzeuge aussehen, riechen, sich anfühlen und bewegen müssen, um wirkungsvoll zu sein. Auf listige Weise wurden die Gesellschaften in ihrer eigenen Falle gefangen. Um ihre Berufspiloten zu überzeugen, Simulatoren als vollständigen Ersatz für Flugzeuge in Schulungs- und Prüfungsverfahren zu akzeptieren, haben sie die genaue Übereinstimmung der Simulatoren mit ihrem fliegenden Gegenstück nachdrücklich verfolgt. Die Piloten waren von der Vorstellung, daß ein Simulator ein angebundenes Flugzeug sein muß, so angetan, daß sie nun auf Simulatoren von höherer und mehr augenscheinlicher Wirklichkeitstreue bestehen.

Diese sich im Kreise drehende Folge von Ereignissen und Standpunkten birgt fragwürdige Vorteile. Zweifellos wurde die Bedeutung von Wirklichkeitstreue in bestimmten Bereichen des Simulators sowohl durch die Forschung als auch durch die Einsatzerfahrung mit dem Gerät ausgiebig nachgewiesen, und dieser Erkenntnis verschließt sich heute niemand mehr.

Leider ist ebenfalls offenkundig, daß die Bemühungen um höchste Übereinstimmung von Simulatoren mit dem echten Flugzeug kontraproduktiv sein können. Vergleiche die Anregungen für Simulatorparameter in Kapitel 2.

Nicht nur ist die Kosten-/Nutzenrechnung weit davon entfernt, ausgeglichen zu sein, auch der Übungseffekt solcher Geräte kann Schaden erleiden. Untersuchungen haben gezeigt, daß bestimmte gewollte Abweichungen von der buchstabengetreuen Nachahmung der Flugzeugcharakteristika etwaige Schulungsvorhaben weit wirkungsvoller gestalten können als jene gegenwärtig angewendeten.

Beweise für diese schwerwiegenden und für einige Leute ketzerisch anmutenden Aussagen kann man in Forschungsarbeiten finden über die Verstärkung der Rückbeeinflussung bei der Schulung; über unrealistisch erhöhte Reaktionszeiten und -unbeständigkeiten; über absichtlich verringerte Sichtbezugspunkte bei der Schulung von Sichtflügen und über erhöhte Arbeitsbelastung, die eine Beanspruchung »höher als im wirklichen Leben« verursacht – analog zum Schwingen eines bleibeschwerten Baseballschlägers, bevor sich der Spieler in Position begibt. Vergleichsweise fühlt sich der reguläre hölzerne amerikanische Baseballschläger für den Spieler leichter an und ist besser zu kontrollieren.

In gleicher Weise führt die übertriebene und ungerechtfertigte Forderung nach allerletzter Wirklichkeitstreue zur Entmutigung von Entwicklung und einfallsreichem Gebrauch einfacherer, flexiblerer und zuverlässigerer Geräte für Teilaufgaben und rechnergestützte Unterrichtsszenarien, die eine noch wirkungsvollere Ausbildung bei stark reduzierten Kosten erbringen können.

Gründe für den gegenwärtigen Zustand unserer Ausbildungstechnik in der Luftfahrt sind unschwer zu entdecken. Wenngleich das amerikanische Verteidigungsministerium große Summen in Simulatoren für die Erforschung von Ausbildungsmethoden investiert hat, so war diese Forschung tatsächlich durchweg vertikaler und nicht horizontaler Natur. Da Experimente auf dem Gebiet der Übungsübertragung schwierig durchzuführen und außerdem sehr teuer sind, beinhalten solche Experimente üblicherweise einen Vergleich von zwei, drei oder vier Übungsbedingungen, die als qualitative Faktoren hergenommen werden, da sie als in Wirklichkeit gemischte quantitative Faktoren zu zahlreich und zu verknüpft sind, um sie entflechten und einzeln handhaben zu können. Diese Betrachtungsweise ist im wesentlichen vertikaler Art, wobei ganze Simulatorkonfigurationen entwickelt und dann vergleichend bewertet werden.

Die Ergebnisse solcher Vergleiche lassen sich nicht allgemeingültig anwenden und umsetzen, weil sie lediglich die kombinierten Auswirkungen einer bestimmten Reihe von Werten der zahlreichen veränderlichen Bestandteile wiedergeben, von denen jedes für sich wichtig für die Konzeption und Verwendung des Simulators ist. Um die Haupt- und Wechselwirkungen der – statistisch ausgedrückt – vielen selbständigen Veränderlichen bei Konstruktion und Anwendung herauszufinden, ist eine unterschiedliche Forschungsstrategie gefordert, eine, die in hohem Maße eher horizontal als vertikal verläuft. Glücklicherweise wurde von Dr. Charles Simon ein für das Luftfahrtwesen neues Forschungsmuster eingebracht, das schon seit langem in der chemischen Industrie Anwendung findet.

Kostengünstige Multifaktorenforschung

Simons ganzheitliches Konzept für die Durchführung von Versuchen über Verhaltensmuster betont die Wichtigkeit, möglichst viele potentiell kritische Veränderliche, seien es Ausrüstungs-, Umfeld-, menschliche oder Zeitfaktoren, zu berücksichtigen. Das Schlüsselwort in dieser Definition ist »kritisch«. Wie hoch ihre Zahl immer ist, wenn kritische veränderliche Faktoren in einem Versuch konstant gehalten werden, können die Ergebnisse im Falle der Anwendung auf wirkliche Lebenslagen äußerst ungenau sein, es sei denn, die feststehenden Werte befinden sich dicht an der betrieblichen Wirklichkeit. Richtig durchgeführt wird die »Ganzheits«-Methode Daten ergeben, die genauer sind, weniger tendenziös und besser auf den Einsatz übertragbar, bei weit geringeren Kosten als mit den herkömmlichen elementaren Vereinfachungsmethoden.

Die praktische Anwendbarkeit dieser Neuerung in der Forschungsmethode über Leistung und Ausbildung des Menschen ist nicht länger eine Sache der Spekulation. An der Universität von Illinois durchgeführte Versuche – wenngleich in vieler Hinsicht fehlerhaft – zeigten, daß kostengünstige Multifaktoren-Versuchskonzepte und Regressionsanalysen im Rahmen menschlicher Verhaltensforschung angewendet werden konnten. Solche Konzepte wurden in einer Untersuchung über das Urteilsvermögen von Piloten bei projizierten Aufsetzpunkten während simulierter Landeanflüge unter Verwendung computererzeugter Sichtbilder am NASA-Ames-Forschungszentrum erfolgreich verwendet; dasselbe gilt für die am »US-Naval-Training-Equipment-Center« in Florida durchgeführten Studien über die Ausführung von Flugzeugträgerlandungen bei insgesamt zehn Versuchsvarianten.

Sogar noch uneingeschränkter war ein Versuch der Übungsübertragung an der New Mexico State University übertragbar, der fünf unterschiedliche Simulatorkonstruktionen, eine »Trainingsvariable« und drei Konfigurationen von Übermittlungsmedien umfaßte. Der Versuch, der in weniger als zwei Monaten abgeschlossen wurde, fand mit lediglich achtzig Schülern statt, von denen achtundvierzig an jeweils unterschiedlichen Simulatorkonfigurationen geschult wurden. Das Experiment ergab Regressionsgleichungen für die Hauptwirkungen und Wechselwirkungen erster Ordnung der sechs Versuchsvariablen für jede der drei Konfigurationen der Übermittlungsmedien. Die speziellen Ergebnisse, die sich auf eine einfache Steuerungsaufgabe um die Flugzeuglängsachse bezogen, haben wenig direkten Bezug zur Luftfahrt insgesamt, zeigen jedoch, daß aussagefähige Multifaktor-Übertragungsversuche wirkungsvoll und wirtschaftlich durchgeführt werden können.

Nebengewinne

Die Vorteile eines umfassenden, horizontal gegliederten Luftfahrtforschungsprogrammes sind nicht alleine auf die Anwendung von Forschungsergebnissen und technologische Fortschritte beschränkt, obwohl erwartet werden kann, daß diese beachtlich sind. Die Absicht eines solchen Programms ist es auch, auszubilden und gleichermaßen Neues zu entdecken, sowie vor allem Wissenschaftler und Ingenieure hervorzubringen, die sich auf das Lösen menschlicher Probleme im Zusammenhang mit Belangen der Luftfahrt – Systemkonstruktionen, Schulung und Betrieb – verstehen. Personal, das fachgerecht ausgebildet wurde und über Erfahrung in der Forschung auf diesen Gebieten verfügt, ist äußerst knapp und wird in der Luftfahrt dringend benötigt.

VORGEHENSWEISE FÜR DIE ACHTZIGER JAHRE

Nachfolgend wird ein Forderungskatalog mit Forschungsproblemen und Vorgängen aufgestellt, die vielleicht gelöst werden könnten, wenn das Personal vorhanden wäre und unterstützt würde. Die aufgeführten Punkte stellen die sorgfältig geprüfte und übereinstimmende Meinung verantwortlicher Vertreter aus dem Bereich der US-Luftfahrt dar, die im Juli 1981 an einer Arbeitstagung über »Menschliche Faktoren in der Luftfahrt« am »Civil Aeromedical Institute« in Oklahoma City teilnahmen (Flugmedizinisches Institut der US-Luftfahrtbehörde FAA).

Stichwort: Automation in der Flugsicherung

Sachverhalt und Forderung: In Kreisen der Luftfahrt herrscht größte Sorge über die ausufernde Automation in der Flugsicherung. Wie können die Funktionen wieder zwischen den Elementen in der Luft und am Boden und jeweils zwischen Menschen und automatischen Apparaten neu aufgeteilt werden? Wie sollen in einer gegebenen Aufteilung die Funktionen ausgeführt werden? Wie sollen Sektoren, Luftstraßen, Anflug- und Abflugrouten neu definiert werden? Wie werden neue Darstellungstechnologien angewendet, und welche Auswirkung werden beispielsweise farbliche Darstellungen auf Fluglotsen haben, deren Farbsehvermögen geschädigt ist? Um diese Fragen zu lösen, brauchen wir bessere Hilfsmittel für das Nachbilden, experimentelles Erproben und Vorhersagen der Auswirkungen verschiedener Alternativen auf die Leistungsfähigkeit und Sicherheit eines Systems, wie auch auf die sich ergebende Rolle der Lotsen; ebenso benötigen wir bessere Werkzeuge für das Feststellen von Können und Wissen sowie von grundlegenden Charaktermerkmalen und Fähigkeiten, die für eine erfolgreiche Durchführung der Aufgabe erforderlich sind.

Stichwort: Psychologische Faktoren in der Flugsicherung

Sachverhalt und Forderung: Tätigkeitsbezogene psychologische und psychosomatische Probleme sind seit langem mit dem Kontrollieren des Luftverkehrs verknüpft und können die Leistung des Lotsen beeinträchtigen. Die Beschaffenheit und ursächlichen Einflüsse der Aufgabe des Lotsen sind Gegenstand von Spekulation und wenig objektiver Einschätzung; es werden objektivere Methoden benötigt. Die tatsächliche Leistung betreffend ist sowohl positive als auch negative Rückkoppelung erforderlich, um einerseits Zufriedenheit am Arbeitsplatz zu bewirken, und andererseits Unzufriedenheit und vielleicht vorkommende Fälle von Neurosen, Magengeschwüren, streßerzeugten Fehlern und allgemeiner Leistungsschwäche zu verringern. Aber eine solche Wendung hin zur Lösung psychologischer und psychosomatischer Probleme und Hebung der Moral der Lotsen hängt zunächst davon ab, ob einigermaßen objektive Methoden zur Bewertung und Feststellung der ursächlichen Zusammenhänge gefunden und bestätigt werden können.

Stichwort: Arbeitsteilung im Cockpit

Sachverhalt und Forderung: Welche Konsequenzen ergeben sich hinsichtlich der verschiedenen Aufteilungsmöglichkeiten von Verantwortung und Befugnissen zwischen automatischen Abtast-, Rechen- und Steuergeräten und der Besatzung, und auch zwischen den Besatzungsmitgliedern selbst? Wie zum Beispiel sollen Geräte und Verfahren zur Kollisionsverhinderung, Verkehrsinformation, Messung und Staffelung sowie Mikrowellenlandetechnik in das Cockpit integriert werden? Wer oder was entscheidet und steuert normalerweise während des Fluges, im Gegensatz zur Überwachungsfunktion mit eingeschränkter Befugnis zum Eingreifen nur im Ausnahmefall? Wer führt das Kommando und bis zu welchem Punkt? Wie wird der Mensch im Einzelfall in Übung gehalten? Das Ziel wird mit der Bezeichnung »Optimales Cockpit-Management der Betriebsmittel« ausgedrückt.

Stichwort: Informationsdarstellung im Cockpit

Sachverhalt und Forderung: Eng verbunden mit der Verteilung der Verantwortlichkeiten und Befugnisse im Cockpit ist die Festlegung, welche Information dargestellt werden soll, und wie. Das Aufkommen verbesserter Abtast-, Rechen- und Anzeigegeräte erlaubt eine neue Art von

Konstruktionsspielraum; um jedoch ein Chaos zu vermeiden, ist die Forderung nach Standardisierung grundsätzlicher Regeln für die Informationsdarstellung, ohne jedoch den Spielraum schöpferischen Erfindungsgeistes einzuengen, größer denn je. Vor allem erfordert die Lage die integrierte Darstellung entsprechender Information und nicht eine Überflutung des Cockpits mit Instrumenten.

Stichwort: Wirtschaftliche Schulungsalternativen

Sachverhalt und Forderung: Das Konzept einer »Wirtschaftlichen Schulung durch Simulation« ist erfolgreich verkauft und weithin akzeptiert worden. Die Kosten eines zur vollständigen Mission fähigen Simulators sind jedoch für den Großteil der Ausbildung zu hoch, so daß billigere Alternativen dringend erforderlich sind. Geräte für Teilaufgaben, Verfahrenstrainer und rechnergestützte Lehrsysteme sind nicht nur billiger, einige davon sind auch flexibler und möglicherweise auf Schulungsarten anwendbar, die bisher überhaupt nicht vorgesehen waren, wie das Erfahren der Auswirkungen riskanter Entscheidungen, gewohnheitsmäßiges Beurteilen der Lage und hohe Arbeitsbelastung im Cockpit sowie das Fertigwerden mit Beanspruchungen aller Art.

Stichwort: Meßbarkeit und Bewältigung der Arbeitsbelastung

Sachverhalt und Forderung: Das Niveau der Arbeitsbelastung ist, subjektiv beurteilt, von einem zum anderen Flugzeug sehr unterschiedlich und variiert bei demselben Flugzeug mit der jeweiligen Betriebsart und Phase des Fluges. Auf einem bestimmten Flug kann es lange Intervalle mit einer Arbeitsbelastung geben, die tatsächlich sogar zu gering ist, um die Wachsamkeit des Piloten aufrechtzuerhalten, unterbrochen durch kürzere Intervalle, in denen die Arbeitslast des Normalmaß der Aufmerksamkeit übersteigt. Die damit verbundenen Probleme betreffen das Fehlen einer voll zufriedenstellenden Meßmöglichkeit für die Arbeitsbelastung, ungenaue und allgemein zu milde Leistungskriterien für die Zulassungsprüfung, Unsicherheit hinsichtlich möglicher Änderungen bei den fliegerischen Aufgaben, bedingt durch zunehmende Automation und die Notwendigkeit der besonderen Schulung von Besatzungen in der Bewältigung der Arbeitsbelastung im Cockpit.

Stichwort: Aufrechterhalten und Sicherstellen des fliegerischen Könnens

Sachverhalt und Forderung: Das fliegerische Können, Wissen und die Anforderungen an das Entscheidungsvermögen ändern sich rasch mit dem Wechsel von Vorschriften, Verfahren und Ausrüstung. Es herrscht Ungewißheit darüber, ob alle vorschriftsmäßig lizensierten Piloten unter allen Bedingungen, die den gewohnten Rahmen überschreiten, sicher fliegen können. Außer einem gerade noch am Rande duldbaren, zulässigen Stand fliegerischer Übung und Fähigkeiten kommen erschwerende Faktoren hinzu wie langsame Verschlechterung infolge des Alterns, kleinere Schlaganfälle oder traumatisch belastende Ereignisse im Leben (wie Scheidung oder Tod der Ehefrau), und selbst so übliche Dinge wie das Fliegen mehrerer Flugzeugtypen mit teilweise geringer Flughäufigkeit. Leider sind die Wiederholungsprüfungen für die Lizenzerhaltung zu grobmaschig, um solche versteckten Unfallpotentiale herauszusieben. Als Kriterium für die Lizenzverlängerung über das Alter von 60 Jahren hinaus und ein zwangsweises Flugverbot in jedem Alter sollten Prüfungen entwickelt und für rechtsgültig erklärt werden, welche Aufmerksamkeitsteilung, Kurzzeitgedächtnis, Beweglichkeit beim Reagieren auf wechselnde situationsbedingte Anforderungen und möglicherweise die elektrophysiologische Aufnahme und Analyse von Kraftreserven, die während der Durchführung solcher Aufgaben geweckt werden, einschließen.

Stichwort: Physiologische Stressoren

Sachverhalt und Forderung: Jedermann spricht über »jet lag«, die flugbedingten körperlichen Probleme mit der Zeitverschiebung, aber niemand versteht sie und folglich weiß auch niemand, was eigentlich dagegen getan werden kann. Diesbezügliche Folgen sind gestörter Schlafrhythmus, Müdigkeit durch Langstreckenflüge; mögliche Langzeit- oder Kurzzeitwirkungen aufgrund eingeschränkter körperlicher Bewegungsfreiheit auf den Verdauungsapparat, den Flüssigkeitsentzug und die Ernährung; verschiedener toxischer Wirkstoffe, die freiwillig eingenommen oder unfreiwillig beim Fliegen, also umweltbedingt, vorgefunden werden; anderer subakuter, schädlicher Umwelteinflüsse wie Lärm, Vibration und Röntgenstrahlung von Kathodenstrahlröhren. Um die Beziehungen dieser veränderlichen Faktoren zu unseren verschiedenen biologischen Rhythmen zu verstehen, setzt dies die systematische Untersuchung der zahlreichen Einflüsse und Gesetzmäßigkeiten voraus.

Stichwort: Das Lernen aus Unfällen und Zwischenfällen

Sachverhalt und Forderung: Untersuchung, Analyse, Nachstellen und Simulieren von Flugunfallabläufen enden normalerweise mit dem Beschluß über die »wahrscheinliche Ursache«, sehr oft »Fehler des Piloten«. Was den Piloten zu dem Irrtum geführt hat, wird selten aufgedeckt und noch seltener in Unfallberichten genannt – trotz der Vorlage einschlägiger Beweise in öffentlichen Verhandlungen. Wenngleich das aufgefundene Beweismaterial über das Unfallgeschehen sorgfältig untersucht, gesammelt, wieder zusammengesetzt und analysiert wird und die Ereignisse sodann rekonstruiert und durch Simulation nachvollzogen werden, macht die Untersuchung der physiologischen und verhaltensmäßigen Geschehnisse kurz vor dem Rekonstruieren und Nachspielen durch die Simulation halt. Sogar die dringend benötigten Verfahren und Computerprogramme als Hilfe für die örtlichen Behörden bei der Bergung und Identifizierung der Opfer sowie bei der Rettung, beim Umgang und bei der Behandlung der Überlebenden fehlen.

Stichwort: Sehvermögen des Piloten und Sicht aus dem Cockpit

Sachverhalt und Forderung: Während jedem der oben genannten Problemgebiete vermehrte Aufmerksamkeit zukommt, wurden das Sehvermögen und die Sichtbehinderungen in Kreisen der Luftfahrt praktisch ignoriert, obwohl ihre Bedeutung und die weiterhin häufige Beteiligung an Landeunfällen, Zusammenstößen in der Luft sowie an zahllosen, noch glimpflich verlaufenen Zwischenfällen und ihr Zusammenhang mit visueller Wahrnehmungsfähigkeit erkannt wurde.

KAPITEL 10

Den Vorzeichen wehren!

R. Hurst

Dieses Werk schließt mit einem kurzen Überblick über einige bedeutungsvolle Ereignisse und Entwicklungen, die für die menschlichen Faktoren in der Luftfahrt von Bedeutung sind und formend und gestaltend in den achtziger Jahren Einfluß gewinnen müssen. Auch wird ein besonders interessantes Untersuchungsgebiet erörtert, in welchem die Rolle eines weiteren »vernachlässigten menschlichen Faktors« hinsichtlich seiner möglichen Beteiligung an der Gefährdung von Luftfahrzeugen untersucht wird.

Es ist erinnernswert, daß die erste Ausgabe dieses Buches bis zu einem gewissen Grad von den Forderungen und Gegenforderungen der mitarbeitenden Fachautoren geprägt war. Klassische Interessenkonflikte zwischen Piloten, Bedienern, Herstellern, Fluglotsen und Gesetzgebern traten damals zutage. Die im Widerstreit stehenden Standpunkte ließen sich nach Belieben austauschen. Die Gesamtheit jedoch spiegelte getreulich die Überforderung einer Industrie wider, die bis 1976 noch nicht den Stein der Weisen gefunden hatte.

Heute sind wir hoffentlich dem Ziel ein wenig näher. Wenngleich viele der früheren Probleme gelöst oder durch andere der modernen Technologie längst überholt worden sind, muß dennoch gesagt werden, daß eine Reihe von in der ersten Ausgabe erörterten Grundsatzfragen uns auch heute noch stark in Anspruch nehmen.

In Kapitel 1 schrieb Martin Alnutt, daß . . . Forscher im großen und ganzen mehr über die physischen Belastungen als über die physiologischen wissen; und mehr über jene, die physiologischer Natur sind, als über solche, die in der Psychologie wurzeln. Es mag noch hinzugefügt werden, daß trotz einer enormen Fülle von Wissen über die Luftfahrttechnologie es erschütternd viele Beweise gibt, daß in lebenswichtigen

Bereichen die menschlichen Beziehungen innerhalb der Luftfahrtgemeinschaft auf verheerend niedrigem Niveau stehenblieben. Genau auf diesen Gebieten gab es die Interessenkonflikte, die immer noch gelegentlich mit einer Härte und Grausamkeit von ganz erstaunlichem Ausmaß ausgetragen werden. Solche Episoden haben bleibende Langzeitwirkungen auf die Sicherheit der Luftfahrt, die nicht ignoriert werden dürfen, wenn nicht die Untersuchung menschlicher Faktoren sich selbst auf das Streben nach annähernd makelloser Leistungen im Cockpit beschränken und vielleicht sich darin aufreiben soll. So ermöglichte die Interpretation vom »Interessenkonflikt« am einen Ende der Stufenleiter, daß ein durch eine persönliche Krise gebeutelter Fluglotse zu sieben Jahren Gefängnis aufgrund einer höchst fragwürdigen Anklage wegen grober Fahrlässigkeit verurteilt wurde; und dies trotz nachweisbar unzulänglicher Arbeitsplatzbedingungen und der ebenso eindeutigen – und später eingestandenen – Verantwortlichkeit seiner Arbeitgeber für jene Mängel. (Eine detaillierte Untersuchung dieses Falles erfolgte in dem Buch »Zagreb One Four – Cleared to Collide?« von R. Weston und R. Hurst, Granada Publishing Ltd. (1982)).

Es war unvermeidlich, daß dieses Ereignis einen bedenklich spürbaren Makel auf einem Berufsstand zurückließ, der ohnehin durch den in Kapitel 7 beschriebenen physischen und psychischen Druck belastet ist. Die Möglichkeit, daß jeder ein ähnliches Schicksal erneut erleben könnte, setzt die Objektivität der Entscheidungen der Fluglotsen und damit die Sicherheit des Luftverkehrs aufs Spiel. Es wird für den Forschenden viel schwieriger sein, diese Art von psychischem Schaden zu beheben oder gar auszumerzen, und es kann sich als noch wichtiger erweisen, daß er gerade dies versucht, statt sich ganz der Ergonomie des Arbeitsplatzes zuzuwenden.

TURBULENZEN

Am anderen Ende der Stufenleiter – und wiederum in diesem gründlich unterschätzten Betriebsbereich – steht die durch Präsident Reagan verfügte Entlassung von 12 000 streikenden Flugsicherungslotsen nach ihrer Arbeitsniederlegung am 3. August 1981. Der Streik war durch die »US Professional Air Traffic Controllers Organisation (PATCO)« eingeleitet worden und löste Sympathieaktionen bei kanadischen und portugiesischen Lotsen aus.

Ob die Forderung der Fluglotsen nach Verbesserung der Bezahlung und der Arbeitsbedingungen berechtigt war, soll hier nicht diskutiert werden. Die negativen Faktoren aus dieser Episode sind jedoch beträchtlich, da sie das zivile Luftfahrtsystem beeinflussen müssen und für die Piloten eine weitere Gefahrenquelle darstellen.

Es besteht deshalb Anlaß, mit Unbehagen in die Zukunft zu schauen, wenn das US-Bundesamt für Verkehrssicherheit (»National Transportation Safety Board«) feststellt, » . . es gibt keine Anzeichen dafür, daß die den Flugsicherungslotsenstreik verursachenden Probleme gelöst sind, so daß sie in einigen Jahren erneut an die Oberfläche kommen werden, falls die FAA die Betriebsführung des Flugischerungssystems nicht verbessert«.

Es macht ebenfalls betroffen, daß in einer Branche, die mit ihrer Betriebsleitung so stark von persönlicher Integrität und, im Hinblick auf die Forschung, von der Zuverlässigkeit der gelieferten Daten abhängig ist, die Fakten eines entscheidenden Vorganges unter den Forderungen der sich gegenüberstehenden Parteien verschüttet gehen können. Trotz des Hinauswurfs so vieler hochbefähigter Lotsen gab das »Safety Board« im Dezember 1981 demgemäß auch die Versicherung ab, daß ». . . es keinen Beweis dafür gibt, daß das Flugsicherungsnetz seit der Arbeitsniederlegung unsicher geworden ist . . .« Es überrascht nicht, daß diese Ansicht sofort von PATCO-Vertretern zurückgewiesen wurde, welche nicht nur auf den Einsatz militärischer Fluglotsen und von Personal, das nach den Worten des »Safety Board« nur über »Mindestqualifikationen« verfügte, als Lückenfüller verwiesen, sondern auch auf das, was sie als einseitige Informationspolitik gegenüber der Öffentlichkeit betrachten:

»Die von NTSB-Untersuchern bei der FAA, dem ›Aviation Safety Institute‹ und der ›Airline Pilot Association‹ gesammelten Daten zeigen, daß die Anzahl der im Betriebssystem begangenen Fehler, bezogen auf eine Million Lotsen oder Bediener, um 12,66 Prozent während der ersten zwei Monate nach der Arbeitsniederlegung im Vergleich zum Vorjahr zurückgegangen war.« PATCO-Zahlen zeigten jedoch eine Steigerung um 46 Prozent.

Bei den Forschern hinterläßt dies daher Verwirrung und Enttäuschung, wie es auch zu Verbitterung und gegenseitigen Vorwürfen zwischen Streikenden und Nichtstreikenden führt.

Auch ist hier der beklemmende Ausblick in die Zukunft mit der »offen erklärten Absicht der FAA, den Personalbestand des Flugsicherungssystems auf etwa 12 000 Lotsen abzubauen, das sind etwa 25 Prozent weniger als vor dem Streik in dem Netz gearbeitet hatten. Es ist zu erwarten, daß Neueinstellungen in großem Umfang von etwa 14 500 Neubewerbern wegen der Ausfälle während der Ausbildung etwa zusätzliche 10 500 Lotsen am Arbeitsplatz ergeben würden.

Dies also ist der Treibsand, der für das meistgenutzte Flugsicherungssystem der Welt künftige Instabilität verheißt. Es bleibt einem nur übrig, über den Scharfsinn und die Zweckmäßigkeit zu grübeln – ohne vom Berufsethos zu sprechen –, einen so massiven Umschlag von geübtem und erfahrenem Personal als Erwiderung auf betriebliche Aktionen vorzunehmen und über die Wirkung eines derartigen Schrittes seitens der Verwaltungsspitze auf die Persönlichkeit jener Lotsen, die diese Säuberungen überstehen. Es mag durchaus sein, daß dies noch ein weiteres Gebiet ist, in dem der Fachmann für menschliche Faktoren hilflos ist und heilfroh, daß diese Angelegenheiten zum Aufgabenbereich des Praktikers für Arbeitsrecht gehören. Aber er darf weder blind gegenüber einem unsinnigen, fast mittelalterlichen Denken in der Luftfahrt sein, noch darf er dazu schweigen; er sollte es auch nicht versäumen, über die Möglichkeit nachzudenken, daß dieses Syndrom nicht nur den Piloten, sondern auch jenes »Aschenbrödel«, den unschuldigen Passagier, ernstlich zu gefährden vermag.

Der vielleicht scharfsichtigste Kommentar zur Bedeutung dieser Debatte wurde von James P. Woolsey, Herausgeber der Zeitschrift »Air Transport World« abgegeben:

»... Führungsvermögen wird mit der Bereitwilligkeit zur Machtanwendung nicht immer am besten ausgedrückt. Durch die Fähigkeit zur Krisenbewältigung zum größten Nutzen aller Betroffenen werden Führungsqualitäten am besten demonstriert. Falls das gegenwärtige Szenario seinen Gang geht, wird die PATCO-Gruppe der Verlierer sein. Das bereits von allen Seiten mit Problemen umgebene Luftverkehrssystem wird erneut durch etwas zurückgeworfen, das zum gebrechlichsten Element der Branche wird, der Faktor Mensch.

Die neue Flugzeugtechnologie, die bei Boeing und anderswo vom Band läuft, wird nicht allein produziert, um Luftreisen wirtschaftlicher und angenehmer zu gestalten. Sie wird hingegen noch mehr als bisher Luftfahrzeuge von menschlicher Abhängigkeit so frei wie möglich ma-

chen. In diesem Spiel werden die Verlierer immer die Gewinner an Zahl übertreffen. Dies trifft auf Fluglotsen, Präsidenten und den Rest von uns zu.«

DIE STREITFRAGE SEIT DREI JAHRZEHNTEN: ZWEI PILOTEN ODER DREI?

Im Zusammenhang mit formender und gestaltender Einflußnahme ist es wichtig, einen weiteren Punkt gegenwärtiger Mißstimmigkeiten hervorzuheben, der als latente Bedrohung empfunden wird, nämlich die Debatte über die Frage der Vollständigkeit einer Besatzung. Wenn es erlaubt ist, von einem gesunden Skelett zu sprechen, dann ist dieses Gespenst in ausgezeichneter Verfassung und hat nun wirklich fast drei Jahrzehnte lang mit den Gebeinen geklappert, da die Entschließung zur Verwendung von drei Piloten im Cockpit von Großraumflugzeugen von der Konferenz der »International Federation of Air Line Pilots Associations« aus dem Jahre 1958 in Bogota stammt.

Die Zeit und die offenbar bestens durchgeführten Einsätze mit einem Zweimannbetrieb haben diese Bestrebung etwas abgeschwächt, und die Piloten der achtziger Jahre führen ein Nachhutgefecht, in dem sie als Befürworter einer Dreimannbesatzung – jetzt verstanden als zwei Piloten und einen Flugingenieur umfassend – als Wahrer ihres Arbeitsplatzes beschuldigt werden. Inzwischen sind die auf die Einführung des Zweimann-Cockpits eifrig bedachten Hersteller und Betreiber ihrerseits wegen einer angeblich (vermeintlich) zynischen Mißachtung der Sicherheit bei der Verfolgung eines wirtschaftlichen – und damit profitablen – Betriebes geschmäht.

Es wird nochmals betont, daß in diesem Kapitel eine zweckdienliche Bewertung der zur Debatte stehenden Faktoren nicht erfolgen kann. Es wäre in jeder Hinsicht fruchtlos, auf der Grundlage oben ausgeführter, vereinfachender Vorschläge vorzugehen, denn diese gefühlsmäßigen Begriffe haben überhaupt keinen Wert, wenn es darum geht, sich ein Bild zu machen, welche entscheidenden Situationen für die An- oder Abwesenheit eines dritten Besatzungsmitglieds bestimmend sein können.

Es ist jedoch legitim und notwendig, das Phänomen einer bedeutsamen Veränderung im Verhaltensmuster hinsichtlich der Besetzung von Cockpits, wozu es unerbittlich kommen wird, zu registrieren, die Reaktionen der Betroffenen zu beobachten und wiederum diese Beobachtungen im Lichte ihrer möglichen Bedeutung für künftige Ereignisse zu betrachten. Sicherlich sind wichtige Auswirkungen auf Cockpit, Systemkonstruktion und Arbeitsbelastung vorhanden. Das ist leicht abzusehen – die Unbekannten werden Fachleute eines völlig neuen Fachgebiets sein, die sich dem Zweimannmilieu widmen und bis in die zwischenmenschlichen Beziehungen hineinleuchten werden. Zu den Merkmalen dieses Phänomens gehört erstens die Empfehlung eines »Sonderausschusses« des Präsidenten der Vereinigten Staaten über die Flugzeugmindestbesatzung, daß ». . . ein zusätzliches drittes Besatzungsmitglied in der McDonnell Douglas DC-9-80 *oder in künftigen Verkehrsflugzeugen ungeachtet ihrer Größe oder Betriebsart* angesichts heutiger Technologie im Interesse der Sicherheit nicht gerechtfertigt ist«.

Der Sonderausschuß empfiehlt ebenfalls, daß neue Flugzeuge wie die Boeing 757 und 767 und der Airbus A 310 für Kurz- und Mittelstrekken von einer Zweimannbesatzung sicher betrieben werden können. »Aus unserer Sicht«, sagte der Bericht, »hat es nichts mit der Größe des Flugzeugs an sich zu tun, was eine Besatzung von mehr als zwei Personen erfordert.« Zu den wesentlichen Punkten in der Begründung der Mindestbesatzung zählten der Sicherheitsstandard von Verkehrsflugzeugen, das Umfeld des Luftverkehrs, Cockpitsysteme und Technologie, menschliche Faktoren und Überprüfungsverfahren. Die Behauptung der Pilotengewerkschaften von weniger Sicherheit im Flugbetrieb am übervölkerten Himmel wird angefochten, und es wurde auch vermerkt, daß ». . . mit der Abnahme der Unfallraten von Luftverkehrsflugzeugen die Zahl der Flugzeuge mit einer Zweimannbesatzung zunahm. 1980 wurden 24 Prozent des Linienverkehrs durch Flugzeuge mit Zweimann-Cockpit bestritten, die 42 Prozent des Passagieraufkommens bewältigten. Ein von den Gewerkschaften als ›feindlich‹ und ›gefährlich‹ bezeichnetes Luftverkehrsmilieu wurde vom Sonderausschuß widerlegt usw. . .«

Gegenwärtig und noch auf Jahre hinaus ist und bleibt die Reaktion der Piloten zwiespältig. Der Vorstand der »US Air Line Pilots Association« war mit den Schlußfolgerungen des Sonderausschusses nicht einverstanden, stimmte jedoch für die Unterstützung der Studie, da dies der Regierung vorher zugesagt worden war. Dennoch berichtete »Aviation Week and Space Technology« am 13. Juli 1981 ». . . es ist zweifelhaft, ob dies (die Schlußfolgerung der Studie) als eine große Überraschung dasteht. Zu viel Handgeschriebenes hat bereits die Wände geziert, (und) die Piloten selbst sind über das Thema geteilter Meinung . . .«

Vielleicht der verhängnisvollste Einwand kam von »Europilote«, der europäischen Organisation der Vereinigung von Linienpiloten. Ihre Mitglieder behielten sich das Recht vor, jedes auf der Basis der Studie des US-Sonderausschusses in ihren Ländern erlassene Gesetz anzufechten und zu bekämpfen ... insbesondere, wo und wann bei einer Unfalluntersuchung aus dem Sonderbericht abzuleitende Folgerungen für die Lufttüchtigkeit zutage treten, direkt wie im Falle der in USA hergestellten Flugzeuge, oder indirekt wie bei in Europa hergestellten. Dieser Standpunkt wurde den Versicherungs- und Reisegesellschaften bekanntgegeben, damit die mit der Produkthaftung verbundenen Aspekte geprüft werden können.

Anfang 1982 wurde angekündigt, daß die holländische Luftverkehrsgesellschaft KLM zehn Flugzeuge vom Typ A 310, trotz der Proteste von Flugingenieuren der KLM und der holländischen Pilotenvereinigung, in Dienst stellen würde. Die KLM-Geschäftsführung entgegnete, ihre Entscheidung sei aufgrund der Erfahrungen der Gesellschaft mit der Airbus Industrie, aufgrund des Sonderberichts und der beträchtlichen Erfahrung der Gesellschaft im Flugzeugbetrieb mit Zweimannbesatzung (vor allem durch die von KLM mehr als 15 Jahre eingesetzte DC-9) und der Überzeugung getroffen worden, daß die Arbeitsbelastung insgesamt höchstwahrscheinlich geringer wird, und daß es sowieso unmöglich wäre, dem Flugingenieur eine sinnvolle Aufgabe zu geben ... Eine Sache bleibt klar: Ein weiterer ungünstiger Faktor wurde in das Durcheinander vor den Füßen der Forscher der menschlichen Faktoren gekippt. Es könnte sein, daß auch dies außerhalb ihrer Fähigkeit, einzugreifen, liegt. Aber wie zuvor heißt es, daß dieser Faktor seine Bedeutung vor dem wahren Hintergrund aller theoretischen Arbeit behält.

FORSCHUNG – UND EIN ERWEITERTER GESICHTSKREIS

Die Macht der Luftfahrtindustrie und insbesondere die Intensität der Forschungsanstrengungen sollen nicht unterbewertet werden. Wie aus dem Ablauf des ersten Symposiums über Luftfahrtpsychologie, das an der Ohio State University stattfand, ersehen werden kann, liegt ein spezielles Gewicht – vielleicht zu speziell – auf dem Pilotenverhalten. Es kann argumentiert werden, daß dieses Gebiet komplex genug ist, um Bataillone von Forschern voll zu beschäftigen, und natürlich trifft dies zu, heute und hoffentlich auch künftig. Es ist dennoch nicht grob und sicherlich nicht respektlos gegenüber dem gewaltigen fachlichen Einsatz jener, die am ersten Symposium mitgewirkt haben, wenn vorgeschlagen wird, das Feld zu erweitern. Jener immense Aufwand bezüglich höherer Effektivität im Cockpit, dargestellt durch die Pilotenarbeit, kann vielleicht bis zu einem gewissen Grad Kräfte von der Untersuchung ebenso wichtiger Randgebiete wie externer Hilfssysteme und ihres Personals sowie vom tieferen Verständnis ihrer Beziehung zum Flugbetrieb ablenken.

Dieses Problem wurde von Gary R. Church, Flugsicherungsmanager der »Air Transport Association of America«, 1980 in einem Vortrag auf der ATCA-Convention erörtert:

»Forschung und Entwicklung auf dem Gebiet der menschlichen Faktoren in der Flugsicherung waren eingeschränkt. Ein im Januar 1978 veröffentlichter FAA-Bericht bestimmte drei weite Bereiche mit lediglich siebzehn spezifischen menschlichen Faktoren, die für künftige Automationsvorhaben in der Flugsicherung als bedeutsam erachtet wurden. Zufriedenheit am Arbeitsplatz und Motivation, Mensch-Maschine-Schnittstellen und Notverfahren wurden als einzige allgemeine Problemgebiete angesehen . . .«

Dennoch finden sich bei der eindeutig notwendigen Konzentration auf die Ergonomie der Systemkonstruktion verschüttete Perlen, die Hoffnungen auf eine umfassendere Vorgehensweise eröffnen:

Technologische Konzepte und dem Stand der Technik entsprechende Entwicklungen können zwar »Software-« und »Hardware-«Redundanz und -Zuverlässigkeit verbessern, aber die Verminderung einfacher menschlicher Fehler durch entsprechende Berücksichtigung der menschlichen Faktoren dürfte den größten Vorteil für eine Steigerung der Sicherheit bringen . . . Die wissenschaftliche Untersuchung des Wesens und der Ursache menschlicher Fehler ist unbedingt notwendig, um bereits bei der Konstruktion automatischer Systeme darauf hinzuwirken, durch den Menschen erzeugte Fehler so gering wie möglich zu halten. Donald A. Norman, Professor der Psychologie an der Universität von Kalifornien, in San Diego, hat diese Arten von mentalen Fehlern in Kategorien eingeteilt. Diese Klassifizierung lautet folgendermaßen: Darstellungsfehler in Verbindung mit abstraktem Urteilen, aktivie-

rungs- und fehlerauslösende Fehler im Zusammenhang mit dem Gedächtnis und Erinnerungsvermögen und Fehler aufgrund der »Fesselung« durch gewohnte Verhaltensmuter.
Jede Kategorie schildert einen gedanklichen »Fehltritt«, der zu einem menschlichen Fehler führt. Durch Verständnis des Entstehens menschlicher Fehler sollte es möglich sein, Computersysteme zu konstruieren, die das Entstehen solcher Fehler blockieren, indem ausgewählte Zwangsschaltungen zum Erfassen bestimmter Fehlerarten eingebaut werden.

KOMMANDOGEWALT – DURCH EINSCHÜCHTERUNG ODER FÜHRUNGSKUNST?

In der einfachsten Hypothese über die lebenswichtige Bedeutung von Unterstützungssystemen soll der Hinweis genügen, daß ein Versehen des Fluglotsen oder eine fehlerhafte Information sich für den Piloten als tödlich erweisen kann. Läßt man dies gelten, dann gibt es starke Argumente für eine zunehmende Erweiterung des Spektrums einzelner Forschungsprojekte, um jenen anderen Systemkomponenten voll Rechnung zu tragen – wie abstrakt auch immer sie erscheinen mögen –, die den erwünschten Stand der Sicherung beeinträchtigen können. Zu diesen Kategorien gehören Begriffe wie Persönlichkeitsstruktur und Reizbarkeit: Höchst bedeutsam für die Einschüchterung der Cockpit-Besatzung durch den Flugzeugkommandanten.

Beispiele dafür wurden im Symposium für Luftfahrtpsychologie von H. Clayton Foushee vom Ames Reserach Center der NASA genannt:

»Ich war Kopilot auf einem Flug vom John-F.-Kennedy-Flughafen nach Boston. Der Kapitän hatte das Steuer. Die Abflugkontrolle übergab uns an die Bereichskontrolle, und wir bekamen die Flugfläche 210 (21 000 Fuß = 6500 m) zugewiesen, was unserer geplanten Flughöhe entsprach. Ich bemerkte, daß wir FL 210 erreicht hatten und weiterstiegen, war jedoch unwillig, etwas zu sagen. Als wir durch 21 300 Fuß (6600 m) stiegen, erwähnte ich es dem Kapitän gegenüber, jedoch nicht nachdrücklich genug, so daß er mich nicht hörte. Ich erwähnte es erneut und deutete auf den Höhenmesser. Wir hatten 21 600 Fuß (6700 m) erreicht, als der Steigflug gestoppt wurde und wir auf 21 000 Fuß heruntergingen. Als wir den Sinkflug begannen, rief uns die Be-

reichskontrolle und ermahnte uns, FL 210 einzuhalten. Der Kapitän gab an, den Höhenmesser falsch abgelesen und geglaubt zu haben, er sei 1000 Fuß (330 m) tiefer, als er tatsächlich war.
Ich glaube, der Kernpunkt hier war mein Widerstreben, den Kapitän zu korrigieren. Dieser Kapitän war sehr zugänglich, und ich hatte keinen wirklichen Grund, mich zurückzuhalten. Es ist eben eine schlechte Gewohnheit, die – wie ich glaube – viele Kopiloten haben, alles erst zweimal zu prüfen, bevor wir irgend etwas zum Kapitän sagen.«

Clayton Foushee nennt auch den Absturz eines Zubringerflugzeuges im Jahre 1979, bei dem der Kopilot versäumte, die Flugzeugkontrolle zu übernehmen, als der Kapitän offensichtlich handlungsunfähig geworden war. Der Kapitän war Vizepräsident der Fluggesellschaft, der Kopilot, erst neu eingestellt, befand sich noch in der Probezeit. Die Berichte besagen, daß der Kapitän als eine schroffe Person galt und am Tag des Unfalls, nach Beobachtungen, sichtlich verärgert war. Darüber hinaus war der Kapitän offenbar dafür bekannt, daß er Aufrufe des Kopiloten (z. B. aus der Check-List) nicht bestätigte. Nun habe ich den Verdacht, sagt Foushee, daß die Übernahme der Kontrolle des Flugzeuges ungefähr das letzte war, was dieser betreffende Kopilot zu tun bereit war. Man darf annehmen, daß der Kopilot eingeschüchtert war und der Unfall bei einer anderen Einstellung des Kapitäns vielleicht nicht passiert wäre.

Leider gibt es bei Foushee keinen Mangel an ähnlichen Beschreibungen hinsichtlich der Tatsache, daß das Schicksal eines Fluges trotz all der überlegten und erstaunlichen Technik, die angewandt wird, dennoch von der charakterlichen Eigenart einer Einzelperson abhängen kann. Und wenn wir tatsächlich noch irgendeinen Hinweis auf das einem »Amtsmißbrauch« in dieser Stellung innewohnende Unglückspotential – denn um nichts anderes handelt es sich – suchen sollten, dann müssen wir nur in die von Dr. C. R. Harper bei United Air Lines durchgeführte Untersuchung schauen:

... In Simulatorversuchen täuschten Kapitäne an vorbestimmten Punkten des Endanfluges eine schleichende Handlungsunfähigkeit vor. Bei diesen Versuchen schlugen etwa ein Drittel der Flugzeuge am Boden auf, weil die Kopiloten aus irgendeinem Grund nicht die Kontrolle übernahmen.

Dieses Ergebnis ist beunruhigend, auch wenn die »Simulatorgleichgültigkeit« vielleicht für einige dieser Vorfälle verantwortlich gewesen sein mag . . ., aber es ist nicht schwer, aus seinen Beobachtungen die Notwendigkeit einer kritischen Untersuchung des althergebrachten Unterstellungsverhältnisses im Cockpit herauszulesen – und gerade mit einem solchen Appell schließt jener Autor. Es ist heute anerkannt, daß das Betreiben von Flugzeugen aus der Handhabung von Systemen besteht. Es ist einfach nicht vertretbar, daß die Leistungsfähigkeit jener Systeme besonders in Notlagen anfällig für »Fehltritte« ist, die durch ein uraltes Rangverhältnis noch gestützt werden.

Das Gebot steht im Raum. Immerhin kann es sich um rund vierhundert vertrauensvolle Seelen in den Passagierräumen handeln, die andächtig – und berechtigterweise – hoffen, daß der Kapitän stets die richtige Entscheidung treffen wird.

Der Gedanke mag ein Schreckbild sein. Aber die Untersuchung der menschlichen Faktoren in der Luftfahrt zeugt sicherlich zumindest von dem Bestreben, diesen Zustand zu erreichen. Falls diese Bemühung die Notwendigkeit nahelegt, ein Tabu zu brechen und die gegenwärtige Rolle und das Privileg des Kapitäns in Frage zu stellen, muß der Wissenschaftler tief durchatmen und sich gegen den Blitz und Donner aus der Reihe der Piloten schützen, so gut er kann. Denn das wird mit Gewißheit eintreten.

Doch unter den vernünftigen Antworten, die Foushee zu diesem Problem äußert, ist eine von brennender Aktualität und darüber hinaus als Herausforderung gegenüber der bestehenden Ordnung sehr gewagt:

Über die sozio-psychologische Dynamik bei einer Cockpit-Besatzung in Luftnotlage ». . . ist es wahrscheinlich zutreffend, daß der für Entscheidungen Zuständige in solcher Situation keinesfalls überlastet werden darf. In angespannter Lage neigen die Menschen zur Einengung der Wahrnehmungsfähigkeit, so daß es vielleicht nicht optimal ist, wenn der Kapitän das Flugzeug steuern, die Aktivitäten des Cockpit- und Kabinenpersonals koordinieren und die letzten Entscheidungen bezüglich der weiteren Veranlassungen treffen soll . . .«

Foushee spricht von der Bedeutung »des effektiven Delegierens von Verantwortung . . .« und, Ruffell Smith zitierend, von unmittelbaren Vorteilen, welche auf der Erfahrung von Kapitänen beruhen, die sich entschlossen, die Flugzeugsteuerung dem Kopiloten zu überlassen, solange sie mit Entscheidungen hinsichtlich der Problembewältigung befaßt waren. Zusätzlich zu der Tatsache, daß dem Flugkapitän dadurch für seine entscheidenen Überlegungen mehr Zeit zur Verfügung steht, erlaubt eine solche Strategie den übrigen Männern im Cockpit, mehr Mitverantwortung zu übernehmen.

Die Bedeutung der Persönlichkeitsmerkmale als Faktor der Luftfahrtsicherheit gewinnt somit Beachtung. Es muß jedoch darauf geachtet werden, daß diese Sicherheit nicht in einem Gebilde weiter verfolgt wird, das vielleicht nicht mehr von langer Dauer sein wird. Wie bemerkt, wenden wir uns nun dem Zeitalter des Zweimann-Cockpits zu, und in dieser Umgebung ist es vielleicht nicht mehr so einfach, zur Entlastung vom psychischen Druck Aufgaben zu delegieren. Ebenso ist bekannt, daß Verhaltensmuster und zwischenmenschliche Beziehungen sich von den für drei oder mehr Gruppen typischen wechselseitigen Beeinflussungen stark unterscheiden. In der neuen Situation, also im Zweimann-Cockpit, oder nach Foushee, mit einer Besatzung, die nun häufiger einen weiblichen Piloten einschließen wird, bleibt es abzuwarten und der Nachweis der dunklen Zukunft vorbehalten, ob von der Möglichkeit zur Harmonie oder von der zur Spannung Gebrauch gemacht wurde. Heute können wir nur dessen sicher sein, daß geforscht werden muß, und daß die Anfälligkeit des menschlichen Gleichgewichts nie aus den Augen verloren werden darf. Jeder veränderliche Faktor ist in anderen Kapiteln dieses Buches und besonders ausführlich in Kapitel 7 erläutert.

All jene Beispiele unterstreichen die Bedeutung und Wichtigkeit der Erforschung der menschlichen Faktoren. Keine Worte können diese Forderung nachdrücklicher bestätigen und die des heimgesuchten Kapitäns Katigiri, verantwortlicher Pilot der DC-8 der Japan Air Lines, die am 9. Februar 1982 in die Bucht von Tokio beim Anflug auf den Flughafen Haneda stürzte. Bei diesem Unfall starben 24 Passagiere; an Bord befanden sich insgesamt 166 Passagiere und acht Besatzungsangehörige. Zur Zeit der Drucklegung dieses Buches waren die Ergebnisse der Unfalluntersuchung noch nicht veröffentlicht. Es wurde aber berichtet, daß sich ein »Kampf« im Cockpit abspielte, als der Kopilot und der Flugingenieur versuchten, den Kapitän »vom Einschalten der Schubumkehr an einem Triebwerk. . . « zurückzuhalten. Flight International zitierte Kapitän Katigiri folgendermaßen:

». . . sofort schaltete ich den Autopiloten ab und begann das Flugzeug manuell zu steuern, ich hatte ein Gefühl des Entsetzens und verlor völlig das Bewußtsein.«

Der Bericht enthüllte auch, daß »... Katigiri vor einiger Zeit für ein Jahr vom Fliegen gesperrt war, weil er an einer durch Überbeanspruchung erzeugten Krankheit litt.« Es wurde gesagt, daß japanische Amtsträger eine Klage gegen JAL wegen grober Fahrlässigkeit erwogen, weil die Fluggesellschaft es versäumt hätte, Katigiris Gesundheitszustand in Anbetracht seiner Krankheitsgeschichte wirksam zu überwachen.

KOMMUNIKATION UND GEHÖRSCHÄDEN

Das dringende Bedürfnis nach Klarheit und Unzweideutigkeit im Funksprechverkehr mit besonderer Erwähnung des Sprechverkehrs zwischen Pilot und Fluglotse war wiederholt Thema vieler Unfalluntersuchungsberichte. Doch ist es möglich, daß die Fälle von Schwerhörigkeit in der Luftfahrt, verursacht durch akustische Gehörschädigung, vielleicht höher sind als offiziell genannt und die Beteiligung dieses Leidens an Konfusion und Gefährdung erheblich unterschätzt werden dürfte.

Viel Beachtung hat eine Sache gefunden, die man den »Mechanismus« des Wortaustausches nennen kann, wobei Diktion, Lautstärke und gegenseitiges Verstehen der Übermittlung in dem Bestreben untersucht wurden, die Fehlermöglichkeit auszuräumen oder zumindest zu verringern. Auch wurden viele Überlegungen bezüglich jener Probleme angestellt, die aus der vermuteten Akzeptanz, von der Kenntnis und dem universellen Gebrauch des Englischen als »offizielle« Sprache der Luftfahrt entstehen. Es ist bemerkenswert, daß englisch sprechende Piloten in Kanada bei der Einführung des Französischen als erste Sprache der Flugsicherung in der Provinz Quebec lautstark ihren Protest anmeldeten. Ihre Befürchtungen wurden jedoch beiseite gewischt angesichts des nationalen politischen Druckes. Daher floriert die Zweisprachigkeit und präsentiert einen Präzedenzfall, auf den sich eines Tages gleichgesinnte Bewerber und Eiferer berufen könnten. Die um Rationalisierung kämpfende Luftfahrt wird keine Vorteile aus dem resultierenden Streit ziehen.

Es kann kein Zufall sein, daß unlängst ein Vorschlag für eine »universale Luftfahrtsprache« von vier anglophonen Wissenschaftlern der kanadischen Gesellschaft für Flugmedizin vorgelegt wurde, die alle Mitglieder der »Aerospace Linguistic Foundation« waren.

Bei der Beschreibung von UNIGEN – der für diese Sprache gewählte Name ist ein Akronym aus dem ersten Buch Mose – Genesis – 11, 1 – führen die Verfasser folgendes aus:

»Im Jahre 1978 erfolgten 12 Millionen Flüge aus Ländern, in denen Englisch eine Fremdsprache ist. Die Unfalltoten aus diesen Flügen beliefen sich auf durchschnittlich 200 pro eine Million Flüge. Die ›Aerospace Linguistic Foundation‹ ist eine Körperschaft, die an der weiteren Entwicklung einer brauchbaren Sprache für den universellen Gebrauch im Luftverkehr, wie von der ICAO angestrebt, arbeitet. UNIGEN ermöglicht das pragmatische Überwachen des gesamten Flugfunksprechverkehrs und der universalsprachlichen Entwicklungen. Die Gründungseinrichtung übernimmt Untersuchungen der in Unfallberichten herausgestellten sprachwissenschaftlichen Probleme (z. B. zeigt der Unfall von Teneriffa, daß die Englischlaute ›th‹ und ›wh‹ nicht international geeignet sind) mit Hilfe bestehender Fachgruppen auf dem Gebiet der Sprachverständigung. Optimale Ausdrucksweisen können von den Weltsprachen abgeleitet werden. Die Lautbildungslehre kann ebenfalls herangezogen werden, z. B. Verschlußlaute, um Hyperventilation (Hyperventilation: stark erhöhte Atemfrequenz, die zu Symptomen von Sauerstoffüberversorgung führen kann, d. Ü.) oder Anzeichen von Müdigkeit herauszufinden. Künftig muß das Verständigungswesen der Luftfahrt Hören und Sehen gemeinschaftlich auswerten, um eine Zuverlässigkeit von 1 000 000:1 sicherzustellen, die für die Wahrnehmungsübertragung erforderlich ist.«

Dieser letzte Satz ist es, der an die Grauzone des Hörens rührt. Obwohl Wissenschaftler wie Stanley Roscoe der Sache der Untersuchung und Erklärung von Sehschärfe und Sehleistung vortreffliche Dienste erwiesen haben, ist es schwierig, auf dem Gebiet der Gehörforschung eine vergleichbare Informationsverbreitung zu finden.

Man muß sich tatsächlich erst durch eine Unmenge wissenschaftlicher Berichte über Luftfahrttechnik buchstäblich hindurcharbeiten, bevor man zufällig auf ein Papier stößt, das sich mit dem Hören befaßt. Beharrlichkeit ist nötig, solch einen Bericht zu finden, dessen Schlußfolgerungen auf den Mann im Cockpit eines kommerziellen Verkehrsflugzeuges anwendbar sind. Doch reicht die Untersuchung der Schwerhörigkeit in der Luftfahrt sicherlich bis in die zwanziger Jahre zurück und hat seit damals eine Reihe von engagierten Mitarbeitern beschäftigt. Untersuchungen über das Hörvermögen von Militärpiloten gibt es

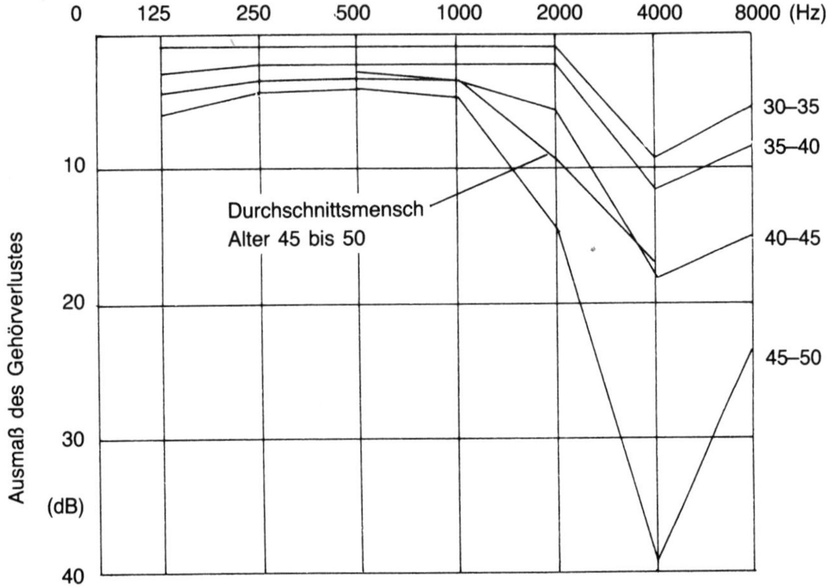

Abb. 10.1 Gehörverlust bei Piloten im landwirtschaftlichen Einsatz zur Schädlingsbekämpfung. Durchschnittlicher Verlust in Abhängigkeit vom Lebensalter im Vergleich zum normalen Gehörverlust nicht fliegender Menschen im Alter von 45–50.

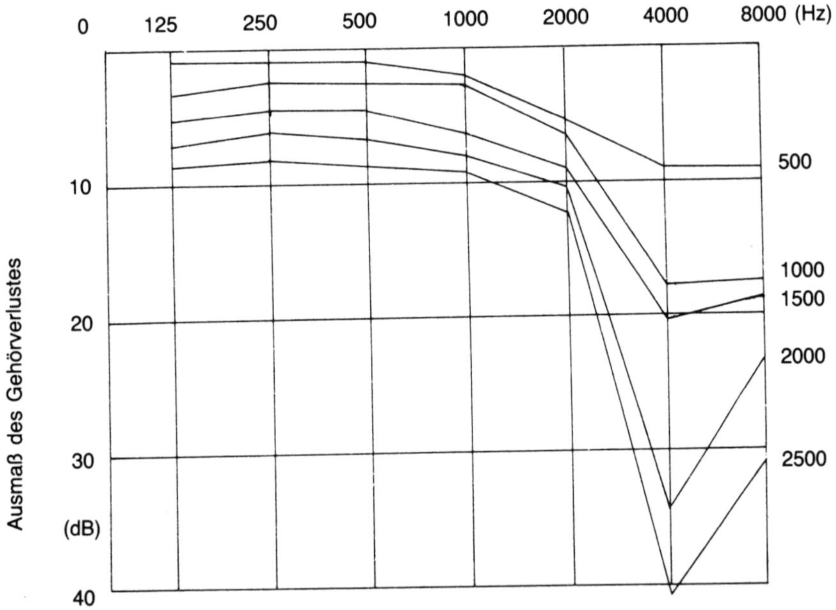

Abb. 10.2 Registrierter Gehörverlust in Abhängigkeit von den Gesamtflugstunden der Piloten.

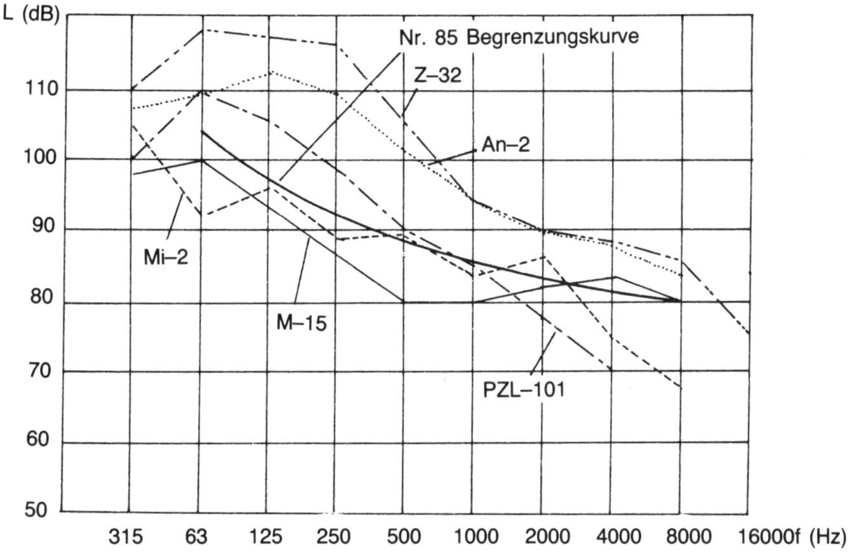

Abb. 10.3 Geräuschuntersuchungen in den Cockpits verschiedener Flugzeuge zur Schädlingsbekämpfung und in einem Hubschrauber, dargestellt vor dem Hintergrund einer Begrenzungskurve, die bei anhaltend lärmreicher Tätigkeit (mind. fünf Stunden täglich) die Erhaltung des Gehörs garantiert. Es ergibt sich aus Abb. 10.3, daß selbst das geräuschärmste Flugzeug des Tests dieses Kriterium nicht erfüllt.

insbesondere in USA, Kanada und Deutschland im Überfluß. Wiederum ist es schwieriger, wahrhaft umfassende Daten über Luftverkehrsbesatzungen zu erhalten, möglicherweise wegen der Schwierigkeit, Informationen aus einer so weit verstreuten Personengruppe zusammenzustellen. Für die Absicht dieses Kapitels mag es jedoch genügen, daß es seit langem eine anerkannte Beziehung zwischen dem Innengeräusch eines Flugzeuges, der Anfälligkeit des Hörenden für Gehörschädigung und der Dauer der übermäßigen Lärmaussetzung gibt, also Geräusche oberhalb der duldbaren Schwelle von 85 dB und deshalb gehörschädigend.

Die Ausbreitungsarten des Schalls, die Schallpegel und die Schlußfolgerungen wie in den Abbildungen 10.1, 10.2 und 10.3 dargestellt, wurden in einem polnischen Bericht des Jahres 1980 dem Seminar der Vereinigten Nationen über »Agricultural Aviation« vorgelegt. Diese Parameter wurden auf der Grundlage von Versuchen mit einer Reihe von einmotorigen Flugzeugen für den landwirtschaftlichen Einsatz zur Schädlingsbekämpfung und einem Hubschrauber ermittelt. Obwohl ähnliche Studien in einem allgemeinen Bereich für Schul- und Verkehrsflugzeuge wünschenswert wären, bieten diese Grafiken nützliche und vielleicht beunruhigende Hinweise auf die Natur und Auswirkung der durch die Fliegerei erzeugten Schwerhörigkeit. Die Studie von Jerry V. Tobias mit dem Titel »Auswirkungen von Lärm auf das Gehör von fliegenden Besatzungen«, welche die Wirkung von Flugzeuglärm auf eine ganze Bandbreite von Berufsfliegern (Piloten für die Fluganwärterauswahl, FAA-Prüfpiloten, Fluglehrer, Privatpiloten und Stewardessen) untersucht, beginnt mit der Feststellung, daß »Lärm in der Kabine und im Cockpit vieler Flugzeuge möglicherweise bleibende Verschiebungen der Hörschwelle hervorruft«. Tobias schloß jedoch die Vekehrspiloten in seiner Studie nicht ein, ». . . weil diese Personen sich halbjährlichen medizinischen Untersuchungen unterziehen müssen, wobei Hörtests eingeschlossen sind und nur eine winzige Minderheit wegen Gehörproblemen bei der Untersuchung durchfällt. Obwohl die Genauigkeit unserer Laborversuche vielleicht zur Entdeckung eines gewissen Grades von lärmbedingter Veränderung der Hörschwelle geführt hätte, würden spezielle Tests für diese Personengruppe nicht besonders aufschlußreich sein. Sie fliegen hauptsächlich in den geräuschärmsten Flugzeugen, nur relativ wenige Stunden pro Woche. Dasselbe gilt für Flugingenieure . . .« Stellen wir dies für einen Augenblick zurück und beschäftigen wir uns mit der Rangfolge bezüglich der Fähigkeit zur Lärmerzeugung, wie sie in der Studie aufgeführt ist. Tobias berichtet, Hubschrauber und Flugzeuge mit offenen Führerständen seien am lautesten. Danach kommen leichte einmotorige, leichte zweimotorige Transportflugzeuge mit Kolbentriebwerken, Turboprop-Flugzeuge, Flugzeuge mit an der Fläche aufgehängten Triebwerken und solche mit am Heck montierten Triebwerken, in dieser Reihenfolge . . .«

Man kann darüber streiten, ob hier Behauptungen aufgestellt wurden, die in Frage gestellt werden können. Wie immer das augenblickliche Sachverständigenurteil über Schalldichtigkeit der Cockpits lautet, und ob Gehörschutz getragen wird oder nicht, es wird oft beobachtet (und durch junge Piloten etwas überspitzt an Vertraute weitergegeben), daß die erste Handlung vieler älterer Kapitäne im Aufdrehen der Lautstärkeregler der Funksprechausrüstung besteht, und zwar auf ein Niveau, das junge Piloten als unnötig hoch betrachten mögen.

Obwohl es zutrifft, daß die Geräuschdämpfung moderner Düsenverkehrsflugzeuge den Schallpegel im Cockpit erheblich verringert, ist es ebenso zutreffend, daß die gegenwärtige Pilotengeneration wie ihre Vorgänger eine Schulungsperiode von mehr als 300 Flugstunden in ein und denselben ein- und zweimotorigen Flugzeugen mit Kolbenmotoren absolviert hat, denen Tobias zu Recht einen hohen Lärmpegel bescheinigt. Da eine Reihe von Jahren bis zum Erreichen der Kapitänsposition vergehen, muß man das Vorhandensein einer entsprechenden Gehörverschlechterung annehmen, die bei sehr empfindlichen Piloten mit dieser frühen Schädigung begonnen hat; dieser Sachverhalt kann bei jenen Piloten mit militärischem Werdegang noch schlimmer sein, wenn sie unter anderem vielleicht Drehflügler flogen und unter Schockschlägen des Rotors litten.

Wenn die Karriere auf dem Spiel steht, wird der Selbsterhaltungstrieb zu einem Faktor: Deshalb ist es vielleicht unrealistisch, etwa in der Art eines freiwilligen Eingeständnisses über das Ausmaß eines Gehörschadens, viel zu erwarten; auch wird jener Defekt bei der audiometrischen Prüfung vielleicht gar nicht ganz entdeckt. Oder vielleicht wird bei der Auswertung eines solchen Testes wie bei den allermeisten Probanden kein ausreichender Grund für eine Untauglichkeit gesehen. Die Feuerprobe jedoch ist das Verstehen des gesprochenen Wortes durch die Piloten, und zwar unter den Bedingungen von Cockpitbelastungen, Nebengeräuschen und vielleicht von Notsituationen.

Persönliche Erfahrung – der Verfasser erlitt durch die Fliegerei eine klassische Gehörschädigung – hat gezeigt, daß Sprachverständnis auf der Strecke bleibt, wenn dem Hörer mit schlechtem Hörvermögen keine Zeit gegeben wird, die an ihn gerichteten Worte zu interpretieren. Konsequenzen daraus ergeben sich für die Zuverlässigkeit der Kommunikation zwischen den Männern im Cockpit einerseits und zwischen Pilot und Fluglotse andererseits und scheinen die Forderung nach Sichtdarstellung von Informationen im Cockpit zu unterstreichen. Es ist möglich, daß ein Bindeglied zwischen diesem Manko und gewissen Beispielen von exzentrischem Verhalten in der Luft, wie Abweichen von Flugsicherungsanweisungen, insbesondere, wenn Funksprüche nicht wiederholt, sondern lediglich mit dem Wort »Roger« bestätigt werden, oder auch jene gefährliche Schweigsamkeit einzelner Piloten besteht.

Es ist aufschlußreich, noch einmal zu Foushee wegen seiner prägnanten Äußerung zur Situation zurückzukehren, die durch Nicht-Reagieren entstanden ist.

». . . wir fanden eine Negativbeziehung . . . zwischen Flugzeugsystemfehlern und Bestätigungen für eine gelieferte Information. Bei Besat-

zungen, die Anweisungen, Anfragen und Beobachtungen sich gegenseitig bestätigten, traten diese Arten von Fehlern weniger zutage. Bestätigungen konnten auch zu weniger Fehlern insgesamt in Beziehung gesetzt werden . . .

Es hat den Anschein, daß Bestätigungen eine sehr wichtige Funktion der Nachprüfung ausüben und sicherstellen, daß eine bestimmte Nachricht tatsächlich übergekommen ist. Diese Arten der Kommunikation dienen auch als wichtiger Verstärkungsfaktor für Beiträge anderer Besatzungsmitglieder. Wenn man über diese Verwandtschaft nachdenkt, erscheint sie sehr logisch. Wer einen Versuch unternimmt, mit jemandem zu sprechen und der Betreffende sagt nichts, werden Sie dann wohl noch weitere Kommunikationsversuche unternehmen? Werden Sie nicht viel eher weiterreden, wenn der andere reagiert, und sei es auf die einfachste Weise (z. B. ha, hm, etc.)?«

Abkürzungsverzeichnis:

AC	Advisory Circular	Informationsschreiben für das fliegende Personal
AERO	Aviation Education Review Organisation	Etwa: Organisation zur Überprüfung fliegerischer Ausbildungsverfahren
ALPA	American Airline Pilots Association	Vereinigung der US-Luftverkehrspiloten
AOPA	Aircraft Owners und Pilots Association	Verband der Allgemeinen Luftfahrt
ARTS-3	Advanced Radar Transponder Set-3	Radargerät mit Höhenabfragemöglichkeit
ASRS	Aviation Safety Reporting System	Flugsicherheitsmeldeverfahren
ATC	Air Traffic Control	Flugsicherung – im weitesten Sinne
BAC	British Aircraft Corporation	Englische Flugzeugfirma
BALPA	British Airline Pilots Association	Vereinigung der britischen Luftverkehrspiloten
BRITE-scope		Radarschirm, der sich unter Tageslichtbedingungen lesen läßt
CAI	Computer assisted Instruction	Rechnergestützte Ausbildung
CCT	Coordinated Crew Training	Gemeinsame Aus- und Weiterbildung der gesamten Bordbesatzung
CDTI	Cockpit Display of Traffic Information	Luftverkehrsinformationsdarstellung im Cockpit
CFIT	Controlled Flight into Terrain	Kontrollierter Flug in den Boden
CVR	Cockpit Voice Recorder	Aufzeichnungsgerät des Bordsprechverkehrs
DABS/ATARS	Discrete Address Beacon System / Automatic Traffic Advisory and Resolution Service	Etwa: Wahlweise gezieltes Ansprechverfahren, um fliegenden Besatzungen Luftverkehrsempfehlungen zu geben, die aufgrund computergestützter Berechnungen über Data-Link übermittelt werden
EAL	Eastern Airlines	(US-Fluggesellschaft)
ELT	Emergency Locator Transmitter	Notsender für SAR-Ortung
Europilote	European Organisation for Airline Pilots Association	Vereinigung europäischer Luftverkehrspiloten
FAA	Federal Aviation Administration	US-Bundesluftfahrtamt
FAR	Federal Air Regulations	US-Bundesluftfahrtgesetz
GAMA	General Aviation Manufacturers Association	Vereinigung der Hersteller für Gerät der allgemeinen Luftfahrt
GPWS	Ground Proximity Warning System	Bodenannäherungs-Warngerät
HUD	Head-up Display	Frontscheibendarstellung von Flugdaten im Gesichtsfeld des Piloten

IATA	International Air Transport Association	Internationale Lufttransportvereinigung
ICAO	International Civil Aviation Organisation	Internationale Zivilluftfahrtorganisation
IFR	Instrument Flight Rules	Instrumentenflugregeln (Blindflug)
ILS	Instrument Landing System	Spezielles Landeverfahren mittels besonderer Bodensender und Bordempfänger
IMC	Instrument Meteorological Conditions	Blindflugwetterlage
INS	Inertial Navigation System	Bodenunabhängiges Trägheitsnavigationsverfahren/-gerät
JAL	Japan Air Lines	(Japanische Fluggesellschaft)
KLM		(Holländische Fluggesellschaft)
LOFT	Line-Oriented Flight Training	Den flugbetrieblichen Bedingungen angepaßte Ausbildung
NAS	National Airspace System	Nationale Luftraumstruktur
NASA	National Aeronautics and Space Administration	US-Luft- und Raumfahrtbehörde
NMAC	Near Mid-air Collisions	Beinahezusammenstöße – in der Luft
NPRM	Notice of Proposed Rule Making	Initiativantrag für eine Gesetzesänderung
NTSB	National Transportation Safety Board	US-Bundesamt für Verkehrssicherheit
PAA	Pan American Airways	(US-Luftverkehrsgesellschaft)
PATCO	Professional Air Traffic Controllers Association	Interessenverband der US-Luftverkehrslotsen
PCA	Positive Controlled Airspace	Kontrollierter Luftraum
PSA	Pacific Southwest Airlines	(US-Luftverkehrsgesellschaft)
RT	Radio Telephony	Funksprechverkehr
RTCA	Radio Technical Committee for Aeronautics	Funktechnisches Komitee für Luftfahrt
SAR	Search and Rescue	Such- und Rettungsdienst
SID	Standard Instrument Departure	Standardabflugverfahren – von einem Flugplatz
STEP-Test	Safety-Technology-Economics-Politics	Ein besonderes Bewertungsverfahren zur Entscheidungshilfe
TCA	Terminal Control Area	Flughafenbereichskontrolle
TCV	Terminal configured vehicles	Etwa: Auf Nahverkehrsbereiche optimierte Cockpitauslegungen
TRSA	Terminal Radar Service Area	Flughafenbereich mit Radarüberwachung
TSD	Theory of Signal Detection	Signalerkennungstheorie
TWA	Trans-World Airlines	(US-Luftverkehrsgesellschaft)
UAL	United Air Lines	(US-Luftverkehrsgesellschaft)
VASI	Visual Approach Slope Indicator	Optische Sichtanflughilfe an Flugplätzen zur Einhaltung eines optimalen Gleitwinkels
VFR	Visual Flight Rules	Sichtflugregeln
VMC	Visual Meteorological Conditions	Sichtflugbedingungen